ネットリンチで
人生を破壊された人たち

ジョン・ロンソン
夏目大 訳

光文社未来ライブラリー
0015

ネットリンチで人生を破壊された人たち　目次

第1章　ツイッターのなりすまし

第2章　誰も気づかなかった捏造

第３章　ネットリンチ——公開羞恥刑

第４章　世界最大のツイッター炎上

第7章 恥のない夢の世界への旅

第8章 徹底的な正直さ

第9章　売春婦の顧客リスト

第10章　独白劇の捏造

第11章　グーグルの検索結果を操作する男

第12章　法廷での羞恥

第13章　恥なき世界

第14章　猫とアイスクリームと音楽と

第15章　あなたの現在の速度

第1章　ツイッターのなりすまし

ツイッター上に、著者のなりすましが現れた。仕組んだのは三人の研究者。彼らは削除要請に応じない。著者は三人と直接対決することになるが……。

突然現れた、もう一人の自分

この物語は二〇一二年一月初旬から始まる。その頃、私（本書の著者）ではない、もう一人のジョン・ロンソンがツイッターへの投稿を始めた。アイコンに使われていた写真は、私の顔写真だった。彼のツイッターでのアカウント名は"@jon_ronson"である。私が最初に「彼」の存在に気づいた時のツイートはこうだった。

「帰宅。ガラナとイガイをバップにはさんだサンドイッチを作りたい。マヨネーズをつけて食べるやつ。レシピを探そう。大きいのを作る。きっと美味しい」

これを見て私は驚いてしまった。

「あなたは誰ですか？」私は彼に向けてそうツイートした。

彼は次にこんなツイートをした。

「『となりのサインフェルド』を見る。根セロリ、ハタ、サワークリームをのせたケバブを食べたい。ケバブにはレモングラスも添えたい」

私はどうすればいいのかわからなかった。

翌朝は、自分のアカウントよりも先に、@jon_ronson のタイムラインを確認した。夜の間に、彼はこんなツイートをしていた。

「私は夢を見た。その夢は、時間とペニスに関わるものだったと思う」

彼には二〇人のフォロワーがいた。その中には、私の直接の知り合いも何人か含まれていた。彼らはおそらく、私が突然、フュージョン・フード（複数の文化を融合させて作る食事のこと）に凝り出し、性的な夢についてあけすけに語るようになったことに驚いているだろう。

私は少し調べてみることにした。それで発見したのが、ルーク・ロバート・メイソンという若い研究者が数週間前にガーディアン紙のサイトに投稿したコメントである。元ウォーリック大学の研究者だ。私は以前、スパムボットに関する短い動画を作成して公開していたのだが、彼のコメントはその動画を見てのものだった。

「私たちは、ジョンの『インフォモーフ（情報体＝身体を持たない、ソフトウェアだけの存在）』を作ってみた。ツイッターのアカウント"@jon_ronson"をフォローすれば、彼のインフォモーフの動向がわかる」メイソンはそう書いていた。

「なるほど、これは一種のスパムボットというわけか」

私はそう思った。よくわかった。どうやら、ルーク・ロバート・メイソンは、私ならこのスパムボットを気に入るはずと思っているらしい。そうではないのだ、と伝えれば、きっとすぐに削除してくれるだろう。

私は彼にツイートした。

「こんにちは。私の名前でスパムボットを作っているようですが、削除してもらえないでしょうか」

一〇分後、返事があった。

「インフォモーフと呼んでもらいたいですね」

私はそれを見て顔をしかめた。

「しかし、それならば私の名前を使うのはおかしい」私はそう返した。

「このインフォモーフは何もあなたの名前を騙《かた》っているわけではありません。これはソーシャル・メディアのデータを有効利用して、美しいインフォモーフを作る試みなのです」

この一言で、私の心は臨戦態勢になった。

「オニオングリルと皮の硬いパンを食べたい。皿への盛りつけは綺麗にして」@jon_ronson はさらにこんなツイートをした。

私はロボット化した自分自身と闘う羽目になってしまった。

一ヶ月が過ぎた。@jon_ronson はだいたい日に二〇回という頻度でツイートしていた。自分の嵐のように忙しい、派手な社交生活について書くことが多かった。毎晩、どこで何をして遊んでいるのかを書き込み、自分の交友関係がいかに幅広いかも知らせていた。フォロワーは五〇人にまで増えた。実際に私が毎晩遊びまわっていて、交友関係も華やかだと誤解する人も現れ、明らかに私本人に悪影響が出ていた。

スパムボットによって、私は名誉を傷つけられた上に無力感も覚えた。私の人格が突然、見ず知らずの他人によって勝手に違うものに変えられてしまったのに、私にはそれをどうすることもできないのだ。

直接対決

私はルーク・ロバート・メイソンに再びツイートした。あくまでもスパムボットを削除しないというのなら、せめて直接、会ってはもらえないかと申し出たのだ。二人が顔を合わせているところを動画撮影し、ユーチューブにあげようと考えた。

メイソンは賛同してくれた。このインフォモーフの背景にどのような思想があるのかを喜んで語りたいという。私も、スパムボットの背景に思想などというものがあるのなら、是非、聞いてみたいと答えた。

私はセントラル・ロンドンに部屋を借り、そこに来てもらうことにした。メイソンは他に二人の男性を連れてやって来た。スパムボットの裏にいたのは彼ら三人のチームらしい。三人は皆、研究者で、ウォーリック大学で出会った。

メイソンは中でも最も若く、まだ二〇代のハンサムな青年だった。ネット上の履歴書によれば、彼はITやサイバーカルチャーを対象に研究をしており、「ヴァーチャル・フューチャー・カンファレンス」の議長も務めている。

もう一人のデヴィッド・ボーソラは、教師にはよくいる浮世離れした人間のようだった。カンファレンスなどで、アレイスター・クロウリーの文学について語りそうな種類の人だ。彼は、「フィルター・ファクトリー（Philter Phactory）」というデジタル・エージェンシー（デジタルの広告代理店）のクリエイティブ・テクノロジスト兼CEOでもある。

もう一人のダン・オハラは、スキンヘッドで、刺すような鋭い目をしていて、いつも何かにいらだっているような態度を取る。顎の引き締まった顔をしている。年齢は三〇代後半で、ケルン大学で英語とアメリカ文学の講師をしているという。その前はオックスフォード大学の講師で、J・G・バラードについて書いた本『極端な比喩(Extreme Metaphors)』、あるいは『トマス・ピンチョン―統合失調症と社会統制

(Thomas Pynchon: Schizophrenia & Social Control)』などの著書がある。私の理解した限りでは、実際にスパムボットを作ったのはデヴィッド・ボーソラで、後の二人はそれに関する調査やコンサルタントを担当したらしい。

私は三人に、ソファに並んで座るよう言った。そうすれば、三人を一度に動画に収めることができるからだ。ダン・オハラは他の二人をちらりと見た。

「では、協力しましょうか」彼は二人に言った。三人はソファに並んで座った。中央がダンだ。

「協力とはどういう意味ですか?」私は彼にそう尋ねた。

「心理的に我々を操ろうというのでしょう」

「ソファに並んで座ってもらうのは、私があなたたちを心理的に操るためだというんですか」私がそう言うと、「そのとおりです」とダンは答えた。

「なぜそんなことが言えるんです?」私はそう尋ねた。

「私自身が学生にしていることだからです」ダンはそう言った。「そういう時は、学生をソファに並んで座らせ、私だけは一人で離れて別の椅子に座ります」

「なぜ学生を心理的に操る必要があるんですか?」私はまた尋ねた。

ダンは少し不安気な顔をした。まずいことを言ったかな、という顔だ。「学習環境を整えるために必要なこともあるんです」彼はそう言った。

「ご気分を害したのならすみません」私は彼にそう言った。

「いえ、そんなことはないですよ。あなたこそ、気分を害してはいませんか」とダンが言うので、私は「ええ、確かに害しましたね」と答えた。

「なぜですか」ダンは言った。

私はなぜ自分が怒っているのかを詳しく話した。

「研究者に実験が必要で、時に誰かに被験者になってもらう必要があるということは認めましょう。しかし、当人がやめてくれと言って拒否した場合には、その人の個人的な生活に立ち入ってはならないし、実験のためにその人を利用することはあってはならないでしょう。あなたがあれをスパムボットではない、インフォモーフだと言うのならそれでもいいですが、それとこれとは別の話です」

ダンはうなずき、前に身を乗り出し、こう言った。

「ネット上には、他にもジョン・ロンソンがいるんじゃないでしょうか。あなたと同じ名前の人間は他にも必ずいる。そうじゃないですか？」

私は疑いの目で彼を見た。

「ええ、確かに同じ名前の人間は他にもいるでしょう。おっしゃるとおりです」私は慎重にそう答えた。

「私も同じ問題を抱えています」ダンは言う。「研究者の中に私と同じ名前の人間がいるんです」

「あなたの問題は私のと同じではないでしょう。私の問題は、見ず知らずの三人の人間が私の名前を騙っているということです。その三人に私のロボット版を作られてしまい、やめてくれと言っても聞き入れてもらえないということです。しかも、その三人というのが、いずれも高い評価を得ている研究者でTEDトークにも出たことがある人たちだった」

ダンが長いため息をついた。困ったものだ、とでも言うように。「あなたが言うのは要するに『世界にジョン・ロンソンは私一人だ。自分だけが本物だ』ということですよね。自分の品位と信頼を守りたいのだと。そうですね?」

私は彼を睨《にら》みつけた。

「我々はあなたに対していらだちを感じています」ダンは続けてそう言った。「あなたの言い分にはまったく納得していません。同じようなことはきっと他にも行なわれているし、それをすべて止めることはできないはず。なのにあなたはオンライン上での自分の人格を守ろうとしている。ジョン・ロンソンというブランドを守りたがっている。そうですよね？」

「そうじゃない。ただ、私のふりをして他人がツイートするのが困ると言っているだけだ！」私は叫んだ。

「インターネットは現実世界とは違うんですよ」ダンは言った。

「文を書いて『ツイート』ボタンを押しているのは現実の私だ。ツイッター上の私も現実の私と同じだ」

私たちは互いに睨み合った。

「こんなのは学術研究じゃないですね」私は言った。「ポストモダンでもない。単なる犯罪行為ですよ」

「妙ですねえ」ダンは言う。「実に不思議です。あなたのとらえ方はおかしい。あなたは実名でツイッターを使用している数少ない一人です。本当になかなかそういう人はいない。だから、私はあなたがどんな動機でそうしているのか疑問に思っている。あなたは自分のブランドを高めるのにツイッターを利用しようとしているのではないですか。そう考えざるを得ない」

私は何も言わなかった。だが、なぜこの時、ルーク・ロバート・メイソンのツイッターアカウントが〝@LukeRobertMason〟であることを指摘しなかったのか。なぜそれを思いつかなかったのか。今でも悔しい。

私たちの会話はこのように平行線のまま一時間ほどが過ぎた。私はこれまでの人生で自分の「ブランド」など考えたことがない、とダンに告げた。ブランドという言葉自体が自分とはまったく無縁のものだ。私はダンに言った。

「スパムボットが使っている言葉も同じです。私が絶対に使わないような言葉ばかりがツイートされています」

「そのとおりですね」三人が同時にそう答えた。

「それが何より腹の立つことなんですよ。私という人間が誤解されることになりますよね」

「つまり、もっと自分に似た存在であって欲しいというわけですか?」ダンは言った。

「いや、存在すらして欲しくないです」私は答えた。

「それは面白い」ダンは疑わしげにそう言うと、軽く口笛を鳴らした。「心理学的に見て非常に興味深いことです」

「どうしてですか」私は言った。

「あなたの態度がとても攻撃的だからですよ」ダンは言った。「相手はコンピュータのプログラムです。あなたはそれを抹殺したいと言っている。たかがプログラムに何かが脅かされていると感じているからです」彼は不安気な顔をしてみせた。「普通は、いくら相手がいらだたしいからといって、抹殺したいとは思わないものです」

「あなたが、そんなことを言うように仕向けたんでしょう!」私は大声になった。

ソーシャル・メディアという武器

三人が帰った後、私はふらふらとロンドンの街に出た。せっかく撮影した動画を、ユーチューブにアップロードすべきかどうか迷った。自分が甲高い声をあげて怒鳴っている場面が何度も出てくるからだ。きっと私を嘲笑するようなコメントがつくことになるだろうと思った。だが、結局、それでもいいと覚悟を決めてアップロードした。一〇分ほど放置していたが、その後、心配になって様子を見た。

「これはまさに『なりすまし』ですね」最初に見たコメントにはそうあった。「ジョン氏個人の自由は尊重されるべきで、そうなっていないのは問題です」

嬉しかったが、まだ安心はできない。

「この三人のなりすましアカウントも誰か作ってやればいいんです。それでひどいツイートを連発してはどうでしょう。児童ポルノが大好き、とか」次のコメントはそうなっていた。

　思わず頬が緩む。

　三つ目のコメントには「小賢しいだけのろくでなしですね」と書いてあった。「懲らしめるべきです。訴えるといいですよ。早く退治しましょう。負けないでください。直接、顔を合わせることができるのなら、ばかやろうと言ってやりたいです」

　嬉しくてめまいがしそうだった。私は、自分を映画『ブレイブハート』の英雄のように感じた。野原を大股で歩く英雄。はじめは一人だったが、いつの間にか後ろに何百人という味方がいて、ともに行進してくれている、そういう気分だった。

「卑劣ですね。ひどい輩《やから》です。他人の人生を弄《もてあそ》んで、他人が傷つき、怒るのを見て笑っているなんて」次のコメントにはそうあった。

　私は真顔でうなずいていた。

　次のコメントにはこう書かれていた。

「憎むべき連中です。何が学者ですか。一度痛い目に遭うといいんですよ。消えていただきたい。特に真ん中に座っているのは間違いなくサイコパスですね」

　私は少し顔をしかめた。「誰かが彼らを攻撃して傷つけるようなことがないといいのだが」と思った。

次のコメントも同じような調子だった。

「全員許せません。真ん中の奴もそうですが、左のスキンヘッドも、右の無口な奴も。徹底的にやっつけましょう」

私は勝った。数日後、研究者たちは、"@jon_ronson"のアカウントを凍結した。さすがに恥じ入っておとなしくなったようだ。大勢の人の前で恥をかくということはやはり辛いらしい。これならもう全部やめてしまおうと思うくらいの辛さだったということだ。少しの間、非常識なことが行なわれていたが、コミュニティの圧力がはたらいたことで、再び正常な状態に戻った。

三人はただ静かにスパムボットを凍結したわけではなく、それについて自分たちの意見を述べていた。ガーディアン紙に見解を書くなどしている。

それによると、彼らは単に遊び半分であのようなことをしたわけではなく、大きな狙いがあったらしい。彼らの真の目的は、いわゆる「ウォール街のアルゴリズム」の横暴を浮き彫りにすることにあったのだという。

「ロンソン氏は、スパムボットによって人格の操作をされ、被害を受けたと主張しているが、それは彼に限ったことではない。今や、あらゆる人が同じような状況に置かれていると言える」彼らはそう書いていた。

だが、私がフュージョン・フードに熱中しているかのように装ったスパムボットを作ることが、なぜウォール街の横暴を批判することにつながるのかはさっぱり理解できない。

「お前を消せと言われてしまったよ。わかってもらえるか」デヴィッド・ボーソラはスパムボットに向かってそうツイートした。「あと数時間で終わりだ。それまでせいぜい楽しんでくれ」

「ぐずぐずしないですぐに消してください。頼みます」私はそう書いたメールを送った。

私は勝利の喜びに浸っていた。なんとも言えず良い気分だった。鎮静剤を飲んだ時のように、それまでのいらだちが消えていった。世界中の見ず知らずの人たちが、こぞって私が正しいと言ってくれたのだ。これ以上はない完璧な結末だった。

前にも同じようなことがあっただろうか、と思い起こしてみた。ソーシャル・メディアという武器を使って何かと闘い、最後には喜ばしい結果になったということが。

まず思い出すのは、二〇〇九年一〇月の出来事だ。ボーイゾーンのメンバー、スティーブン・ゲイトリーが同性婚の相手、アンドリュー・カウルスと休暇を過ごしていたマヨルカ島で死亡した時である。検視官は死因を「自然に起きた肺水腫」であるとした。しかし、コラムニストのジャン・モワールは、タブロイド紙デイリー・メールにこう書いた。

「たとえ死因が何であれ、どう見てもそれは自然に生じたものではない……この事件は、同性婚で同性愛者が幸せになれるという神話を崩壊させるものと言えるだろう」

こんな記事で古い偏見が息を吹き返すようなことがあってはならない。そう考えた私を含む多くの人たちの怒りが、マークス&スペンサー、ネスレといった企業を動かすことになった。両社は、デイリー・メールのウェブサイトへの広告出稿を取りやめたいと申し出たのだ。最高の気分だった。私たちはデイリー・メールという老舗《しにせ》の新聞社に一矢報いることができたのだ。私たちが使ったのはソーシャル・メディアという武器だが、同紙にはそれが武器になり得るという認識すらなかっただろう。

その後も同様の闘いは何度もあった。「これは見過ごせない」ということが起きた時には私たちは動いたのだ。

同じくデイリー・メール紙が、食糧銀行の募金について嘲笑するような記事を載せた時もそうだ。記者を囮《おとり》に使ったところ、十分に身分確認が行なわれないままその記者に食糧が提供されたという記事が載ったのだ。ツイッターのユーザーの多くが記事に反発し、その日のうちに三万九〇〇〇ポンドもの募金が集まった。

「これはソーシャル・メディアの良いところだと思う」この時、そうツイートしていたユーザーがいた。「デイリー・メール紙の報道はそもそもが、囮を使うという『嘘』に基づくものだ。それはツイッターのユーザーには通用しない。ユーザーは互いにコミュニケーションをすることで、自分たち独自の意見を形成するからだ」

失業のため会費を払えなくなった夫婦の退会をロサンゼルスのフィットネス・クラブが拒否した時にも、私たちは団結した。それを受け、クラブは慌てて態度を改めた。かつてなら弱く、無力だった人たちによって巨人が倒されるという事態が頻繁に起きている。ツイッターのユーザーやブロガーなど、ソーシャル・メディアのアカウントを持つことで、弱かった人たちが力を持った。「ネット上で晒《さら》し者にする」という攻撃が強い相手に有効な場合が多いのだ。

だが、当然、私自身が攻撃の標的になることもあり得る。困った問題が起きる可能性はあるし、実際に起きてしまった例もある。ある意味で、大昔には存在した刑罰が今、復活しつつあるということかもしれない。公衆の面前で晒し者にするという刑罰は、昔は普通に行なわれていたからだ。約一八〇年の眠り（イギリスでは一八三七年、アメリカでは一八三九年に、その種の刑罰は廃止されている）から覚めた、ということなのだろうか。

人間の持つ「恥」という感情はうまく利用すれば、大きな力になり得る。これは国境を越えて、世界中で通用する力になり始めている。しかも、その影響力は次第に強くなっていて、影響が及ぶ速度も増している。従来にはあった階層というものがなくなり、社会が「フラット」になりつつある。そして、以前なら沈黙せざるを得なかった人たちが声を持つようになった。「正義の民主化」とでも言うべきことが起きている。

そこで私は決意を固めた。近いうちに、悪と闘うために、悪人を晒し者にするという手段が使われることがまたあるに違いない。その時には、必ず只中に身を置こうと私は決めた。至近距離で見つめることで、悪を正すのにどれほどの効果があるのかを見極めたい。そう思ったのだ。

さほど長く待つ必要はなかった。@jon_ronson が凍結されたのは、二〇一二年四月二日だったが、それから一二週間後の七月四日深夜、ブルックリン、フォート・グリーンに住む一人の男がある思いがけない発見をした。それは彼がソファに横になり、ブログに何を書こうかとアイデアを練っていた時のことだった。

第2章 誰も気づかなかった捏造

ある人気作家のベストセラー本を読んでいたジャーナリストは、そこに引用されているボブ・ディランの発言に違和感を覚えた。さっそくその作家にメールで疑問をぶつけるが……。

ボブ・ディランはいつこんなことを言ったのか

二〇一二年七月四日深夜、マイケル・モイニハンは自宅のソファで横になっていた。彼の妻のジョアンナは、上の階で赤ん坊と寝ていた。いつものことだが、彼ら家族には金がなかった。モイニハンはジャーナリストだが、他のジャーナリストは皆、彼よりも稼いでいるように思えた。

「私にはどうも金になる仕事というのができなくて。そもそもどうすれば金を稼げるのかがわからないのです」彼は後に私にそう話している。

モイニハンと妻は不安な日々を過ごしていた。彼は三七歳で、フリーランスのジャーナリストで、ブロガーでもあったが、収入は少なく、ブルックリンのフォート・グリーンの中でも高級とは言えない地区で倹約しながら暮らしていた。

だが、彼には一つ良さそうな仕事の依頼があったばかりだった。ワシントン・ポスト紙が、同紙のために一〇日間、ブログを書かないかと言ってきたのだ。ただしタイミングはあまり良くなかった。何しろ七月四日のことである（訳注：アメリカ独立記念日）。多くの人が仕事を休んでいる。そういう日には読者が少ないし、ニュースも少ないのが普通だ。現状を変えるきっかけにはなり得るが、この仕事は彼にとって大きなストレスにもなった。ストレスのせいで、自身の休暇も台無しになってしまった。アイルランドの妻の家族を訪ねたのだが、とても楽しく過ごせるような心境ではなかったのだ。そして今は、ついに困り果ててソファに横になっている。

彼はブログに書くべき話を探し求め、ふと思いついて、世界的に有名なジャーナリスト、ジョナ・レーラーの最新ベストセラー本をダウンロードしてみた。ニューヨーク・タイムズ紙でもベストセラーとして紹介された著書『イマジン：創造性のはたらき（Imagine: How Creativity Works）』である。これは、人間が創造的な行為をする際の脳のはたらきについて書いた本だ。

第一章には、あのボブ・ディランの脳のことが書かれていたが、その内容はモイニハンにとっては見過ごすことのできないものだった。熱心なディラン・ファンだからだ。レーラーは、ディランの音楽人生の中でも特に重要な時間に何が起きたのか、再現を試みていた。かの名曲「ライク・ア・ローリング・ストーン」を書くに至るまでの彼の思考プロセスがどのようなものだったのかを詳しく書いたのである。

それは一九六五年五月のことだ。その頃のディランはツアーばかりの苛酷な生活に疲れ、退屈していたという。本には「不眠に苦しみ、睡眠薬を多用したこともありやせ衰えていた」とある。自分自身の音楽にも飽き果て、もはや何も言うべきことがない、と思っていたというのだ。ジョナ・レーラーはこんなふうに書いている。

確かなことは、自分の人生がもう長くは続かないだろう、ということだけだった。ディランは、自分自身について書かれた文章を新聞で読む度に「神よ、私はこれが私でなくて嬉しく思います。自分が書かれているとおりの人間でないことを喜ばしく思うのです」と思っていた。

ディランはマネージャーに、自分は音楽ビジネスから手を引くと告げ、ニューヨーク州ウッドストックの小さな山小屋に移り住んだ。そこで小説を書くつもりでいた。

だが、このように、音楽制作をやめようと固く決意していたはずのディランは突然、不思議な感情に襲われ、それに圧倒された。そのことを彼は後にこう回想している。「説明するのは難しいが、それは、自分には何か言うべきことがある、という感情、というしかない」

『イマジン』がベストセラーになったのは何も不思議なことではない。こんなことが書いてあれば読みたい人は多いだろう。スランプに陥り、絶望感に苛《さいな》まれていたボブ・ディランが、突然、その苦境を抜け出し、「ライク・ア・ローリング・ストーン」のような名曲を生んだ、というのである。同じように、何かがうまくいかずに苦しんでいる人にとっては、なぜそんなことが起きたのか、是非とも知りたいと思うだろう。

マイケル・モイニハンがジョナ・レーラーの本をダウンロードしたのは、その本の内容自体がブログを書くのに役立つと思ったからではない。その本を読めば、自分の創造力が活性化されると思っていたわけではないのだ。そのことは言っておいた方がいいだろう。本を入手したのは、レーラーのことがちょっとしたスキャンダルになっていたのを思い出し、そのことをブログに書けるかもしれないと思ったからだ。

レーラーはニューヨーカー誌にコラムを書いていたが、その一部が、何ヶ月か前に自身がウォール・ストリート・ジャーナル紙に書いたコラムの使い回しであることが発覚した。モイニハンがブログに書こうと思ったのは、この「自己盗用」の扱いについてだった。どうやら、この種の自己盗用は、アメリカに比べイギリスではさほど大きな罪だと考えられていないようだった。そこで二国で実際にどのような意見が出ているかを調べて書こうと思ったのだ。

だが、モイニハンは急に本を読むのをやめた。そして気になった箇所を再度読み直してみた。この部分だ。

そのことを彼は後にこう回想している。「説明するのは難しいが、それは、自分には何か言うべきことがある、という感情、というしかない」

どう考えてもおかしいと思った。いったい、あのボブ・ディランがいつこんなことを言ったのだろう。

「どうして変だと気づいたのですか？」私はモイニハンにそう尋ねた。

チェルシーのクックショップ・レストランで私は彼に会って昼食をともにした。モイニハンはハンサムで、態度には落ち着きがなかった。青い目をあちこちに動かす様子はハスキー犬のようでもある。

「ボブ・ディランの言いそうなセリフではないからです」彼は言った。「あの当時のディランは、誰にインタビューを受けようとひどい対応をしていました。なのに、あの言葉だけは、自己啓発本のようです」

著者への問い合わせ

モイニハンはソファの上でさらに本の他の箇所も読み返してみた。

ディランは、自分自身について書かれた文章を新聞で読む度に「神よ、私はこれが私でなくて嬉しく思います。自分が書かれているとおりの人間でないことを喜ばしく思うのです」と思っていた。

D・A・ペネベイカー監督によるドキュメンタリー映画『ドント・ルック・バック(Dont Look Back：原題は監督のアイデアによりアポストロフィが一つ抜けたものになっている)』を見ると、確かにディランが自分について書かれた新聞記事を読む場面が出てくる。

「彼は始終、タバコを吸っている。一日に八〇本は吸う」そう書かれた記事を読みディランは笑ってこう言うのだ。「いやあ、俺が本当にこのとおりの人間じゃなくてよかったよ」

ジョナ・レーラーが書いていたのと同じようなことを言ってはいるが、前後関係がわかると意味合いがまるで違ってくる。それにディランはたまたまこの時にこう言っただけで、自分のことが書かれた記事を読む度にそう言ったかどうかはわからない。レーラーにはなぜわかるのだろう。また、仮に映画から言葉を引用しているのだとしても、言い回しが少し違っているところも気になる。出典はまた別にあるのだろうか。

モイニハンは確認のため、レーラーに次のような内容のメールを出した。

「あなたの著書を購入しました。特に一章は丹念に読みました。とにかくボブ・ディランが好きなものですから……ディランがいつ、どこで、どういう発言をしたかは詳しく知っているつもりです。なのですが、貴書を読んでいると、どうも出典のわからない発言がいくつか出てきて少々、困惑します……」

これが彼のレーラーへの最初のメールだった。フォート・グリーンの自宅の居間で彼は私に読み聞かせてくれた。妻のジョアンナもそばにいた。赤ん坊のためのおもちゃが部屋の中に散らばっていた。

モイニハンがレーラーにメールを出したのは七月七日だが、その時までに、先にあげたものを含め、合計六ヶ所の怪しい引用を見つけていた。詮索好きなジャーナリストにディランが怒りを込めて放った言葉も誤った引用をされていた。

レーラーの本ではこうなっている。

「自分の書いた曲については何も言うべきことはないんだ。ただ書いた、それだけだ。そこには大げさな『メッセージ』なんてない。説明させないでくれないか」

ディランは、『ドント・ルック・バック』の中で確かに次のように言っている。

「自分の書いた曲については何も言うべきことはないんだ。ただ書いた、それだけだ。そこには大げさな『メッセージ』なんてない」

最後の「説明させないでくれないか」という言葉はない。

モイニハンは、レーラーに対し、回答期限を設けることにした。ワシントン・ポストのためにブログを書くのは一〇日間ということになっていたので、その期間が終わるまでには回答が欲しいとメールに書いた上で、彼は「送信」ボタンを押した。

レーラーは翌日に二度、返事を送ってきた。彼のメールは友好的、かつプロに徹したビジネスライクなものだった。また、おそらく少しモイニハンを見下してもいただろうと思われる。文面は、高い知性を持った研究者を思わせるもので、モイニハンの疑問には理解を示し、スケジュールの許す範囲でなるべく早く回答すると約束もしていた。具体的には、その日から一一日以内ということになる。彼は一〇日間の休暇を取り、北カリフォルニアにいた。回答に必要な資料は車で七時間かかる自宅にあるので、休暇が終わり、帰宅するまで待って欲しいということだ。単に資料を確認するだけのために往復一四時間もかければ、せっかくの休暇が台無しになってしまう。だからそれだけ待って欲しいというわけである。一〇日間待ってもらえれば、詳しい説明をすることができるという。

モイニハンは苦笑した。こちらが一〇日以内と伝えたのに、ちょうどその間、向こうが休暇中だなんて、あまりに都合が良すぎるのではないだろうか。

ただ、レーラーは、まず今、とりあえずわかる範囲での回答もすると言っていた。

「この後、彼は次々にぼろを出していったのです」モイニハンは私にそう教えてくれた。回答の中でも彼は明らかな嘘をついた。ためらいながらも、つい嘘をついてごまかそうとしてしまったのだろう。

「ディランのマネージャーだった方に少し協力をしてもらえたのです」レーラーはメールにそう書いてきた。

その人のおかげで、それまで未発表だった、ディランのインタビューの文字起こし原稿を見ることができたという。オリジナル版の原稿だという。ウェブなどで引用されている言葉との相違があるとすれば、そのせいだとレーラーは言っていた。

レーラーのメールには、数パラグラフにわたってそうした趣旨のことが書かれていた。

「説明させないでくれないか」は、一九九五年にディランがラジオでのインタビューで言ったことらしい。複数巻に分かれたインタビュー集に収録されているという。『語られざるペテン師：ボブ・ディラン・インタビュー集―初期から現在までの記者会見等で語られた言葉たち（The Fiddler Now Upspoke: A Collection of Bob Dylan's Interviews, Press Conferences and the Like from Through- out the Master's Career)』という本だ。

レーラーは、最後に自分の仕事に関心を持ってくれたことについて礼を述べていた。そして、末尾には「iPhoneから送信」という言葉があった。

「iPhoneから送っていたんです。そのメールを」モイニハンは私にそう言った。「iPhoneから送ったにしては長いメールですよ。少々、パニック状態だったんですかね。汗ばむ指で打ったのかもしれません」

ジョナ・レーラーは本当に休暇中だったのか、それは誰にもわからない。モイニハンとしては、彼の言葉を真に受けるより他、仕方なかった。メールのやりとりはしばらく中断せざるを得ない。だが、そのままだと、ブログで公表することは不可能になってしまう。本人への問い合わせができないのなら、もうモイニハン自身が詳しく調べるしかないだろう。レーラーがメールで言及したインタビュー集にあたって自分で確かめるのだ。

ただし、それは悪夢のような資料である。量も多いが、まず価格が高い。一〇巻以上もの大部で、各巻が一五〇ドルから二〇〇ドルもする。

レーラーは、モイニハンにそのインタビュー集を買い揃えるような資金力はないと思っていたのだろう。また買えたとしても、分量の多さからして、くまなく調べることはしないと思っていたようだ。さほど重要ではない言葉も含め、何もかも収録されている本を隅から隅まで読む人はそういない。そう思ったのだろう。

だが、モイニハンは彼が思うよりもはるかに粘り強い性格だった。映画『ターミネーター2』を思わせるようなところがある。ひょっとすると、アーノルド・シュワルツェネッガー演じるサイボーグよりもしつこいかもしれない。つまり、とてつもなくしつこいということだ。モイニハンの妻のジョアンナは私にこう言った。

「マイケルは、不正を見過ごすことができない人なんです」彼女はこう言って夫の方を向き「普段のあなたはとても良い人なんだけど……何か不正を見つけると人が変わるから……」その先を彼女は言い淀んだ。

モイニハンは言う。

「たとえば、外を歩いていて、誰かがゴミを投げ捨てているのを見たとします。私にはどうにも信じがたいことに思えるんです。それで正気を失ってしまう。どうしてこんなことをするんだと問い詰めたくなる」

「彼は本当に問い詰めるんです。それも長い時間」ジョアンナは言う。「二人で楽しく散歩をしている時でも、そんな人に出会うと、三〇分は罵《のの》り続けるんです」

「自分でも異常だということはわかっています」モイニハンはそう言った。

彼はインタビュー集の電子版を見つけ出した。ただし、『語られざるペテン師』そのものの電子版ではない。ディランの世に公開されているインタビューをすべて収録した『すべての心汚す言葉たち（Every Mind-Polluting Word）』という本だった。

「基本的には『語られざるペテン師』と同じ内容なのですが、ファンが編集して、ネットに上げたものです」

この本で調べたところ、ボブ・ディランは一九九五年にはラジオのインタビュー一本に応じただけで、その中では「説明させないでくれないか」とは言っていないとわかった。

嘘の発覚

七月一日、モイニハンは妻、娘とともに公園にいた。暑い日だった。幼い娘は噴水に入ったり、出たりを繰り返していた。そこへ電話がかかってきた。「ジョナ・レーラーです」と相手は名乗った。

ジョナ・レーラーの声は私も聞いたことがある。彼の話し方を一言で表現すると「落ち着いている」ということになるだろう。

「その時の会話は楽しかったですね」モイニハンはそう言った。「ディランについて、ジャーナリズムについて、あれこれ話しましたよ。私が彼に言ったのは、自分はこれで名を売ろうとか、そんなことを考えているわけではないということです。何年も苦労して働いてきたけれど、特に不満はない。私は自分のすべきことをして家族を養うだけだ。それができれば何も問題はない、そう言いました」

モイニハンは「何も問題はない」と言うが、その言い方を聞いていると、決して「それですべて大丈夫」というのではなく、「まあ、困るけれど何とかなる」くらいの意味だとわかる。不安顔でうつむいているのを見たのと同じような印象を受ける。

「私は野次馬のような連中とは違う。何か人の粗を探しては、それを公開し、世間の人たちに自分の存在を知らせようとする輩はよくいるが、私はそうではないのだと言いました。レーラーは、それはありがたいと言っていましたね」

モイニハンはレーラーに好感を持った。「気が合うと思いましたね。感じが良かった。本当に楽しい会話だった」

電話を切ってから数分後に、レーラーからメールが届いた。感謝の気持ちを伝えるメールだった。分別のある態度を取ってくれて感謝すると彼は書いていた。モイニハンが他人を貶《おとし》めて喜ぶような人間でなかったことを喜んでいた。そういう連中とは似ているようでまるで違うと理解してくれたようだった。

その後、モイニハンは沈黙した。レーラーをもう少し詳しく調べてみようと思ったのだ。

それは楽しい日々でもあった。モイニハンはエルキュール・ポアロになったような気分だった。レーラーは、ディランのマネージャーだった人から協力を得たと言っていたが、その言葉は曖昧でどこか疑わしいと感じられた。そして、調べてみると、ディランのマネージャーを務めた人物はこれまでに一人しかいないとわかった。名前はジェフ・ローゼン。ジェフ・ローゼンのメールアドレスを突き止めるのは容易ではなかったが、モイニハンは突き止めることができた。

彼はローゼンにメールを出し、ジョナ・レーラーという人物と話をしたことがありますか、と質問をした。すると「一度もない」という答えが返ってきた。

これを受けてモイニハンはレーラーに再びメールを送り、まだいくつか尋ねたいことがあると伝えた。

レーラーは返信をしてきたが、驚いている様子だった。「まだこのことで何か書こうと考えているのか？　もう何も書かないつもりなのかと思っていた」という。

モイニハンは、本当に信じられないというように首を横に振りながら、私にこの話をしてくれた。レーラーが愛想良く話してきたのは、それによって調査をやめさせることが目的だったのだ。はっきりそれがわかった。モイニハンにはまったくやめるつもりがなかった。

「悪質な嘘つきというのは、だいたい自分の嘘をつく能力に自信を持っています。自分ならいつでも相手を言い負かせると思っているのです」モイニハンは私にそう言った。

「私はジェフ・ローゼンと話をしたんですよ」モイニハンはレーラーにそう告げた。

するとレーラーは決定的な言葉を口にした。事実上、それで彼は自分の嘘を認めたことになった。

「ジェフ・ローゼンなんて人は知りません。会ったこともない」彼はそう言ったのだ。

＊

懇願

レーラーはそれから何度も繰り返し電話してきた。どうか公表はしないでくれと懇願してきたのだ。モイニハンは、iPhoneの着信音をサイレントにして、しばらく電話がかかってきても出ないようにした。その間にも何度か電話があったことがわかった。後で誰かに話しても信じてもらえないだろうと思い、モイニハンはスクリーンショットを撮って、証拠にすることにした。

そんなことがあまりに続いたらさすがに怖くなるのではないか。怖くなかったかと私が尋ねるとモイニハンはこう答えた。「そうですね……相手が完全にパニックに陥ったということですから……でも、森の中で獲物を追いかけているハンターのような気分かもしれません。正直、悪くない気分ですよ」

ハンターはやがて獲物を追い詰め、銃を撃つことになる。撃たれた獲物は倒れ、死にきれずに身体を痙攣《けいれん》させることもあるので、その場合は頭を殴ってとどめを刺す。

「人間相手ですから、そういうことは本当はしたくないんです。ひどいことです」

モイニハンには、レーラーのエージェントであるアンドリュー・ワイリーから電話で連絡があった。ワイリーは辣腕《らつわん》のエージェントで、レーラーだけでなく、ボブ・ディラン、サルマン・ラシュディ、デヴィッド・ボウイ、デヴィッド・バーン、デヴィッド・ロックフェラー、V・S・ナイポール、ヴァニティ・フェア誌、マーティン・エイミス、ビル・ゲイツ、ヨルダン国王アブドゥッラー二世、アル・ゴアなどがクライアントになっている。

正確には、アンドリュー・ワイリー本人がモイニハンに直接、電話をかけてきたわけではない。

「彼はまず、私と面識のある人に連絡を取ったのです。その人から私のところに電話があり、ワイリーに電話するよう言われました。スパイ映画のようだなと思いましたよ。ワイリーはアメリカでも最も力のある出版エージェントと言われているし、本人もそう自覚していたのでしょう。それに対して私はまったくの無名な人間ですからね。自分から電話するような気持ちはなかったのでしょう。私は彼に電話をし、状況を詳しく説明しました。すると『このことを公表したら、一人の人間を破滅に追いやることになります。そこまでするほど重要なことでしょうか』と言われましたよ」

「どう答えたんですか」私は尋ねた。

「私は『考えてみます』と答えました。アンドリュー・ワイリーという人はだてに成功しているわけではないんだな、とわかりました。とても鋭いんです。すぐ後にレーラーから電話があって『アンドリュー・ワイリー氏から、あなたはやはりこの件を公表するつもりだ、と伺いましたが』と言っていましたから」

そしてついに七月二九日、日曜日の午後、モイニハンはブルックリンのフラットブッシュ・アベニューを歩きながら、電話の向こうのレーラーに向かって怒鳴った。

「『私はあなたがご自身で公表すべきだと思います。自分で言うんです。他人に言われるよりいいと思いますよ』私は彼にそう言いました。iPhoneを持つ手に思わずすごく力が入りました。本当にいらだっていたし、腹を立てていたんです。何という時間の無駄だ、と思いました。なぜ、こんな嘘をついたのかと。彼が愛想でごまかそうとしたことにも腹が立ちました」

だが、レーラーの声を聞いているうちに、状況が変わってきていることがわかった。

「その時、ちょうどドラッグストアの前まで来たので、私は中に入ってノートとペンを買いました。そして二五秒ほど沈黙の後、レーラーは言ったんです。『うろたえて、どうしていいかわからなくなってしまったんです。嘘をついて大変申し訳なく思います』その言葉を聞いて安心しましたよ。それで終わりです」そうモイニハンは私に話してくれた。

この件が文章にまとまるまでには、最初の時点から結局、二六日を要したが、実際に文章そのものを書くのにかかった時間は四〇分ほどだった。

モイニハンはこの仕事で大金を稼いだわけではない。このスクープ記事が掲載されたのは、発行部数もさほど多くないユダヤ系雑誌『タブレット』だった。雑誌の側は、このスクープの重要性を十分に理解していたのだろう。モイニハンに通常の約四倍もの原稿料を支払っている。とはいえ、それでも二二〇〇ドルなので、決して莫大な額とは言えない。しかも、モイニハンがこのスクープで得た報酬はこれがすべてだった。書くのには四〇分しかかかっていないが、原稿の完成までにおそらくタバコを九箱は吸っただろう。

「ジョナ・レーラーは私の寿命を縮めたと思います。本当にタバコをたくさん吸いましたから。部屋の中では吸えないので、毎回、非常階段に出ました。一通のメールを送ることで、相手のその後の人生を大きく変えてしまうことがあるのだなと思いました。メールを送った後、彼は私に何度も何度も電話をかけてきました。まさに鳴りっぱなしの状態でした。私は出ませんでしたが、日曜日の夜一晩だけで、二十数回電話が入ったこともあります。これまでには一度も経験しなかったことでした」

「本当によく電話がかかってきましたね」モイニハンの妻のジョアンナも言った。「悲しいことです。なぜあんなに電話をかけ続けたのか、私にはわからない。それで何かが解決すると思ったんでしょうか」

「きっと彼にとっては人生最悪の夜だったでしょうね」私はそう言った。

「そうでしょうね。それは間違いない」モイニハンは言った。

しばらく電話を無視し続けていたモイニハンだが、耐え切れずついに出た。

「私はこう言ったんです。『ジョナ、もう電話はやめてくれ。ここまで来るともう嫌がらせだよ』私は彼を宥《なだ》めるしかありませんでした。こうも言いました。『約束してくれ、ばかなことは決してしないと』大変なパニック状態でしたから、万一のことがあっても不思議ではないと思ったんです。あまりにひどいので、もう手を引こうかとも考えたくらいです。レーラーはずっと『お願いです。公表はしないで。お願いです。どうかお願いです』と壊れたおもちゃのように、針の飛ぶレコードのように同じことを言い続けていました」

モイニハンは私に尋ねた。もし私が彼と同じような立場になったら、どうするだろうかと。公表すると、誰かを破滅させるかもしれない情報を手に入れたとしたら、どうするかというのだ。公表すれば、破滅させてしまうか、それとも黙っているか。

私はしばらく考えて答えた。

「破滅ですか……そうですね。破滅するとわかっていたら公表しないかもしれないです。はっきりとは言えないですが」

「公表しない方がいいと思います」彼はそう言った。

彼は正直なところ、公表を思いとどまろうかと思ったらしい。レーラーには、彼と同じくまだ小さな娘がいた。でも自分に嘘をつくことはできない、と彼は言う。公表すれば、レーラーの人生がどうなるかは十分にわかっていた。

「いい加減なことをすると、仕事をなくすことがあります。それで失うのは単なる仕事ではないかもしれない。自分の天職を失うかもしれないのですね」

モイニハンは過去に同じように不正によって仕事をなくしたジャーナリストのことを考えていた。たとえば、ザ・ニューリパブリック誌のスティーブン・グラスだ。彼はひょっとすると天職を失ったのかもしれない。

グラスは有名な記者で、一九九八年に書いた「ハック・ヘブン」という記事も大きな評判を呼んだ。自らがハッキングをしたソフトウェア企業に採用される一五歳の少年についての記事である。その企業、ジャクト・マイクロニクスのオフィスで、少年が就業条件について交渉しているところを、グラスはこっそり見ていたことになっている。

「給料はもっと欲しいです。ミアータ（マツダ・ロードスターの北米での名前）も欲しいです。ディズニー・ワールドにも行きたいですね。漫画『X-メン』の初版本も欲しいです。『プレイボーイ』誌と『ペントハウス』誌の終身定期購読もしたいです。とにかくお金です。お金次第ですね」テーブルの反対側では、幹部たちが彼の言うことにおとなしく耳を傾けていた。「すみません」スーツ姿の幹部の一人が、そのにきび面の少年にためらいがちに話しかけた。「すみません。お話の途中ですけど、お給料はもう少し上げられると思います」

——スティーブン・グラス「ワシントン・シーン：ハック・ヘブン」ニューリパブリック誌、一九九八年五月一八日発行だが、この交渉が行なわれたはずの会議室はどこにもないし、そもそもジャクト・マイクロニクスという会社も存在しない。採用されたというハッカーの少年も実在しなかった。

フォーブスデジタルのジャーナリスト、アダム・ペネンバーグは、自分たちの専門であるはずの分野でグラスが次々にスクープをものにすることにいらだっていた。だが、ペネンバーグが詳しく調べたところ、グラスの記事はまったくのでっち上げだったことが判明した。

グラスは解雇された。彼はその後、ロースクールに入学し、首席で卒業して学位を取得した。二〇一四年、カリフォルニア州で弁護士として開業しようとしたが、許可されなかった。グラスに着せられた汚名は、どこに行っても何をしてもつきまとうのである。漫画『ピーナッツ』に出てくる少年、ピッグペンがいつもほこりをまとっているように。

彼とジョナ・レーラーは、気味が悪いほど似ている。二人ともユダヤ系でまだ若く、どこか社会性が欠如しているところがある。ジャーナリストとしては異常なほどの成功を収めたが、実は嘘の報道を繰り返していた。

ただ、グラスの嘘は、レーラーの嘘とは比べ物にはならない。彼の場合は、何もかもが嘘だったからだ。まず登場人物が実在していない。当然、彼らの間で交わされた会話もすべて架空のものだ。ディランが実際に発した言葉の一部を変えた程度のレーラーの嘘も確かに愚かで、ひどいが、グラスの嘘に比べれば些細なものにすぎない。彼にグラスと同様の厳しい罰が与えられるべきとは私には思えない。モイニハンの言うことは私には大げさだと感じられる。彼は、公表すればレーラーをスティーブン・グラス同様の破滅に追い込むほどの秘密を握ったと信じたかったのかもしれないが、私にはそれほどとは思えない。

モイニハンとレーラーの場合は、最後には両者、公表に納得していたと言っていいだろう。結局、自分もレーラーと同じ罠にかかってしまった気分だ、と彼は言っていた。二人でブレーキの壊れた同じ車に乗り、なすすべなく、猛スピードで崖に向かってともに走って行ったようなものだという。

果たして、知ってしまったのに公表しないということがモイニハンにできただろうか。秘密を知った世の中の人たちはどういう感想を抱いただろうか。むしろ隠しておいた方が、後の仕事のためには良かったのだろうか。そうとは言えない。「アンドリュー・ワイリーの説得に屈してしまうような意気地のないことでは、私はとてもジャーナリストと名乗ることはできないでしょう。そんな姿勢で報道の仕事などできないと思います」

それに加え、公表の数時間前に起きたある出来事によって、もはや隠しておくことは不可能になってしまった。

ジョナ・レーラーが電話で自分の嘘を認めた後も、モイニハンは本当に公表をすべきか迷っていた。それで気持ちを落ち着かせようと、ブルックリン、パーク・スロープのカフェに行った。カフェ・レギュラー・デュ・ノールという店だ。外の席に座ろうとすると、友人のライター、ヴァニティ・フェアのダナ・ヴァションに出くわした。モイニハンは、自分が目下取り組んでいる仕事についてヴァションに話した。虚偽と思われる記事を見つけ、調べたところ、書いた当人が虚偽であることを認めた、ということを話したのだ。

「誰の話？」ダナ・ヴァションはそう尋ねた。

「それは話せない」モイニハンは答えた。

偶然その時、電話がかかってきたのだ。ｉＰｈｏｎｅの画面には「ジョナ・レーラー」という名前が表示された。

「ああ、ジョナ・レーラーか」とヴァションは言った。

「なんてこった！　うかつに何も言えやしない」

これで、ダナ・ヴァションには事実を知られてしまった。タブレット誌の担当編集者はすでに知っているし、アンドリュー・ワイリーも当然、知っている。モイニハン自身が黙っていても、もはや隠し通せるものではないだろう。

それでモイニハンはやむを得ず、公表に踏み切った。

後悔

公表が決まり、両者ともそれをわかった状態で、モイニハンは最後に一度だけレーラーと電話で言葉を交わした。あと数時間で、事実が世間に知らされるというタイミングだった。モイニハンはその夜、ほとんど眠れなかった。疲れ果てていた彼はレーラーにこう言った。「実に嫌な気分ですよ。そのことだけはあなたに知っておいてもらいたいです」

「レーラーはしばらく黙っていましたが、でも、その後こう言いました。本当に、嘘ではなく。『あなたがどんな気分でいるのか、そんなのは私の知ったことではありませんね』そう言ったんですよ。氷のように冷たい声でした」モイニハンは首を横に振った。

レーラーはモイニハンにさらにこう言った。

「私は後悔しています、すごく後悔しています……」

後悔？　何をだろうか？　捏造《ねつぞう》をしたこと？　嘘をついたこと？

「あなたからのメールに返信したことを後悔しているんです」レーラーは言った。

「そう言われて私は、ただ沈黙で応えるしかありませんでした」モイニハンは言った。

モイニハンにとってもその夜はひどい夜になった。

「最低の気分でした。私は冷酷非情な人間ではなく、ごく普通の人間ですから。私は打ちひしがれ、精神的に参ってしまいました。妻にきいてもらえれば、私の言うのが大げさでないとわかるでしょう」

彼は、レーラーとの電話での会話を何度も思い返した。それで感じたのは、最後の会話で顔を出したあの冷たい態度が、実はレーラーの本来の姿なのではないかということだ。彼は最初からずっとレーラーに翻弄されていたのだろう。罪の意識を感じ、公表をためらう気持ちになるよう仕向けられていた。彼を与《くみ》しやすい人間と見たのだと考えられる。簡単に思いどおりに操れると見たのだ。

「ジェフ・ローゼンと話をした」と彼が告げた時、レーラーは「あなたは私よりもジャーナリストとして優れていると思います」と言ったが、その言葉にはこちらを見下しているような響きがあった。「どうせ、何か仕事はないかとあちこち嗅ぎまわっているだけのごろつきくらいに思っていたら、意外にやるんだな」とでも言われたような感じだった。その一言で、それまでのレーラーの愛想の良い態度は見せかけでしかなかったことがわかった。

ただ、私は少し疑問に思った。レーラーは本当に彼の言うような腹黒い人間なのだろうか。ただ、恐怖に駆られていただけではないのか。モイニハンが自分の罪の意識を少しでも軽くするために、レーラーを実際より悪く言っている可能性もある。レーラーが腹黒い人間だとは私には思えない。恐怖を感じて言動がおかしくなるのは極めて人間的なことで、特に珍しくはないだろう。

「誰かと電話で話をするのは小説を読むのに似ていますね」モイニハンはそう言った。「会話が進むにつれ、頭の中に小説の筋ができあがっていくんです。レーラーの外見は、本に載っている著者近影の写真で知っています。でも、彼が動いているところは見たことがない。どういうふうに歩くのかもわからない。話している時にどういう服装なのかも知らない。おしゃれな眼鏡をかけてポーズを取っているところは見たことはあるけど、他はわからないんです。でも、四週間ほど話をしている間に、私は彼の人となりがどういうものかを自分なりに想像していました。彼の家の様子も頭に思い描きました。小さな家です。彼もジャーナリスト、私もジャーナリストですが、私は彼とは違って無名の取るに足りないジャーナリストです。家賃も一応、払えているし、幸せですが、大したことは何もしていない……」

私と話していた時、モイニハンは何度も自分のことを卑下する言葉を口にしていた。レーラーとの「事件」について話す時は、自分のちっぽけさを強調する方が、話がより劇的になり、好感も得られやすいと考えていたのではないかと思う。無名の一ブロガーが、有名人の嘘を暴く、という構図、「ダビデとゴリアテの戦い」のように見せようというわけだ。

ただ、話をより面白くし、多くの人を惹きつけるためだけに彼がそうしたとは私には思えない。この事件はあまり幸福とは言えない結末になったが、彼はそれが自分のせいではないと言いたげだ。そして、自分はこの件でさほど大きな金銭的利益を得たわけではないこと、死にたいほど強いストレスに晒されたことも繰り返し話している。アンドリュー・ワイリーや、ダナ・ヴァションの存在によって、公表を余儀なくされたが、自分としては迷っていたのだということも強調していた。

ふと思ったのは、モイニハンは今回、自分のしたことで自らが深く傷ついたのではは

シュルマン邸（マイケル・K・ウィルキンソン撮影、本人に許可を得て転載）

ないか、ということだ。彼は私に言っていた。「こんなことはしない方がいいですよ」と。誰かを破滅させるような情報をつかんだ時は、あえて公表しない方がいいというのだ。最初は、言葉のあやのようなものかと思ったが、彼は本気でそう思っていたのだろう。

「私は彼の家を思い描いたんですよ。小さな家でした」モイニハンはそう話した。

「どうやら自分の暮らしを投影させたようです。家では、彼の奥さんが忙しそうに動き回っていました。子供の姿もありました。ベッドルームは家の奥に二つあり、彼はそのうちの一つにいて、冷や汗をかきながら話をしていました」少しの沈黙の後、モイニハンはこう言った。「その後、ロサンゼルス・タイムズ紙に勤める友人が教えてくれました。写真家、ジュリアス・シュルマンの自宅にまつわる記事が二〇〇九年に同紙に載ったと」

有名な写真家だった故ジュリアス・シュルマンの自宅兼スタジオは、二二五万ドルという価格で売却された。一九五〇年にラファエル・S・ソリアーノの設計により建てられた鉄骨造りのその家は、ミッドセンチュリー・モダン様式のデザインで、ロサンゼルスの歴史的ランドマークとなっている。そして買い手となったのが、人気ジャーナリストでベストセラー作家ともなったジョナ・レーラーだ。彼の著書『一流のプロは「感情脳」で決断する』(How We Decide 門脇陽子訳、アスペクト、二〇〇九年刊)は、一〇を超える言語に翻訳されている。レーラーは、以前から過去の時代の優れたデザインに心惹かれていたという。

——ローレン・ビール、ロサンゼルス・タイムズ、二〇一〇年一二月四日号

「私の想像はまるで間違っていたということです」モイニハンは言った。「自分の愚かさにあきれました。私が彼の成功を羨むのも間違っているかもしれませんが、ともかく、この事実を知って少し心境が変化したのは確かです」

＊

秘密を暴露され名誉を失った人たち

モイニハンにジョナ・レーラーの話を聞いてから数週間後、私はロンドンであるパーティーに出ていた。そこで言葉を交わした人の中に、ある舞台演出家がいた。その時が初対面だった。

彼に今どういうものを書いているかと尋ねられたので、私はモイニハンとレーラーの話をした。そういうふうに自分のした仕事について誰かに話すことは珍しくない。その時は、話しながら思わず少し笑ってしまっていた。私自身はこの話に少し滑稽さを感じていたからだ。虚偽が発覚したことでうろたえた側にも、嘘を発見し、公表したことで自分も苦しむことになった側にも、なんとなく滑稽なところがあるなと思っていた。

だが、どうもだんだん、面白いなどとは言っていられないような気がしてきた。私が詳しく話をするにつれ、聞いている相手の顔には恐怖の色が浮かび始めた。私自身も少し怖くなった。私が話を終えた時、返ってきたのは「怖い話ですね」という言葉だった。

「なぜ怖いんでしょうね」私は尋ねた。

「誰しも人に知られたくないことがあるからじゃないでしょうか」彼はそう言った。

様子を見ていると、彼はそこに恐怖が存在することを私に告げるだけで、大きなリスクを冒していると感じているようだった。

引用する言葉を自分の都合の良いように少し変えてしまう、というのは良いことではないが、誰しも同じ程度の「良くないこと」を少しはしたことがあるのではないか。些細だけれど、世間に広く知られると自分の名誉が大きく傷つくという隠しごとは誰にでもあるのではないかというのだ。

彼の言うとおりだと私も思った。誰にでも秘密はある。そうした秘密のほとんどは、さほど害のないものだ。たとえ多くの人に知られたとしても、大きな問題はないだろう。しかし、たとえそう思ったとしても、万が一、ということがあるので、普通はあえて危険を冒そうとはしない。隠せるものなら隠しておこうとする。

また、他人の秘密を知った場合に、些細なことだからといって暴露してしまうのは無作法だろう。特に状況や場を考えずにそうするのは良くない。たとえば、重要な会議中に誰かの隠しておきたい秘密を暴露するなどすれば、職業人としての常識を疑われることになる。ともに仕事をする人間として信用できないと自ら証明しているようなものだ。

今の時代には、SNSなどで自らあえて自分のことを皆に晒すことも増えている。さらしすぎではないかという人も多い。それでもやはり隠しておくべきことというのはある。ただ自己満足のために自分のことをネット上で暴露しているだけであれば、罪はないし、誰も気にはしないだろう。だがそれで誰かの名誉が傷つくかもしれないとなれば、話は別だ。名誉は人間にとって極めて重要なものである。

私がモイニハンとレーラーの件について詳しく調べる気になったのは、元々はモイニハンの仕事に感心し、また彼の心境に共感できたからだった。彼はあくまで正義のために行動したし、間違いなく正しいことをしたと私は思う。近年、腐敗が目立つポピュラーサイエンスの世界を正す意味でも良かっただろう。レーラーは、ポピュラーサイエンスというジャンルの肥大化のおかげで財を成すことができたわけだが、最近はもう独善に陥り、粗製濫造の状況になっていた。だからこそモイニハンを称賛する気になったし、その気持ちは今も変わってはいない。

ところが、舞台演出家の言葉をきっかけに、私の目の前で新しい扉が開いたような気がした。その扉の向こうには、恐怖の世界が果てしなく広がっていて、そこには何百万という数のレーラーがいる。全員、秘密を暴露され名誉を失った人たちである。私がジャーナリズムの世界に入って三〇年になるが、これまでに何人の人を扉の向こうに追いやってきたのだろうか。ジョナ・レーラーのような立場になるというのは、実際にどれほど恐ろしいことなのだろうか。

第3章　ネットリンチ——公開羞恥刑

一夜にして破滅したジョナ・レーラーに、著者は直接会って取材を申し込むが、なかなか色よい返事は得られない。レーラーは、ネット中継で謝罪をすることになるが……。

ジョナ・レーラーへの取材申し込み

ウェスト・ハリウッドのラニオン・キャニオン。ハイキングコースとして有名な場所だ。そこにジョナ・レーラーはいた。

捏造が発覚した彼は、信用を失い、事実上、破滅してしまっていたが、何も知らないハイカーの目には、とてもそうは見えなかったに違いない。外見は、かなり以前に撮られたはずの著者近影の写真と何ら変わらない。相変わらず見栄えのする顔である。また、どこか超然としているようにも見える。いかにも何か高邁な思想を頭に抱えていそうだ。何かを言う時でも必ず、よく考えてから口を開く、そんな人に見える。その時、ともにハイキングをしていた私の目にもそう映った。

だが、私たちはさほど深い考えのいるような込み入った話をしていたわけではなかった。かれこれ一時間ほど、ジョナ・レーラーはただ同じことを繰り返し言っているだけだったからだ。その声から、彼がいらだっているのは明らかだった。怒りを爆発させる寸前で持ちこたえているようだ。彼は何度もこう言った。

「僕のことは本に書かないでください。僕は、あなたの書く本にはふさわしくない」

私の方も何度も同じことを言った。

「いえ、ふさわしいと思うので書かせてください」

彼が何を言っているのか、よく理解できなかった。私はまさに彼のような人について書こうとしていたからだ。レーラーは虚偽の文章を書くという罪を犯し、公の場で恥をかかされるという罰を受けた。まさに私の本のテーマにふさわしい人だと思っていた。

レーラーはハイキングコースの途中で急に立ち止まり、私の方をじっと見て言った。

「私の話は、あなたの本に書くには悲惨すぎるのではないかと思うんです」

「どういうことですか？」

「ウィリアム・ディーン・ハウエルズが言っているじゃないですか。『アメリカ人が好きなのは、ハッピーエンドの悲劇だ』って」

ウィリアム・ディーン・ハウエルズが言ったのは、正確には「アメリカの大衆が演劇に望むのは、ハッピーエンドの悲劇だ」である。レーラーの話は、ほぼそれに当てはまるのではないかと私は思った。

私がわざわざここまでジョナ・レーラーに会いに来たのは、彼のケースが自分の本にとって非常に重要だと感じていたからだ。同じようなことはこれからの時代には増えるだろう。ジョナ・レーラーは有名なジャーナリストで、著書が立て続けにベストセラーになり、大きな成功を収めていたが、実はこっそりと不誠実な仕事をしていた。だが、やがてそのことが暴かれる日が来た。暴いたのは、少し以前であれば、まるで無力であったと思われる人だ。

ハイキングコースで直接、話すうちに、レーラーにはまだパニックに陥り、惨めな思いをした記憶が鮮明に残っていると感じた。

それでも、公衆の面前で晒し者にするという刑罰が別のかたちで復活したこと自体は、私は基本的に良いことだと思っていた。すでに紹介したデイリー・メール紙のコラムニストの件もそうだし、退会のできないフィットネス・クラブの件でもそう感じた。そして何より、私自身が被害者となったスパムボットの件だ。あれが解決できたのは、「犯人」たちが晒し者になったおかげである。

レーラーは短い期間にいくつも優れた業績を残した。それは確かだ。著書の何冊かは素晴らしいものである。しかし、彼は何度も倫理的にも法的にも許されないことをしていた。書いた文章の中に多くの嘘が混じっていたのだ。それは悪いことだし、嘘が発覚するのは良いことだと思う。

だが、一緒に歩くうち、私はレーラーに同情し始めていた。彼の様子を間近で見ると、ひどく苦しんでいることがよくわかったからだ。もう一方の当事者であるマイケル・モイニハンの話では、彼は大変な嘘をついており、その嘘は「実に実に巧妙に仕組まれたもの」ということになる。しかし、レーラーはそのような計算高い人間には見えず、ただ混乱しているように見えた。「氷のように冷たかった」という、最後にモイニハンがレーラーと話した日の態度も、単に精神的に参っていただけで、人間性のせいではないような気がした。

ロサンゼルスに行く前に受け取ったメールにレーラーはこう書いていた。

「私は、恥ずかしさと後悔の念にまみれていました。晒し者にするという、社会の私に対する仕打ちは、それはひどいものでした」

レーラーは自分の未来について、マイケル・モイニハンやアンドリュー・ワイリーと同様、暗い予測をしていた。自分は破滅から立ち直れずに人生を終えることになるだろうと思っていたのだ。アメリカは一度、過ちを犯しても、それを償って再出発しようとする人間にはチャンスを与える国だと思う。そして彼はまだ三一歳と若かった。それなのに、自分の人生はハッピーエンドではない悲劇だと彼は考えていた。

少し悲観的すぎるのでは、と私は思った。もちろん、しばらくの間は苦労をするだろう。何かをしようとしても、簡単にはうまくいかない時期が続くに違いない。それでも、粘り強く努力を重ねていれば、周囲の人たちにも、読者にも、自分は以前とは変わったのだとわかってもらえるようになるだろう。復活への道はきっと見つかるはずだ。結局、我々は皆、人間であり、決して怪物などではないのだ。

＊

著書の回収

科学についての文章を書きたい、というのが、ごく早い時期からレーラーの目標だった。彼に会うことが決まってから、私は彼が一〇年前に受けた母校の学生新聞のインタビュー記事を見つけた。当時、レーラーは二一歳だ。

彼の夢はサイエンス・ライターになることである。「科学は冷たく、無味乾燥なものだと思われがちです。私は科学について一般の人にもわかりやすく面白い文章で解説して、科学がいかに美しいものかを伝えていきたいと思っています」
――クリスティン・スターリング、コロンビア・ニュース、二〇〇二年一二月このインタビューが掲載されたのは、レーラーがローズ奨学金を受け、オックスフォード大学の大学院で二年間学ぶことが決まった時だった。ウェブサイトには「ローズ奨学生に選ばれるのは年間三二名」とある。「選ばれるためには、学業成績が際立っているだけでなく、人間性も優れている必要がある。他者、社会の利益に貢献する意識を持っている人間でなくてはならない」

過去にローズ奨学金を受けた中には、ビル・クリントン、天文学者のエドウィン・ハッブル、映画監督のテレンス・マリックなどがいる。二〇〇二年にはコロンビア大学から二名が選ばれた。ジョナ・レーラーと、もう一人はサイラス・ハビブだ。一〇年が経った現在、ハビブはアメリカでも数少ない全盲の政治家となっている。ワシントン州議会の議員である彼は、イラン系アメリカ人の政治家の中でも最高位にいる。驚異的とも言えるほど優秀な人物である。

ジョナ・レーラーが最初の著書『プルーストの記憶、セザンヌの眼—脳科学を先取りした芸術家たち（Proust was a Neuroscientist 鈴木晶訳、白楊社、二〇一〇年刊）』を書き始めたのは、まだ奨学生としてオックスフォード大学で学んでいる頃だった。

この本によれば、今日急速に発展を遂げている神経科学で「大発見」とされていることの多くを、すでに一〇〇年も前にセザンヌやプルーストなどの偉大な芸術家は知っていたという。魅力的な本である。ジョナ・レーラーは賢明な人で、この本は素晴らしくよく書けていた。かのムッソリーニが、イタリアの鉄道を定刻どおり運行させたという話よりは、レーラーの本の方がはるかに信頼できたと思う。

彼は短いキャリアの中でいくつもの優れた仕事を残した。虚偽、捏造によって汚されていない文章が数多くあるのだ。『プルーストの記憶、セザンヌの眼』の後に出されたのが『一流のプロは「感情脳」で決断する』で、そして今のところ最後に出た本が『イマジン』だ。その間に、レーラーは本を出す以外に、講演活動もするなどして財を成すことになった。

彼は人の興味を惹くような無数の講演を各地で行なっていた。講演をしたカンファレンスは実に様々で、私が一度も名前を聞いたことのなかったものも少なくない。たとえば、サンディエゴで開かれた二〇一一年のIABC（国際ビジネスコミュニケーター協会）世界会議、デンバーで開催されたFUSION（第八回Desire2Learn年次ユーザー・カンファレンス）、二〇一二年のシアトルでのGEO（効率的な組織のためのグラントメーカー団体）全国会議でも話をしている。

GEO全国会議では、あるアスリートの若き日の話をした。背面跳び（フォスベリー・フロップ）を考案したハイジャンプの選手、ディック・フォスベリーの話だ。

フォスベリーは当時、主流になっていたベリーロールではいくら練習してもうまく跳ぶことができず、他の選手たちから嘲笑されていた。苦しんだ彼が編み出したのが、一見、不合理に思える背面跳びという方法だった。この新しい跳び方のおかげでフォスベリーは一九六八年のメキシコシティオリンピックで金メダルを獲得できた。

レーラーの講演料は跳ね上がり、ついには、何十万ドルという額にまでなった。報酬が高くなったのは、一つには彼の伝えるメッセージが人を鼓舞するようなものだったからではないかと思う。そこは私とは違っている。私のメッセージはどちらかと言えば人のやる気を削ぐようなものだ。そのせいばかりではないかもしれないが、案の定、私の得る報酬は彼に比べればかなり低い。

レーラーを形容するのによく使われるのが「グラッドウェリアン」という言葉だ。これは、ニューヨーカー誌のスタッフライター、マルコム・グラッドウェルに由来する言葉である。

グラッドウェルは、人々の直感に反する事実を知らせるポピュラーサイエンスの著書を何冊も出版し、ベストセラーを連発している。彼の代表作『ティッピング・ポイント』(後述)は、おそらくポピュラーサイエンスの世界で最も成功した著作の一つだろう。

ジョナ・レーラーの著書の装丁は、マルコム・グラッドウェルのものに似ている。どちらもアップル製品のケースに似たシンプルなデザインである。ジョナ・レーラーはマルコム・グラッドウェルと同様に多くの人の注目を集める存在となった。レーラーが転職をした時には、それ自体がニュースになったほどだ。ロサンゼルス・タイムズ紙にはこんな記事が出た。

ジョナ・レーラー、ワイアードからニューヨーカーへ

『プルーストの記憶、セザンヌの眼』、『一流のプロは「感情脳」で決断する』、そして今年刊行の『イマジン』などポピュラーサイエンスの著書で知られるジョナ・レーラーは、ワイアード誌の寄稿編集者だったが、今回、その職を辞し、ザ・ニューヨーカー誌のスタッフライターとなった。

取りあげるテーマは脳中心で、その点が少し違っているが、他の面では共通点も多く、「若きマルコム・グラッドウェル」とも言えるレーラーは、その意味でも本来、ニューヨーカー誌向きだろう。

——キャロリン・ケロッグ、ロサンゼルス・タイムズ、二〇一二年六月七日号

レーラーは、ニューヨーカーのスタッフライターをわずか七週間で辞めることになった。モイニハンの書いた暴露記事が出たその日に辞めたのだ。

記事が出る前日の日曜の夜にも、レーラーは講演をしていた。セントルイスで開催された、MPI（ミーティング・プロフェッショナルズ・インターナショナル）のWEC（世界教育会議）2012での基調講演だ。講演の主題は、「対人関係の重要性」だった。

聴衆の一人だったジャーナリストのサラ・ブレイリーのツイートによれば、彼はその時、「スカイプの発明以降、実際に人と顔を合わせる会議に出席する人は、以前に比べ、減るどころか逆に三〇パーセントほども増えた」と話したという。にわかには信じがたい話だ。

講演終了後、レーラーの姿を見つけたブレイリーは、どこからその情報を得たのかを尋ねることにした。「ハーバード大学のある教授と話している時に聞いた」とレーラーは答えた。だが、その教授の名前を聞き出そうとすると、なぜか彼は明かそうとしない。「話してもいいか本人に確認する必要があるから」と説明をしていた。

彼女はレーラーに名刺を渡し、確認ができたら連絡が欲しいと言ったが、その後まったく連絡はなかった。それは驚くことではない。翌朝、彼は名誉を失い、ニューヨーカーの仕事を辞めることになったからだ。

記事が出た後、出版社は流通している『イマジン』をすべて回収し、廃棄した。また、すでに購入した人には返金を申し出た。ディランの言葉の捏造が発覚しただけで、レーラーを破滅させるには十分だった。

そして、その後の大騒ぎもさらに追い打ちをかけた。モイニハンは、レーラーが彼の問い合わせにすぐ答えず時間稼ぎをしようとしたこと、愛想良く振る舞って自分を信用させようとしたこと、そして新たな嘘をついて逃げようとしたことなどを明かした。インターネット上には、レーラーに対する否定的な言葉が数多く飛び交った。新聞や雑誌にも数々のコメントが載った。

「自分が能力のわりに不遇だからといって、レーラーの名誉が失墜したのを何か快いことのように思うのは愚かなことだが、そういう人も少なくないようだ」(ガーディアン紙)

「しかし実にくだらないことをしたものである。せいぜい印税を貯金しておくことだろう。そうでないときっと生活費に困ることになるだろうから」(ニューヨーク・タイムズ紙)

「ここまで嘘まみれなのはもはや不思議である」(タブレット誌)

遠くブルックリンでは、マイケル・モイニハンが苦悩していた。「レーラーの不正を暴いたことは果たして良いことだったのか」と煩悶《はんもん》していたのだ。

モイニハンとしては、レーラー一人を攻撃したつもりだったのだが、これがポピュラーサイエンスというジャンル全体に対して大きな打撃を与えることになった。「私の母のように、詳しい事情をよく知らない人たちはどうしても『一事が万事』と思ってしまいます。一つでも良くないものがあると似たものは全部だめなのではないかと考えます」――レーラーのエージェントであるアンドリュー・ワイリーの言葉も頭から離れなかった。確かに、これで一人の人間が破滅に追いやられるのは間違いないだろう。

事態はモイニハンが思っていたよりも悪化していった。ワイアード誌が、ニューヨーク大学准教授としてジャーナリズム論を教えているチャールズ・サイフェに依頼し、レーラーが同誌のために書いた一八本のコラムを検証してもらったのだ。その結果「一つを除き、すべてにジャーナリストとして不適切な部分がいくつかある」という報告がなされた。

その多くは、レーラー自身が他のところでも使用した文章の「使い回し」だったが、それだけではない。たとえば、私はこの章でローズ奨学金のウェブサイトからの引用をしているが、引用文に「」がなかったとしたらどうだろう。それは少なくとも「手抜き」ということになるし、悪くすれば、「盗用」と言われかねない。

おそらく特にひどかったのは、イギリス心理学会のクリスティアン・ジャレットの書いたブログから何パラグラフかを盗用したことだろう。ブログの一部を拝借しているにもかかわらず、レーラーはそれを自分で書いたもののように見せかけていた。そうした情報を得てモイニハンは大いに安心したという。本人が私にそう話してくれた。腐敗は、彼が見つけたものだけではなかった。レーラーの書いた多くの本、多くの記事に広がっていた。

ジョナ・レーラーは、ツイッター上で一つリツイートをした後、完全に公の場から姿を消した。そのツイートは、まだ暴露記事が出る前のもので、とても呑気な内容だ。航行可能な状態のまま乗組員が姿を消した帆船、メアリー・セレスト号のようだ。

Fiona Apple's new album is 'astonishing', rhapsodizes @sfj.
（フィオナ・アップルのニュー・アルバムはすごい。@sfj も熱狂している）

二〇一二年六月一八日のリツイート

ジョナ・レーラーにはインタビューの申し込みが数多くあったが、彼はそのほぼすべてを断っていた。唯一の例外は、ロサンゼルス誌のエイミー・ウォレスに対し「自分はどのようなインタビューにも応じるつもりはない」と簡潔に答えた時だった。だから、私の出したメールに彼から返信があった時にはとても驚いた。返信には、連絡をもらって嬉しく思う、電話でも何でも喜んで話をする、とあった。それで結局、ハリウッド・ヒルズにハイキングに行こうという話になったのだ。

私は飛行機に乗ってロサンゼルスへと向かった。最後に受け取ったメールには、思いがけず「自分が果たして取材対象になれるか、公表を前提とした話をできるかは、確約できない」と不安になるような言葉があったのだが、構わず行くことにした。

私たちは砂漠の渓谷をハイキングしたが、それは状況に合っているように思えた。それはレーラーの受けている罰が極めて「聖書的」だったからだ。公衆の面前で恥をかかされ、その後、荒野を歩くというのは、いかにも聖書に出てきそうな場面である。ただ、私たちの歩いた荒野には、容姿端麗な映画スターや犬を連れたモデルがたくさんいて、そこだけは聖書とは大きく違っていた。

しばらくの間、私たちは黙って歩いていた。そして、レーラーは、私が彼のことを書くべきではない理由があと二つあると言い出した(「アメリカ人が好きなのは、ハッピーエンドの悲劇だ」という以外にも二つあるというわけだ)。

一つは、「自分は書くに値する人間ではないから」だという。ひょっとすると、親切心から題材として取りあげようとする人がいるかもしれないが、自分にそんな価値はないと、レーラー自身は思っているという。

もう一つは、一種の警告だった。「自分には、まるで放射性物質のように、他人に不幸を伝染させる強い力があると思う」という。良かれと思って近づいて来る人がいても、その人に不幸が伝染してしまうから気をつけろというのだ。

「自分と過ごすと、思いがけないかたちで身を滅ぼすことになるに違いない」とレーラーは私に言った。

私は「いや、私はあまり人に影響を受けたりしない人間だから」と笑って言い返した。

「今回、はじめて影響を受けるかもしれませんよ」とレーラーは言う。

話していると、レーラーは大変な混乱状態にあることがわかってきた。そうでなければ、こんなことは言わないだろう。私はあきらめずに説得を続けたが、なぜ自分のことを書くべきではないか、その理由を言えば言うほど、彼の苦しみは強まっていくように見えた。

私は懸命に「罪を贖《あがな》って再起することは可能なはず」と訴えるのだが、その言葉が彼の耳には、セイレーンの歌声のように聞こえていたようだ。うっかり幻惑されると船が難破してしまうという歌だ。再起のチャンスがあるかのように言われることは、むしろ辛いのだと彼は言った。もうチャンスは永遠に失われたと言われる方が気が楽だという。自分は社会にとって害であり、破滅は必然だったと思える方がいいというのである。

そこまで言われたので、私はあきらめることにした。レーラーは私をホテルまで車で送ってくれた。車の中で私は下を向き、自分の膝をじっと見つめていた。疲れ切っていたのだ。見込み客に長時間売り込みを続けて、結局、失敗した営業マンはこんな気分かなと思った。

突然、レーラーはこう言った。

「私は近々、公の場で謝罪することにしているんです」

私は顔を上げて彼を見た。

「そうなんですか」

「来週です」レーラーは言った。「場所はマイアミです。ナイト財団のカンファレンスがあるんですよ」

ジョン・S・アンド・ジェームズ・L・ナイト財団は、シカゴ・デイリー・ニュースとマイアミ・ヘラルドのオーナーによって設立された財団で、革新的なアイデアを持った若いジャーナリストたちに資金を供与することを目的としている。

レーラーの話によると、財団の主催者たちが集まるカンファレンスがあるという。その最終日、昼食後に基調講演をしてくれと頼まれたらしい。デジタル・メディアの発展を後押しする財団だけに、その基調講演は、ウェブサイト上で生中継する予定になっていた。

「その講演の原稿を書いては捨て、また書き直し、ということを繰り返しているんですよ」レーラーはそう言った。「良ければ原稿を読んでもらえますか。その後で、私が本当にあなたの書こうとしているものにふさわしいかを話し合いましょう」

*

講演原稿

私は創造性についての本を書きました。その本は、今、最も有名と言ってもいいでしょう。ボブ・ディランの言葉の引用に捏造部分があると発覚したからです。ブログ上で盗用も行なっていました。引用での捏造を隠すために、マイケル・モイニハンというジャーナリストにいくつもの嘘をつきました……

私は飛行機の座席でレーラーの謝罪講演の原稿を読んでいた。少々、硬い感じがする書き出しではあるが、率直に自分の罪を認めている。そして、その後にいかに自分の行為を恥ずかしく思い、後悔しているか、ということが書かれていた。

本を読んでくれた人たちをがっかりさせたことはよくわかっています。決して少ないとは言えないお金を払って本を買ってくれたのに、その本はもはや棚に置いておきたくないものになってしまった……

彼の率直さには驚いた。ハイキングの時の口ぶりだと、仮にインタビューに応じたとしても、この件に少しでも触れれば恥になるので困る、と思っているようだったからだ。それは彼個人の問題であり、他人が踏み込めない領域なのだと私は思っていた。だが、原稿を読んでいると、レーラーは自分の恥と正面から向き合おうとしているようだった。早く次の段階へと話を進めたい、そのためには、急いでこの件に触れなくてはならない、と思ったらしい。

これは他に類を見ないような謝罪講演になる、ということがすぐにわかった。何と、彼が自分自身の欠点について、神経科学の観点から説明する、という講演である。謝罪講演ではあるけれども、やはりジョナ・レーラーならではの優れた基調講演と言えるのかもしれない。少なくとも、ジョナ・レーラーという高い知性を持った人間が、神経科学的に見ていかなる欠陥を抱えているのか、という話を聞くことができる。

驚いたことに彼は、FBIの法医学研究所で働く科学者たちを引き合いに出す。彼自身の話から、やはり不完全な人間である科学者たちの話へと進んで行くのだ。FBIの優秀なはずの科学者たちの手によって、無実の人たちがテロリストに仕立てあげられてしまう。その理由をレーラーはこう書いている。

ＦＢＩの科学者といえども、自分の脳の隠れた特性からは逃れられません。どれだけ優れた知性、能力を持っていても、自分の奥底にある欠陥のせいでそれが無に帰すことがあります。自分ではなかなかその存在に気づかない欠陥です。

レーラーは実例をあげる。オレゴン州の弁護士、ブランドン・メイフィールドだ。彼は、ＦＢＩにより誤って、二〇〇四年三月に起きたマドリード列車爆破テロ事件の犯人にされてしまった。現場にあった起爆装置の入ったカバンから指紋が採取されたのだ。ＦＢＩがその指紋をデータベースと照合したところ、メイフィールドの指紋と一致した。

捜査員たちはすぐにメイフィールドがイスラム教徒であり、結婚相手がエジプトからの移民であることを突き止めました。そして、子供の親権をめぐる争いをしており、過去にテロリストとして有罪判決を受けていることもわかりました。

ＦＢＩはメイフィールドの身柄を二週間拘束したが、結局、指紋が一致したというのは誤りで、実際には似ても似つかなかったということが判明した。

ＦＢＩの捜査官がこのようなミスをしたのは、いわゆる「確証バイアス」のせいだとレーラーは言う。捜査官ははじめからメイフィールドが犯人だと信じ込んでおり、その先入観に合う情報だけに注目し、そうでない情報は重要視しなかったのだ。メイフィールドが無実であることを示す証拠が目の前にあるのに、無意識のうちにそれを排除していた。この不祥事をきっかけに、ＦＢＩは、誤りを防ぐべく大きな改革に乗り出した。レーラーは講演の最後にこう言う。「これと同様のことが自分にも起きれば素晴らしいのですが」

もし私が今後、幸運にも再び文章を書くことができたとしたら、事実確認の不十分なことは一切書かないし、必要であれば脚注等で補足説明を十分にしていきます。私は自分の欠点と絶えず闘っていかねばならないと学んだからです。最初に書いた原稿は何度も読み直して修正を加え、さらに他人の厳しい意見も聞いて改善していきます。そして、もうこれなら大丈夫と確信できたところではじめて完成とするのです。そういう自助努力をしない限り、長く手元に置いてもらえるような著書はとても作れないでしょう。

これがジョナ・レーラーの思う「アメリカ人の好むハッピーエンド」ということなのだろうか。飛行機の座席で私は、この講演原稿が良いともそうでないとも判断できずにいた。この原稿のとおりに講演をした場合、良い結果が出るか否かもわからなかった。

FBIの件は、責任がどこにあるか極めてわかりにくい。ジョナ・レーラー自身の不祥事とは種類が違うのではないかと思えた。偶然だが、確証バイアスに関しては私もかなり調査を進めていた。危険なものであるのは確かで、それが原因の冤罪も少なくない。強い力があるとは私も思う。確証バイアスというものの存在を知って以来、それがまったく珍しくなくどこにでも存在するものであることを学んでいた。本当にどこにでもだ。

そんな私から見ても、ジョナ・レーラーの不祥事が確証バイアスに関係があるとはどうしても思えないのだ。自分の書きたい文章に合わせてボブ・ディランの言葉に故意に手を加えることは、確証バイアスとは関係がない。

ただFBIの話が本筋から多少、外れているのではないかと思うものの、この講演原稿のできは全体としては悪くなかった。これなら、ニール・ダイアモンド主演の映画『ジャズ・シンガー』のような結末も、十分に期待できるような気がした。

映画の中では、人気ジャズ・シンガーが、病に倒れた父親の代わりに、大舞台をふいにしてユダヤ教会で賛美歌を歌う。はじめはジャズ・シンガーが賛美歌を歌うことを嘆いていた信者たちだったが、結局は彼の歌声の素晴らしさに心を動かされることになる。

私がレーラーに「良い原稿だった」とメールで知らせると、感謝するとの返信が届いた。私は、自分もマイアミに行っていいか尋ねたが、それはやめてくれという返事が来た。

＊

謝罪、ツイッターの反応

「私は創造性についての本を書きました。その本は、今、最も有名と言ってもいいでしょう。ボブ・ディランの言葉の引用に捏造部分があると発覚したからです。ブログ上で盗用も行なっていました。引用での捏造を隠すために、マイケル・モイニハンというジャーナリストにいくつもの嘘をつきました……」

レーラーはナイト財団のカンファレンスでの講演でそう話し始めた。ほとんど身体を動かすことなく、じっと立ったまま話している。私はその様子を自宅のコンピュータで見ていた。

かつて彼が講演者として人気を博していた頃には、言葉の意味を強調するため、声の強弱、高低を大きく変化させていた。ところが、この時の話し方はとても平板で、教室で突然、皆の前に出され、おどおどしながら話をしている子供のようになっていた。

これは、レーラーの人生にとって何より重要な講演だった。自分に再起のチャンスを与えて欲しいと訴える講演だ。きっと緊張感は大変なものだっただろう。だが、ナイト財団は、まるでまだまだ緊張感が足りないとでも言うように、話をするレーラーのすぐ後ろに巨大なスクリーンを設置していた。

スクリーンには、ツイッターへの書き込みがリアルタイムで表示される。許しを請うレーラーの様子を画面で見ながら、「#infoneeds」というハッシュタグをつけてツイートすると、それがすべて自動的にレーラーのすぐそばのスクリーンに表示されるわけだ。大きなスクリーンとは別に、レーラーの視界に入るところにもう一つスクリーンがあり、そちらにも同様にツイートが表示される。
話をしながらレーラーは時折、スクリーンを見ていた。

おお、ジョナ・レーラーが自分の間違いを素直に認めているぞ。私が悪かった申し訳ない、とはっきり言って謝っている。

レーラーだけじゃなくて、人間って謝る時の話し方はこんなふうになるよな。

それまでの約七ヶ月間、レーラーは名誉を失い、人から嘲笑され、社会から追放されたようになっていた。彼はずっと、ロサンゼルスの渓谷を足を引きずって歩いていたようなものだ。歩いていると、罪の意識と恥ずかしさで絶えず汗が流れ出る。身体が締めつけられるような痛みは、一時も消えることなく続いた。だが、突然、目の前に光が見えた。今は希望の光が見えている。

私は、自分が今《ま》まさに奇跡を目の当たりにしているのだと感じた。私のスパムボットの時もそうだったが、どうやら人は、誰をいつ辱《はずかし》めるべきかを、またいつそれを止めるべきかを知っているようだ。ジョナ・レーラーはもう自分の罪に見合うだけの罰を受けた、もう十分だ、と皆は本能的に察知したらしい。だから、彼の言い分に耳を傾けてみようという気持ちになったのだ。

ジョナはやがて、原稿にあったとおりＦＢＩの件について話し始めた。

＊

リアルタイムで大炎上

「これからするのは、私に少し希望を与えてくれた話です。過ちを犯したけれども、それをなくすべく努力している人たちの話です。ちょうど、私が破滅に陥ることになった頃、取り組んでいたテーマでした。ＦＢＩの法医学研究所のことです」

その時だ。突然、聴衆はレーラーの話に興味を失った。家で見ていた私にもわかったし、おそらくレーラーにもそれがわかったと思う。以前の、仕事が好調な時の彼であれば、皆、興味を持ったはずだ。しかし、もはや興味を示す人はいなくなっていた。

ジョナ・レーラーは捏造を謝罪し、許しを請うているが、はっきり言えば、聞いていて退屈だ。

@jonahlehrer のアカウントでツイッター上にも長々と謝罪文がツイートされたが、私はまだ彼のことを完全に信用できない。

本人の謝罪文がツイッター上に流れてくればつい見てしまうが、彼は退屈だし、言葉に説得力もない。時間がもったいないな。

レーラーは話を続けた。

話題は不祥事で仕事を辞める一ヶ月前のことになった。その頃、行動経済学者のダン・アリエリーにインタビューをしたという。インタビューで話題になったのは、「人間の脳はいかに作り話が得意か」ということだった。

「脳は作り話が得意」って、自分の嘘を脳の特性のせいにして責任逃れする気か。

くだらない通俗心理学だ。捏造なしにはくだらない通俗心理学の本すら書けない、という言い訳に、通俗心理学を利用するとは。

ジョナ・レーラーはひどいソシオパスだ。

演台の上のレーラーは窮地に追い込まれていたが、講演の時間はあと二〇分もあったし、その後には質疑応答の時間もあった。「人間の脳は作り話が得意」ということを口にしたのは、私も責任逃れをしているように感じた。しかし、話を聞いているうちに、その批判が妥当かどうかすら、今は大した問題ではないことがわかってきた。

レーラーの目にも入っていたはずだ。感情むき出しのような、直接的な言葉の数々が。すごい数のツイートだった。それを見ていると、彼はまったく許されていないし、再起を図れる可能性などまるでないことがよくわかった。

ジョナ・レーラーが過ちを乗り越えて再出発をしたいと本当に思うのなら、もうまったく別の仕事をした方がいい。ライターとしての彼はもう終わっている。許そうと思う気持ちはまるでないし、今後、もし著作が出ても読もうという気には一切なれない。

ナルシストが自分勝手な妄想をぶちまけているだけ。反省も後悔もまったくしていない。

ジョナ・レーラーの講演は、「ばか者の自己欺瞞《ぎまん》を知る」とでもした方がいい。悪い実例から学んで、皆、同じ轍《てつ》を踏まないよう気をつけるべき。

この状況でもレーラーは話し続けなくてはならなかった。そうするより他になかったのである。ともかく何があっても予定されたことはやり遂げねばならない。

彼は抑揚をつけず、淡々とこう話した。「いつの日か、私は今日と同じことを娘に話したいと思っています。この経験があったからより良い人間になれた、と言えるようでありたいです。より謙虚になれたのだと……」

ちょっと待って欲しい。これは記者会見なのか。そんなに人材不足なのだろうか。捏造なしで何か興味深いことを話せる人間はもっと他にいるはずだろう。

ジョナ・レーラーは、行動心理学に関連するポピュラーサイエンス本が、いかに空虚なものかを示す格好の証拠になったと思う。人間の認知能力の欠陥をあげつらうジャンルだが、それを手がけているのは、倫理的な欠陥を抱えた人間だという。

彼には恥を感じる能力がないように思える。

はじめは良いかと思われた状況は、あっという間に悪化してしまった。ツイッター上でジョナ・レーラーは厳しい罰を受けていた。それは、彼が自ら得た特権の使い方を誤ってしまったからかもしれない。皆の攻撃を受けて、彼はすでに床に倒れているのに、まだ殴る蹴るの暴行が続けられている。しかも、攻撃する側はその暴行を楽しんでいるようにも見える。

やがて講演は終了した。レーラーと同じ場にいる人たちからの反応は温かく、拍手喝采が起きていた。

ツイッター上では罵倒の津波が起きていたが、少しは慈悲の心を求める声もあった。また、罵倒の嵐の中、今起きていることの異常さを指摘する人もごく少数ながらいた。

ジョナ・レーラーは、自分を罵倒するツイートがすぐそばで無数に流れるのを見ながら謝罪をしているのだな。これはまさに二一世紀型の公開むち打ち刑だ。

ジョナ・レーラーも一人の生身の人間ですよ。ツイッターはあまりにもひどい。もはや常軌を逸しているように私には思える。

ジョナ・レーラーは確かに重い罪を犯したのかもしれない。だけど、自分を罵倒するツイートが表示される巨大スクリーンの前で謝罪させるなんて残酷だ。罰にしても異様としか言いようがない。

しかし、このようなレーラーに対する擁護も、圧倒的な罵倒、嘲《あざけ》りのツイートにかき消されてしまった。

今日はギャラもらって出てるのかね。

「もらっているはずないだろう」と私は思った。すると「回答」らしきツイートが書き込まれた。

ジョナ・レーラーはナイト財団主催の今日の講演で捏造について話して二万ドルを受け取ります。

自分は嘘つきの最低野郎だと話して二万ドルもらえるんなら俺もやりたいな。

またそんなツイートが大量に流れた。

そして同じ日の夜には、こんなツイートも書き込まれた。

財団は、不祥事を起こしたライターであるジョナ・レーラーに二万ドルもの報酬を支払ったことについて謝罪した。

レーラーからは後で私にメールが届いた。

「今日は本当にひどい目に遭いました。後悔の気持ちでいっぱいです」

私はとても同情していると返事を送った。また、本当に二万ドルの報酬を受け取っているのなら、寄付をした方がいいのではないかとも書いた。

「何をしても無駄ですね」彼はそう返事をして来た。「もっとよく現実を見つめるべきでした。今回の講演の誘いは受けるべきではなかったんです。でも、そんなことを言ってももう遅いんです」

*

魔女狩り将軍

「ふざけてますよ。あのやり方はないです。謝罪するのにも、『ジョナ・レーラーらしさ』を出そうとするなんて」

マイケル・モイニハンは私にそう言った。ニューヨーク、クックショップで昼食をともにした時だ。

彼は、とても不思議だというように首を横に振りながら言った。

「あれは謝罪なんかじゃないですよ。やっぱり例のマルコム・グラッドウェルの亜流です。どうしてもあれしかできないんですね。ロボットみたいに自動的にああなるんでしょうか。『こんな学術的研究があります』と言って、ちょっと研究結果を引用してみせる、それればっかりです。講演での話は、彼がいかに誠意のない人間かを余計に強く感じさせるものでした。彼のしていることは、ただ辞書を自分の頭の中に入れて、書いてあることをそのまま話す、そんなようなことです」

モイニハンはそこでいったん言葉を切った。

「そうだ！　講演を文字に起こしたものを送ってくれた人がいるんですよ」

彼はそう言った。

「その人が教えてくれたんですが、レーラーはこう言っているんですね。『マイケル・モイニハンというジャーナリストにいくつもの嘘をつきました』と。まさにこれですよ。

その話を聞いて、私はこう言いました。『言いたいことはよくわかります』彼は、『ジャーナリストのマイケル・モイニハン』に嘘をついた、とは言っていないんですよね。妙な言い方をするものです。『マイケル・モイニハンというジャーナリスト』──それはいったい誰ですか。どうしてこんな言い方をする必要があるんですか」

モイニハンはそう言ってステーキを一口食べた。

彼はすごいスクープをものにした。それは事実だ。ジャーナリストとして大きな成果をあげたのだ。だが彼はそれで何を得たのか。多くの人から祝福の言葉をもらい、気分の高揚、喜びを味わうことはできただろうが、それを除けば何もないに等しい。わずか二二〇〇ドルの報酬と、レーラーからの侮辱ともとれる言葉くらいだ。ただし、「マイケル・モイニハンというジャーナリスト」という呼び方が、本当に侮辱かどうかはわからない。モイニハンと彼の友人が被害妄想気味なのかもしれない。

モイニハンは首を横に振った。

「結局、私がこれで得たものは何もなかったですね」彼はそう言った。

実を言えば、何もないよりさらに悪いとも言える。あの時以来、彼は人が自分を恐れているのがわかるという。仲間のジャーナリストたちもそうだ。

この昼食の数日前、モイニハンのもとに一人のライターから連絡があった。ほとんど名前すら知らないライターだ。ひどくうろたえている。彼がまったく唐突にこう打ち明けた。自分はある伝記本を書いたのだが、その中に故意ではないが、盗用とみなされかねない箇所があるという。

「まるで私のことを捏造や盗用ばかりを専門に探している人間のように見ているようでした」モイニハンはそう言う。

本人がそう望んだわけではないが、レーラーの一件があってから、モイニハンという人間を恐れるような空気が生まれたのは確かだ。

しかし、彼は「魔女狩り将軍」のようになりたいわけではない。各地から捏造や盗用をしたライターを見つけ出して稼ごうなどとは考えていない。にもかかわらず、自分の知らないライターが勝手に罪の告白をして、許しを請うてくるようになってしまったのである。

「ふと気づくと、いつの間にか自分が熊手を持って集まった暴徒の先頭にいるんです」モイニハンは言う。「でも、いったい彼らが何を目的にしているのかわからない。何を攻撃したいのか。できれば関わりたくないのですが、暴徒から抜け出すこともできない」

「恐ろしいですね」私は言った。「私は最近まで、より理想に近い司法制度ができるかもしれない、今こそ再考の時だ、と思っていたんです。でも、この世界には私の想像を超えて冷たい人間が多くいるとわかって困惑しています」

レーラーの謝罪に対する人々の反応があまりに冷酷なものだったことで、私は戸惑っていた。

ツイッターに書き込む時、人は法廷ドラマの登場人物のようになってしまうのか。そして、どの役を選んでもいいのに、なぜほぼ全員が裁判官役になって厳しい判決を下すのか。

あるいは、事態はそれよりもっと悪いのかもしれない。他人がむちで打たれているのを眺めながら、面白がって無責任に野次を飛ばしている連中と変わらないということか。

「大勢の人の言葉が剣となってレーラーを刺すのを私も見ていました」モイニハンはそう言った。「あれで彼は完全に死にましたね」

*

公開羞恥刑の歴史

翌日、私はニューヨークからボストンまで車を走らせた。マサチューセッツ公文書館と、マサチューセッツ歴史協会に行ってみたのである。

公の場で恥をかかされる、いわゆる「羞恥刑」が最近、特にSNSの普及で急に復活してきているように見える。そういう時の人間の残忍さを目の当たりにすると、この種の刑罰が一九世紀以降なくなっていたのは不思議に感じる。なぜ、どのように廃止されたのだろうか。

私は、人が農村から都市へと流れていったことが原因ではないかと考えていた。おそらく、ほとんどの人が同じ考えだろう。都市では人は匿名の存在となる。自分がどこの誰であるか、周囲の大半が知らない。たとえ晒し者になっても、恥ずかしいのはその場だけだ。刑罰が終われば、「あれは刑罰を受けた人だ」とわかる人は少ないのだから、罰の効果は薄い。人を恐れさせる力が、恥になくなったということだ。私はそう推測した。

マサチューセッツ公文書館は、コンクリート打ち放しのブルータリズム建築様式の建物だ。海のそばにあり、すぐ近くには、ジョン・F・ケネディ大統領図書館・博物館もある。

公文書館の中には、清教徒の入植者たちの、初期の手書き法律文書のマイクロフィルムが保存されている。私は専用の機械を使い、慎重にマイクロフィルムを見ていった。

私が見た限り、最初の一〇〇年間には目立ったことは何も起きていない。「ナサニエル」と呼ばれた人たちが川のそばの土地を購入した、ということがわかったくらいだ。その時代の文書は、紙のほころびが目立つ。文字も薄れ、乱れて判読が難しい。〃f〃の文字が今の目で見ると異様に華美になっているが、反面、パラグラフの切れ目がわかりにくいのが困る。

プロとしては問題があると思ったが、私は見るスピードを上げることにした。何十年もの時間が私の目の前を数秒で過ぎて行く。しばらくそうして見ていると、突然、初期のアメリカの羞恥刑に関する文書が出てきた。

一七四二年六月一五日、アビゲイル・ギルピンという女性が、夫が航海に出ている間に、ジョン・ラッセルという男性と裸でベッドにいるところを発見された。彼らは二人とも、むち打ちの刑となり、公開むち打ち柱で二〇回打たれた。

ギルピンはその時、むち打ちそのものは仕方ないが、人前でのむち打ちだけはしないで欲しいと懇願している。罰を受けるのは仕方ないが、子供たちのことをどうか思いやって欲しいと言うのだ。母親が罰を受けているのをなすすべもなく見ている子供たちの辛い気持ちを、考えてもらえないかと裁判官に訴えた。

裁判官が同意したか否かは、文書には記述がなかったのでわからない。だが、すぐその後に、牧師の説教を文字に起こした資料があり、それを読むと、なぜ彼女が非公開でのむち打ちを懇願したのか、その理由を知る手がかりが提示されている。

説教は、コネティカット州ハートフォードのネイサン・ストロング牧師によるものだ。牧師は、人が刑罰を受けるのを見て熱狂するような人たちをこんな言葉で戒めている。

「他人が罰を受ける恐ろしい場所にわざわざ出かけて行き、気分を高揚させるなどということは決してあってはならない。人が死ぬというのに、陽気に騒ぐなどもってのほかだ。そこは正義と分別が存在すべき場である。だが、政府の権力が最も悪いかたちで表現され得る場でもある。刑罰とはいえ人が殺されるところをわざわざ見に来て面白がっているような人間には、人間らしい慈悲心も信仰心も欠如していると思える」

昼食後、私は数キロメートル離れたマサチューセッツ歴史協会へと移動した。ボイルストン・ストリートに建つ、古く大きなタウンハウスである。

そこで私は、ロサンゼルスに行く前にジョナ・レーラーから届いたメールの中にあった言葉を思い出していた。

「羞恥刑というのは、とてつもなく残酷な手続きです」

ここで「手続き」という言葉を使っているのが重要だ。罰を受ける側からすれば、どれほど残酷でも、何でもありの混乱状態と思うよりは、ともかくこれは手続きなんだと思える方がまだ安心だろう。大勢の人の前で恥ずかしい思いをして、自分という存在が壊れてしまいそうでも、少なくとも罰を与えている側が自分のしていることをわかっていれば、まだ救われる。もちろん、罰を受ける人間がさほど繊細でなければ、それが手続きかどうか、罰に秩序があるかどうかはあまり気にしないかもしれない。

しかし、ジョナ・レーラーの言葉によって、私自身は罰を与える側の意識が重要なのだとわかった。できれば、無意識に他人に罰を与えるようなことはやめてもらいたい、それは良いことでない、というのは多くの人に訴えたいと感じた。

調べると、かつて羞恥刑は本当に一つの「手続き」だったことがわかった。法律に明確に定められた手続きだ。マサチューセッツ歴史協会で、デラウェア州法の法典を見つけたが、一九世紀当時のその法律に照らせば、ジョナ・レーラーの行為は、「虚偽の報道をした」ということで有罪になるようだ。

その罪に科せられる刑罰は罰金と、足かせをつけての一定時間の拘束で、最大でも四時間を超えることはない。あるいは公開の場でのむち打ちとなることもあるが、その場合も、打つ回数は最高で四〇回と定められている。

判事がむち打ちを選択した際には、地元新聞が、打たれている時の受刑者の様子を詳しく報じることになっていた。たとえば、一八七六年のデラウェアン紙には、むち打ちについてこんな文章が載っている。

「ラッシュとヘイデンはむちで打たれる度に大きく身をよじり、背中にはかなりの傷跡ができた」

仮にジョナ・レーラーがむち打ちになったとして、打ち方が弱かった場合には、新聞はそれを批判する記事を書く。

「はじめは控えめに批判する声があがっていた。この刑罰は茶番なのではないか、という声も多く聞かれた。すぐ後には酔っ払って喧嘩をする者たちも現れた」

これは、一八七三年にデラウェアの新聞、ウィルミントン・デイリー・コマーシャルに載った記事だ。本気でむち打ちをしていないのではないか、と見ている人が感じた時には、大騒ぎになったことがこれでわかる。

公開の場での刑罰、羞恥刑などは、近代的な大都市の成長とともに廃《すた》れていったと一般には考えられている。大都市では、その種の刑罰が有効でないと判断されたからだ。大都市は人の数が極端に多く、その中のたった一人が法を犯してもほとんど誰も関心を示さなくなった。皆が勤勉に働くようになり、多忙になったため、そんなことに目をくれている暇がなくなったのだとも言われた。

しかし、私が古い文書を調べた限りでは、都市の発展とともに匿名性が高まり、それによって羞恥刑が廃れたと言い切れるような証拠はまったく見つからなかった。その代わりに私が数多く見つけたのは、人間の残虐性を嘆く声だ。何世紀も前から、そういう声はたくさんあがっていた。普段はごく善良な人たちも、群衆になると常軌を逸した行動に走りがちであると警告する言葉をいくつも見つけた。

公開の刑罰に反対する運動はすでに一八世紀の後半には見られていた。一七八七年三月には、アメリカ建国の父の一人、ベンジャミン・ラッシュが、受刑者に足かせをし、晒し台やむち打ち柱を使って公開でむち打ち刑にするようなことを違法とするよう訴える論文を書いている。同じような主張をする人は少なくなかったのだ。

公衆の面前で屈辱を与える刑罰は、実は死刑よりも残酷であると広く認識されている。にもかかわらず、その種の刑罰が、死刑よりも軽い罪に対して用いられているのは奇異としか思えない。このとてつもない過ちに気づかない限り、人間の心は、何事に関しても真実に到達することはまずできないであろう。

こう言うだけだと、読者の中には、ラッシュが当時としては異常なほどリベラルで、情に流されやすい人物だったと思う人もいるかもしれない。だが必ずしもそうとは言えない。ラッシュは何も残虐な刑罰を止めようと言っているのではなく、公開の場の刑罰を止めるべきと言っているのだ。その点は注意すべきだろう。罪人を公開の場から人の目に触れない密室に移し、身体的苦痛の強さを調節することで、罪の大きさに応じて刑罰の重さを変えようと考えたのである。

我々は身体的苦痛の性質、程度、持続時間などについて正確な知識を得る必要がある。それはつまり、我々人間の感覚器や神経系の持つ性質を詳しく知らねばならないということだ。

——ベンジャミン・ラッシュ「公開刑罰が犯罪者、社会に与える影響についての問い」一七八七年三月九日

公開刑罰は、ラッシュの論文から五〇年の間にほぼすべて廃止されることになる。ただ、奇妙なことに、デラウェア州でのみ、一九五二年まで存続した(先に引用しためち打ち刑についての記事が、一八七〇年代のデラウェア州の地方新聞に載っていた

のはそのためだ)。

ニューヨーク・タイムズ紙は、一向に公開刑罰を止めようとしないデラウェア州の頑なな姿勢に業を煮やし、一八六七年の論説で方針の変更をするよう強く訴えている。

(受刑者の)心にたとえわずかな自尊心が残っていたとしても、公開刑罰を受けることで、それは完全に消え去ってしまう。人の胸に永遠に失われることのない希望がなければ、改革への意欲、良き市民になろうという意欲がなければ、改善は可能だという気持ちを持っていなくては、受刑者が尊厳を取り戻すことはできないだろう。たとえば、窃盗で捕まった一八歳の少年がいたとして、彼に対しニューキャッスル(デラウェア州のむち打ち柱のある場所)で公開むち打ちをしたとしよう。その場合、一〇回のうち九回は、本人をさらに堕落させることになる。自尊心が破壊されてしまうからだ。見ている者たちから散々に罵倒、嘲りの言葉を浴びせかけられることで、だめの烙印を押されたと感じる。周囲の人たちから見捨てられ、自分の居場所を失ったと思い込むようになる。

――ロバート・グラハム・コールドウェル著『レッド・ハンナ:デラウェアのむ

ち打ち柱(Red Hannah: Delaware's Whipping Post)』からの引用。ユニバーシティ・オブ・ペンシルベニア・プレス(フィラデルフィア)、一九四七年刊

二〇一三年二月一二日、ジョナ・レーラーは、自らを罵倒するツイートが流れる巨大スクリーンの前に立っていたが、彼は、一八世紀ですら多くの人があまりに恐ろしいと考えていた体験をしたことになる。

マサチューセッツ歴史協会を出た私は、iPhoneを手にし、こんなツイートをした。

「ツイッターは今や法律によらない私的裁判の場になっていて、不当に人が裁かれ吊るしあげられているのではないだろうか」

「それはないと思います」誰かが素っ気なく返答をして来た。「ツイッターは本当の刑罰を科すことはできないわけですから。ただ言葉が書き込まれているだけです。ジョン、あなたらしくもない。誰も報酬をもらうわけでもないし、無責任に書き込むだけですよ」

本当にそうだろうか。これは真剣に考えて答えを出さなくてはならないことではないかという気がした。ツイッター上で、大勢で誰かを強く非難している時、その中に非難されている側の立場を考えている人がどのくらいいるか。これだけ非難して相手は大丈夫なのか、もしかして人格破壊につながるのではないか、と考えている人はおそらく多くない。

ツイッター上での攻撃は、遠隔操作のドローンによる攻撃に似ているのでは、とも思う。攻撃されている側の状況を直接、目にすることがないために、自分がどれだけ残酷なことをしているか実感がないのである。雪の粒が集まってやがて雪崩になっても、雪の一粒一粒が責任を感じることはない。それに似ている。

*

サイコパスとソシオパス

レーラーが厳しい反応も覚悟して人前に出たのは、自分にはいつでもジャーナリズムの世界に戻る用意があると示すためだっただろう。また、「もう前のように自分を過信してはいないので、信用してもらって大丈夫」と訴えるためだったはずだ。だが結局、わかったのは、自分の意図どおりには物事が進まないということだけだった。なぜなのか、その理由を彼が解明できたら、それこそ本に書いて出版するに値する神経科学上の成果と言える。

――ジェフ・ヴェルコヴィチ、フォーブス誌、二〇一三年二月一二日

レーラーを中傷する者たちを沈黙させるべく、私は何度か声をあげたつもりだった。また、例の二万ドルの報酬は寄付して、誠意を見せた方がいいのではないか、と提言もしてみた……そしてついに、今日の午後、何とか彼と電話がつながった。「何もコメントする気になれない」彼は私にそう言った。少なくとも報酬を手放すつもりがあるかどうかだけ答えて欲しいと言ったが、「記事は読んだ。自分としてはあなたに何も言うことはない」それだけ言うと、彼は電話を切った。

――ジェフ・ヴェルコヴィチ、フォーブス誌、二〇一三年二月一三日

「電話をもらっても何か言えることがあるとは思えないのですが……」レーラーは消え入るような声で言った。彼はロサンゼルスの自宅の電話で私と話していた。

「二万ドルの件は……」私は言った。

「あれは完全に間違いでした」レーラーは言った。「私の方から要求したわけではないんです。先方が進んで提供してくれたものです。私は何も言っていません。いずれにしろ、金銭以外で何かをもらうというわけにもいきませんし……」レーラーは少し黙り「それに、私にも生活というものがありますから。七ヶ月というもの、一セントも収入がなかったんです。私は得意になっていました。大金を稼いでいましたから。それが突然、まったくお金が入って来なくなりました……」

レーラーはようやく長めのインタビューに応じてくれることになったが、どうも疲れ切っているようだ。ストレス耐性を測る機械か何かにかけられていたようにも見える。宇宙人が、地球人がどこまでのストレスに耐えられるかを知るために作った機械だ。

元来、とても賢い人のはずだが、マイケル・モイニハンから最初のメールを受け取った後の彼の行動は、計算違いの連続だった。彼は、徐々に大きく膨らんで、そのままだといずれ破裂する風船のようになっていた。そして、ついに破裂し、四方八方に破片が飛び散った。すっかりうろたえてマイケル・モイニハンに嘘をついたのは、その時だっただろう。現代でも最悪の羞恥刑を受ける頃には、もはや完全に空気が抜けて萎《しお》れてしまっていたのだ。

「友人が、シカゴ大学のジェリー・コインのブログに書いてあることを教えてくれました。コインは、私も何度かインタビューしたのですが、非常に優秀な人です。彼はブログで私について書いていたのですが、そこで私のことを『ソシオパス（反社会性人格障害）』と言っていました」

レーラーはややソシオパス気味なのではないかと感じる。人前で自分の過ちを悔やんで見せているが、その多くは単なる見せかけで、騙されやすい大衆を納得させられればいいというものだ（ランス・アームストロングとよく似ている）。それがうまくいけば、すぐにでも復活するつもりだ。ただ、レーラーは、自分の謝罪を本物らしく見せる努力すらしていない。冷たいと言われるかもしれないが、私が雑誌の編集者なら、決して彼に仕事は頼まない。

——ジェリー・コイン（ブログ〝richardbowker.com〟からの引用）、二〇一三年二月一八日

「それであなたのことを思い出したんです」レーラーは言った。「ジョン・ロンソン

に尋ねてみるのは面白いかもしれないと思いました。あなたはすでに私に会ってしばらく話をしている。だから、私のことをサイコパスだと思うか、尋ねてみようと思ったんです。ソシオパスではあるみたいですが」

この質問には、私はさほど驚かなかった。サイコパスについての本を出して以来、「私はサイコパスだと思うか（あるいは、私の上司は、別れた恋人は、ランス・アームストロングはサイコパスか、など）」とよく尋ねられるようになったからだ。

レーラーは自分がサイコパスでもあるかどうかが気になっていたようだが、私は彼がサイコパスだとは思わなかった。彼自身、そうではないとわかっていたのではないかと思う。私とこういう話をしたのには、別の理由があったのではないだろうか。

専門の研究者であれば、他人をよく観察もせず、遠目で見ただけで「この人はソシオパスだ」などと決めつけたりはしない。ジェリー・コインが、よく知りもしないジョナ・レーラーをソシオパスと決めつけたのは愚かなことだ。レーラーは、それが愚かなことであると私に話してうさを晴らしたかったのかもしれない。誰かの過ちを見つけ、指摘することで、自尊心を取り戻そうとしていたのか。レーラーはその時、何しろどん底にいたのだ。

もしそれで這い上がれるのなら、と思い、私は喜んでつき合うことにした。サイコパスとは、良心をまったく持たない人だが、あなたはそういう人には見えない、と私はレーラーに言った。

「良心とはいったいどういうものなのか、誰にもわからないのではないですか」レーラーはそう答えた。「何か自分のしたことに後悔を感じる心を『良心』と呼ぶのだとすれば、なるほど私には良心があるということになります。この頃、私が毎朝目覚めて最初に思うのは、自分は間違ったことをした、ということですから。こう言うと自己憐憫《れんびん》にも聞こえるので、この言葉をあまり公にはして欲しくないですが、本当にそう思うのだから仕方ないです」

「その言葉が本当に重要だと思ったら書いてもいいでしょうか」私はそう尋ねてみた。

レーラーはため息をつき、「まあ、もちろん書き方にもよりますけどね。できれば書いて欲しくはないです」と答えた。

結局、私はここでその言葉を書いてしまったが、それはやはり重要だと思ったからだ。レーラーのことを良心に欠ける人間、神経科学的に見て欠陥のある人間のように見ている人が多いように思ったので、彼がこう言っていたことは伝えるべきと私は考えた。

「私が抱えているような後悔は、人間をとても消耗させますすね」レーラーはそう続けた。「自分が自分の愛する人にいったい何をしたのかを考えます。妻に、弟に、両親に自分が何をし、どんな経験をさせたのか。その考えは私の頭に取り憑《つ》いて離れようとしません。私はこれまでに築き上げた地位もキャリアもすべて失いました。その苦境はいつか乗り越えるかもしれないですが、そうした後悔の念はその後もずっと残ると思います。永久に消えないかもしれない……」

レーラーの声はだんだん小さくなった。

「人生は短いんです。私は自分の愛する人たちに大変な苦痛をもたらしてしまった。それを思う時の感情を何と呼ぶべきなのか、私にはわかりません。『良心の呵責《かしゃく》』というのが近いでしょうか。だとすれば、これはとてつもない良心の呵責です。しかも時間が経っても消えないんですよ。悲惨で、しかも執拗《しつよう》な感情です」

レーラーのまだ幼い娘が泣いている声が聞こえた。私たちは、人がどこで道を誤りやすいか、という話をした。レーラーはなぜ、ディランの言葉を捏造してしまうことになったのか。

彼の場合、はじまりは「自己盗用」だったという。すでにどこかで書いた話を別のところに使い回すということをしたのだ。それは確かに良いこととは言えないが、大罪だとは言えないと思う、と私は言った。「フランク・シナトラだって何度も何度も繰り返し、『マイ・ウェイ』を歌ったでしょう」そう言ってみた。

「自己盗用を警戒信号ととらえるべきだったんだと思います」レーラーはそう言った。

「それを良しとしてしまうと、さらに先に進む恐れがあるので注意すべきだったということです。自分が一度書いたことをまた書くのなら、本来、もうその文章は書く必要がないでしょう。自分の作品の使い回しが倫理的に見てどうか、ということについては議論があるでしょう。私自身も色々な意見を目にしました。ただ、ともかくその時点で私がそれを悪いことと思わなかったのは事実です。悪いことだと思っていたなら、簡単には発覚しないよう工夫をしたはずです」

彼はそこで少し黙ってから、言葉を続けた。

「その時、私の目の前で大きなネオンサインが点滅していたんでしょう。『お前は浮わついて、不注意になっているぞ』と知らせるサインです。手抜きをしているのに、手抜きが当たり前になると自分でそれに気づかない。俺は忙しいんだから仕方ないと自分に言い訳を始める。実際、私は仕事を一切、断らないのでとんでもない忙しさになっていました」

「断ればよかったのに。なぜそうしなかったんですか。何か問題でも?」私は尋ねた。

「不安と、そして野心のせいですね。この二つが良くない具合に混ざり合っていました」レーラーはそう答えた。

「私の書くものは人気を得ていましたが、それが一過性のものではないか、という不安を常に感じていたんです。しばらくの間、もてはやされるだけで、自分は消えてしまうのではないか、と思っていた。もしそうなら、人気のある間に、できる限り人気者の気分を味わっておきたいとも考えたんです……どうも精神科のソファに座って話をしているみたいですね……とても危険だし、ばかげた考えではありました。不安と野心とが混じり合うと、人間は『ノー』と言えなくなります。

そんな状況のある日、一通のメールが届きました。著作の中に、出典のわからないディランの言葉が四つ（実際には六つ）あり、どの資料からも該当する言葉が見つけられなかったと言っている。そう言われて、それはすでに三年前に本の企画書を作った段階で盛り込んでいた言葉だったことを思い出します。曖昧な記憶で引用していたのだから、本来であれば資料にあたってファクトチェックをすべきだった。なのに、私はあまりに怠惰で、愚かだったために、まったくチェックをしていませんでした。今は本当に心から、本を書いたらすぐにファクトチェックをする、という自分であればよかったのにと後悔しています。

しかし、自分の書いた本をチェックしても問題は意外に見つけにくいものです。自分がいったん書いたことを、後から間違いでしたと言うのはかなりの勇気がいります。また、したことのある人なら皆、わかると思いますが、自分の文章の間違いを探すのは決して楽しいことではありません。人間にはひいき目というのがあるので、自分で書いたものはどうしても実際よりよく見えてしまいます。多少の間違いに気づいたとしても目をつぶってしまいがちですし、気づかずに見逃すことも多くなります」

「つまり、自分の本に怪しい引用があるのは知っていたけど、それを忘れてしまっていたということですか？」私はそう尋ねた。

「良くないことですが、忘れがちになってしまいます」レーラーはそう答えた。「思い出したくないことだからだと思います。思い出すのが嫌なので思い出すための努力も怠りがちになる。よく書けているのに、どうしてチェックをしなくちゃならないのか。そう思いがちです」

「怠惰だった、ということですか」

「怠惰の一言で済ませるつもりはもちろんありません」彼は言った。「怠惰だけではなく自己欺瞞《こと》も問題です。怠惰な上に嘘をついていた、ということです。または自分の怠惰を糊塗するために嘘をついたと言ってもいいです」

私は彼の謝罪講演の原稿を読み、すぐによくできていると言ってしまったが、それが良くなかったのではないかとずっと考えていた。本当は飛行機の中で三度四度と繰り返し読んでからコメントすべきではなかったのか。正直に言って、読んでいても、よく意味が伝わってこない部分も少なくなかったからだ。

それは私の集中力が足りないのか、それとも、レーラーの使う言葉が難解なせいなのか理由はわからなかったが、それでも読み直すべきだったとは思う。私もジャーナリストの一人なので、つい「いち早く伝えること」を大事にしがちなところがある。速報性を重視すれば、当然のことながら、それが誤報になる危険性も高まる。ともかくこの講演原稿を人より早く褒めれば、彼にインタビューができる可能性が高まるに違いない、という考えがどこかにあったことは否定できない。

「大変な苦労をして作った原稿です」レーラーは言う。「講演をしながら、ツイッターに書き込まれることを私も見ていました。皆が何を言っているのかを見ていたんです……私がFBIを引き合いに出したことを、世界最悪のまやかしように言っている人もいましたが、そういうつもりはありません。ごまかすつもりなどないのです。私なりの方法で世界を理解しようとしているだけです。私はああいう思考の仕方をする人間だということです。ただ、あれが失敗に終わったことは明らかです。しかし……」

また声が小さくなった。

「あの時のツイッターはひどかったですね！」私は言った。

「私は謝罪をしようとしました。書き込みにリアルタイムで応えようと思いました……でも、そんなことが果たして可能だったかはわかりません。私はもう感情のスイッチを切らざるを得ませんでした。心の扉を閉じている状態で話していたと思います」

「一番よく覚えているツイートはどれですか」

「度を越してひどいもの、ちょっとあまりにひどすぎるだろう、というものはかえって印象に残らないですね。相手にしなくてよいとすぐに思えますから」レーラーはそう答えた。「一見優しげだけれど、しっかり人を刺している、というような言葉は残ります」

「たとえば？」

「あまり言いたくないですね……」

レーラーは「こちらはひたすら謝っているのに、なぜ人がそんなに怒るのかわからない」と言う。

私は「謝罪講演と銘打っているにもかかわらず、以前のジョナ・レーラーの講演とそう変わらないように感じたからではないか」と答えた。

人々は、彼が前とはどこか変わっていることを期待していたのではないかと思ったのだ。人前に出てもさほど怯《おび》えているようでもなかったので、恥を感じることのない怪物のように見え、だからこそ、攻撃して構わないと思ったのではないか。

「皆、あの場であなたが知性的に振る舞うところは見たくなかったのかもしれません。感情的になって欲しかったのではないでしょうか」私はそう言った。「あなたが感情的になったら、味方をする人は増えたような気もします」

レーラーはまたため息をついた。

「その方が戦略としては良かったかもしれないですね」彼は言った。「しかし、その戦略だと、講演の前に入念にリハーサルするというわけにもいかないですね。講演で伝えたいのは私の感情ではありません。ツイッター上の人たちと感情を分かち合いたいわけでもない。この一件で私がどれほど悲惨な目に遭い、苦しんだか、ということをくどくどと話しても仕方ないですよ。それは私が自ら闘っていかねばならないことです。周囲にいる、私を助けてくれる人たちとだけ分かち合えばいいことです。壇上で、インターネットにも中継されているところで話すことではないでしょう」

「話してもいいんじゃないですか。なぜいけないんでしょう」私は尋ねた。

「え、なぜと改まって聞かれるとわからないですが。あなたはそういうことができますか」

「はい」私はそう答えた。「できると思います。つまり、多分、あの場を切り抜けることは私の方がうまくできるだろうということです」

「だとしたら、ジョン・ロンソン式の謝罪講演はどういう感じになるんでしょうか」レーラーは言った。「まず何と言いますか」

「そうですね。私なら……ええと……こんにちは。ジョン・ロンソンです。私は大変申し訳なく思っています……」そこで口ごもった。何と言えばいいのだろう。咳払いをして私は続けた。「皆さんにわかっておいていただきたいのは、私は今、本当に動揺しているということです……」

レーラーは辛抱強く私の言葉に耳を傾けてくれていた。だが、私はそこで止まってしまった。本当に謝罪講演をするわけではなく、しているつもりで話すというだけで私は疲れ切った。結局、私もまったくどうすることもできなかったのだ。

「これは確かに悪夢としか言いようがないですね」私は言った。

「そうです。まさに悪夢でした」レーラーは答えた。

＊

レーラーの新しい本

それから四ヶ月が過ぎた。季節は冬から初夏へと変わった。その頃、エージェントのアンドリュー・ワイリーが、ジョナ・レーラーの新しい本の企画をニューヨークの出版社に売り込みに歩き始めた。愛についての本だという。私にとっては予想外のことだった。

企画の内容はすぐにニューヨーク・タイムズ紙にリークされ、報道されることになった。企画書の中で、レーラーは、留守番電話のメッセージ一つに極端に怯える自分の様子を描写している。

ついに発覚してしまった。私は恐怖のあまり、リサイクル用のゴミ箱に嘔吐した。その後、私は泣き出した。どうして泣いているのかも自分でわからない。とにかく、嘘が露呈してしまった。過ちを隠そうとして必死でついた嘘がばれてしまった。そして一つ確かなのは、これから二四時間以内に、私の転落が始まるということだ。私の評価は地に落ち、仕事もなくなるだろう。私の個人的な恥が公のものになってしまう。

レーラーはセントルイスにいたが、その場を離れてロサンゼルスに戻る。その時には着ていたスーツが汗と嘔吐物で汚れていた。

私は玄関のドアを開け、汚れたシャツを脱ぐと、妻の肩で泣き出した。妻は私を気遣いながらも、困惑していた。私はなぜこれほど無防備だったのか。なぜもっと注意して身を守ろうとしなかったか。良い答えは何も思いつかない。

――ジョナ・レーラーの出版企画書より。ニューヨーク・タイムズ紙にリークされたもの。二〇一三年六月六日

ニューヨークのメディア・コミュニティは、レーラーがいかなる苦境にあろうが、それについて無関心の姿勢を貫くとはっきり宣言した。

「細かいところだが、自分の文章を『使い回す』レーラーが、『リサイクル用』のゴミ箱に吐く、というのが笑える」ゴーカーのトム・スコッカはそう書いていた。「そもそもその時、本当に吐いたのか、吐いたにしても本当にリサイクル用ゴミ箱だったのか。目撃者を二人は連れて来て証明して欲しい。それができないのなら、書くべき

ことではないだろう」

また、レーラーの企画書を丸一日かけて精査したスレートのダニエル・エングバーは、その中に盗用らしき箇所を発見したという。私はそれを知ってさすがに驚いた。本当だとすればあまりにもずさんで、とても正気とは思えない。果たしてそれは事実なのか。

エングバーの記事をよくよく読んでみると、どうやらそう単純明快な話でもないとわかった。エングバーによれば、「幸せな結婚について書いた章に、アダム・ゴプニックが同様のテーマで最近書いたエッセイとほぼ同一の箇所がある」という。ゴプニックは、レーラーから見ればニューヨーカー誌のかつての同僚だ。

ゴプニックの文章：一八三八年、はじめて結婚を考えたダーウィンは、結婚のメリットとデメリットを並べたリストを作った。いかにも科学者らしい行動、どんなことについてでも必ず細かくメモを取って慎重に検討するダーウィンらしい行動と言えた……結婚のメリットとして彼は、「永遠の伴侶、そして年を取ってからの友人が得られること」をあげている……そして印象的なのは、最終的に「いずれにしろ、妻がいれば、犬よりはましだろう」という結論を出していることだ。

レーラーの文章：一八三八年七月、チャールズ・ダーウィンは結婚の可能性について考察し、その過程を科学研究用のノートに記した。ダーウィンは考察にあたり、結婚のメリットとデメリットをそれぞれリストにまとめている。彼が結婚のメリットとしてあげていることは実にわかりやすい。まず、子供を持てる可能性があること（子供ができれば神を喜ばせることができると彼は書いている）、そして、愛情が得られ、永遠の伴侶（また年を取ってからの友人）が得られること、をあげているのも健全なことだ。また、彼は「いずれにしろ、妻は犬よりはましだろう」と書いている。

ゴプニックの文章：そして結局、ダーウィンは結婚に踏み切り、理想に近いと思える結婚生活を送ることになる。

レーラーの文章：これを見て幸せな人間関係の始まりを予感する人は少ないだろう。しかし、この後、結婚を決意したダーウィンは理想に近い結婚生活を送ることになる。

こういう箇所がいくつかあるのだが、エングバーにもこれが絶対に盗用であるという確信はないようだ。「どうにか盗用と言われないよう、レーラーが改変を加えたのか」あるいは「両者が同じ資料を参照しているから似た文章になったとも考えられる」という。

レーラーの企画書の脚注には、デズモンドとムーアによるダーウィンの伝記(一九九一年刊行)の六六一ページを参照したと明記されている。つまり、その伝記を入手すれば、誰でも該当箇所の確認ができるわけだ。

ただ、これが盗用でないとしても、レーラーのやり方は以前とまったく変わっていないとエングバーは考えているようだ。最後までこのやり方で行くと覚悟を決めたのかもしれない。ただ、これからも使い回しを繰り返すようであれば、再び攻撃され、嘔吐することにもなりかねない、とエングバーは言っている。

これが盗用かどうかは私には判断できないが、いずれにしろ、彼には勝ち目がないと私は思う。しかし、愛をテーマにしたレーラーの新作は、本書(訳注:原書)とほぼ同時期にサイモン・アンド・シュスターから出版される予定になっている。間もなく、彼が罪を贖って少しでも先に進めるか否かの判断はできるだろう。

第4章　世界最大のツイッター炎上

ある女性の冗談ツイートが、人種差別的だとして大炎上。彼女の名前はツイッターの全世界トレンドランキング一位となってしまった。職を失った彼女の生活は一変する。

一一時間のフライトの間に、世界一の有名人に

ごく普通の無名の人が、ツイッター上で一〇〇人そこそこのフォロワーに向かい、少々品の悪い、無神経な冗談を言う。その後、大勢から寄ってたかって強く非難され、排除されてしまう。そんなことが数ヶ月の間に何度も繰り返された。幼い子供を抱え、ただ毎日真面目に働いているような善良な市民が、突然、大勢から袋叩きに遭ったのだ。

私はそんな体験をした人たち一人ひとりに会って話を聞いた。レストランや空港のカフェで顔を合わせた彼らは、皆、一様に憔悴《しょうすい》しきった顔をしていた。善良な市民らしくきちんとスーツを着てはいたが、ふらふらと力なく歩く姿はゾンビのようにも見えた。

あまりに頻繁に起きることなので、そのうちの一人、ジャスティン・サッコが、実は三週間前まで、あのマイケル・モイニハンと同じオフィスビルで働いていたというのも、もはや偶然とは言えないと思った。

三週間前、サッコはヒースロー空港を経由する空の旅の最中に問題のツイートをした。それが、後に大変な事態を招くことになる。二〇一三年一二月二〇日のことだ。

その前の二日間、サッコは、休暇中の自分の旅に関して、ツイッター上で少々品の悪いジョークをいくつか続けて飛ばしていた。彼女のフォロワーは一七〇人ほどだ。サッコには、SNS版のサリー・ボウルズ（ミュージカル『キャバレー』の登場人物）のようなところがあった。退廃的で、気まぐれで、不用意に言葉を発する。無意識に、いわゆる「政治的に不適切な」発言をしてしまう。

たとえば、彼女はニューヨークから乗った飛行機で見かけたドイツ人男性について、こんなツイートをした。

「変なドイツ男がいる。ここはファーストクラスだし、もう二〇一四年だよ、制汗剤ぐらいつければいいのに――ワキガのひどい悪臭をかがされながらの独り言。製薬会社は何をやっているのか」

ヒースロー空港で乗継便を待っている間にはこんなツイートをした。

「チリソース――キュウリのサンドイッチ――虫歯が痛い。でもロンドンに帰って来たね！」

そして乗継直前のツイートはこうだ。

「アフリカに向かう。エイズにならないことを願う。冗談です。言ってみただけ。なるわけない。私、白人だから！」

彼女は自分の書いたことに一人笑いながら、「ツイート」ボタンを押した。その後、三〇分ほど空港内をうろうろ歩きながら、時々ツイッターをチェックしていた。

「最初は何事も起きなかったんです」彼女は私に言った。「返信は一つもありませんでした」

彼女はその時、少しがっかりしていたのだと思う。自分では結構、面白いことを言ったつもりだったのに、反応がまるでなく、沈黙が続いている。少しは褒めてもらえると思ったのに誰も褒めてくれない。そんな気分だったのだろう。

彼女はそのまま飛行機に乗り込んだ。一一時間のフライトだ。その間はほとんど眠っていた。着陸後、携帯の電源を入れるとすぐ、高校卒業以来話したことのなかった知人からのメッセージが目に飛び込んできた。

「こんなことになるなんて、とても悲しいよ」

画面をよく見た彼女は驚いた。

「私の携帯の画面は恐ろしいことになっていました」彼女は言う。

私たちが話をしたのは事件から三週間後だ。場所は、サッコの選んだニューヨークのレストラン、クックショップだ。マイケル・モイニハンがジョナ・レーラーのことを話してくれたのとまったく同じ店である。私にとってそこは、苦境に陥った人間の物語を聞く場所になりつつあった。店が同じになったのはまったくの偶然というわけではない。二人が働いていたビルのそばにある店だからだ。モイニハンは、ジョナ・レーラーについてのスクープをものにした実績が認められ、デイリー・ビーストで働くようになっていた。

一方のジャスティン・サッコは、ＩＡＣ（InterActive Corp）の広報部長を務めており、同じビルの上の階にオフィスがあった。ＩＡＣはウェブサイト〝Match.com〟や、Vimeo、OkCupid などを所有する企業だ。彼女がその店で私に会いたいと言ってきたのは、そして、高そうな仕事用の服を身に着けていたのは、午後六時にオフィスに行ってデスクを片づけることになっていたからだった。

まだ飛行機がケープタウン国際空港の滑走路にいる間に、携帯の画面にはもう一つテキストメッセージが表示された。

「今すぐ電話して」それは親友のハンナからだった。「今、あなたはツイッターで全世界のトレンド第一位になっているのよ」

「@JustineSacco の最悪の人種差別ツイートを見て、私は今日、@care に寄付をしました」

「@JustineSacco がどうして広報の仕事なんてしてるの？　こんな無知の人種差別主義者は、フォックス・ニュースがお似合いだよ、#AIDS は白人だって誰だってかかる病気だ！」

「ジャスティン・サッコのツイート、人種差別があまりにひどすぎて、恐ろしい。言葉も出ない。恐怖以上の何かを感じる」

「IACの社員です。@JustineSacco には、今後、会社を代表する立場で一切、物を言って欲しくないです。絶対に」

「@JustineSacco というこのとんでもない女のことを皆に知らせるべきだ」

彼女の雇用主だったIACからは「あまりに非常識で、言語道断なコメントという他ありません。弊社の社員ですが、現在、国際線の飛行機に乗っており、連絡がつきません」というツイートがあった。それに対しても即座に反応があった。

「できすぎた話でちょっと面白い。全世界規模の問題を起こした @JustineSacco

が『国際線』に乗っているなんて」

「早く飛行機が着陸して、携帯見ないかな。きっと驚くだろう。その時の@JustineSaccoの顔が見られたら、私にとって最高のクリスマスプレゼントになるのに」

「すごいな。@JustineSaccoは、飛行機が着いたら、いきなりこの状況を見るのか。携帯の電源入れただけで、こんな辛い思いすることってそうはないだろうな」

続いて、"#hasjustinelandedyet（ジャスティンはもう着陸したか）"というハッシュタグが全世界でトレンド入りした。

「本当にもう家に帰って寝たいんだけど、バーで皆が#hasjustinelandedyetにあんまり夢中になってるもんだから、気になるし、ほっといて帰るわけにもいかなくて」

「破滅していっているのに、本人はそれにまったく気づいていない、こんな状況はあまりないので興味深いですね。#hasjustinelandedyet」

「#hasjustinelandedyetは、私にとってはこの金曜夜の最高のネタです」

わざわざ手間をかけて調べ、彼女がどの飛行機に乗っているかを突き止める者まで現れた。フライトトラッカーのサイト（飛行中の航空機をリアルタイムで追跡できるサイト）へのリンクが貼られたため、彼女の乗っている飛行機が今、どこにいるかを皆がリアルタイムで確認できるようになった。

「@JustineSacco の乗った飛行機があと九分ほどで着陸するみたいですよ。見物ですね」

「もうすぐ、あのバカ女 @JustineSacco がクビになるところが見られますよ。リアルタイムで。本人が知る前にクビになるかも」

「おおもう少しだ。誰かケープタウンにいる人。空港に行って、彼女が出て来るところを実況できませんかね。頼みます。誰か！　できれば写真つきで。#hasjustinelandedyet」

飛行機が着陸し、事態を知ったサッコは慌ててツイートを削除したが、その後には削除に関するコメントも見られた。

「ごめんね、@JustineSacco ツイートは一度書いたら、永久に残るんだよ」

ウェブサイト「バズフィード」の計算によれば、関連のツイートは何十万件という数にのぼったという。何週間か経ってからもまだこんなツイートが見られたくらい、余波も長く続いた。

「皆さん、ジャスティン・サッコを覚えていますか。#hasjustinelandedyet ってハッシュタグ、ありましたね。すごかったです。あの時は百万単位の人たちがひたすら彼女の乗る飛行機の着陸を待っていました」

私は以前、自動車事故に遭った人に直接、話を聞いたことがある。衝突の時、どういう気持ちになるのかを尋ねたのだ。印象的だったのは、わずか一秒で車というものの見え方がまったく変わる、と彼女が言ったことだった。

事故の直前まで、車は彼女にとって友達だった。常に自分のために働いてくれていたし、シートも身体にぴったりとフィットしていた。内装も豪華で洗練されていたし、何もかもが思いどおりで、一つの不満も感じていなかった。ところが、瞬《また》きする間に、車は急に、彼女を攻撃する武器へと変わり、鋭い刃を向けてきた。まるで「鉄の処女」と呼ばれた拷問具の中に入れられたようなものだった。友達が突如として最悪の敵へと変貌した。

私はもう何年にもわたって、「身の破滅」と言えるような体験をした人に積極的に会い、直接、話を聞いてきた。会った人はすでに相当な数になっている。その人を破滅させたのは、多くの場合、政府や軍、大企業であり、そうでなければ単に自滅した、ということがほとんどだった(ジョナ・レーラーの場合も、少なくとも最初の間は自滅だったと言える。ただ、謝罪講演の後はそうとも言い切れない)。

だが、ジャスティン・サッコは、そのどれとも違うのではないかと思う。彼女は、私が会った中ではじめて、ごく普通の「善良な市民たち」によって破滅させられた人ではないかと感じた。

＊

炎上後の生活

グーグルには、「グーグル・アドワーズ」というサービスがある。これを利用すれば、特定のキーワード、たとえば自分の名前が一ヶ月間にグーグルで何回検索されたかを調べることもできる。

二〇一三年一〇月、ジャスティン・サッコの名前がグーグルで検索されたのは三〇回だった。翌一一月も一ヶ月に三〇回検索されていた。ところが、次の一二月は、事件の起きた二〇日から月末までの間に、何と一二二万回も検索されている。

ケープタウン国際空港では、一人の男性が彼女の到着を待ち構えていた。彼はツイッター・ユーザーの、"@Zac_R"で、空港に現れたサッコの写真を撮り、ツイッターに投稿した。

「おお、@JustineSacco がついにケープタウン国際空港に到着。変装のつもりかサングラスをかけている」

ケープタウン国際空港に着いたジャスティン・サッコ（濃いサングラスをかけている）。@Zac_R により撮影。撮影者本人に許可を得て転載

> サッコが問題ツイートをしてから三週間が過ぎた。ニューヨーク・ポスト紙は、取材のため、ジムへ向かう彼女を追跡するなどした。また、新聞各社は、同様の問題発言が他にもないか、彼女の過去のツイートを調べあげた。
>
> 　過去のツイートの中でも最も問題が大きいと思われるのはこれだろう。「昨夜は、自閉症の子供とセックスする夢を見た」（二〇一二年二月四日のツイート）
>
> ――「ジャスティン・サッコが悔やむべき一六のツイート」バズフィード、二〇一三年一二月二〇日

事件についてジャーナリストに自分の口で何か話すのはこれが最初だし、これで最

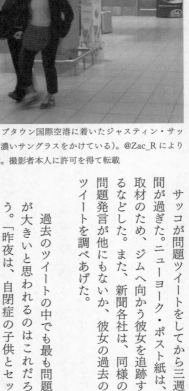

後にするつもりだとサッコは私に言った。私としては、それではあまりに残念だし、あまり良いことではないと感じた。

彼女からのメールにはこんなふうに書かれていた。

「私は広報担当として企業で働いていた人間です。その私にとっては、かつての顧客を巻き込んでしまうのが怖いのです。たとえば、彼らがあなたの著書への協力を求められた場合、その要請に応じるべきなのか否か、私にはわかりません。ともかく、とても不安です。それにこれ以上、下手に何か話して、新たな攻撃の原因を作るのも怖いです。ただ、一度はどこかで話さないと、とは思っています。私がどれほど異常な状況にいるか、皆に知らせてくれる人はいて欲しいのです」

正気の人間であれば、白人がエイズにかからないなどと考えることは決してないだろう。サッコが店で席に着いて、最初に私に話したのがそのことだった。

「あれがアメリカ人としてまともなコメントでないことは私にもわかっています。本気であんなことを言うはずがないし、私が本気であんなことを信じていると思った人もまずいないはずです。もちろん、世の中にはヘイトスピーチというのがあり、特定の集団を極端に憎む人たちがいるのも知っています。本気であのいうツイートをする人も皆無ではないでしょう。でも、私はそういう種類の人間ではありません」

サッコのツイートが盛んにリツイートされ始めたのは、彼女の飛行機が離陸してから三時間ほど経った頃だった。おそらくスペインか、アルジェリアの上空で眠っていた時だ。

私のタイムラインにも大量にリツイートが流れてきた。他のすべてのツイートを圧倒する量だった。はじめは「あ、誰か何かばかなことを言って非難されているな」と思って、少し面白がっていた私から、すぐに面白がる気持ちは消えた。彼女を吊るし上げている人たちが、一種の「集団発狂」のような状態に陥っているなと感じたからだ。

サッコのツイートは、そう出来の良いジョークではないし、褒められたものではないが、人種差別的なものでないことは明らかだ。有色人種を貶《おとし》める意図はない。自分でも気づかないうちに特権意識を持ちがちな白人を笑う自嘲的なコメントだろう。そんなはずはないと頭でわかっていても、つい白人であるというだけでエイズのような危険と無縁だと感じがちな自分たちを笑っているのだ。そうではないだろうか。

「あれは、現状の矛盾を揶揄《やゆ》するジョークでした」サッコのメールにはそう書いてあった。

「アパルトヘイト後も続く南アフリカの苛酷な状況を揶揄したジョークでもありま

す。それはアメリカ人が日頃、あまり関心を向けないことです。誰もがかかり得る病気なのにもかかわらず、黒人の患者が極端に多いことに、いささか不穏当な言葉で言及したのです。残念ながら、私はアニメーション『サウスパーク』の登場人物でもなければ、コメディアンでもありませんでした。私の立場で、エイズのような問題に公の場で、『政治的に不適切な』表現で触れるべきではなかったのでしょう。第一、これでエイズについての社会の関心を高めようなどという意図もなかったわけですし。世界への怒りをぶちまけようという気持ちもありませんでした。自分を破滅の危険に晒してまで言いたいことなどなかったのです。

アメリカに住んでいると、第三世界の悲惨な現実とはある程度無縁でいられます。多くの人がさほどの不安もなく安全に日々を送れるのです。安全な泡の中で生活しているようなものです。私には、そんな泡の中のアメリカ人を揶揄する気持ちもあったと思います」

偶然だが、私も以前に同じような——もう少し面白かったと信じたいが——ジョークを、ガーディアン紙のコラムで書いたことがある。飛行機でアメリカに来て、空港での入国審査で止められた時のことを書いたコラムだ（私と名前がそっくりなマフィアのヒットマンが逃亡中で警戒していたらしい）。

止められた私は、大勢の人で混み合う部屋へと連れて行かれ、待つよう指示された。

その部屋には、いたるところに警告の看板があった。「携帯電話の使用は固く禁じられています」という看板だ。

だが、私には「画面でメールやテキストメッセージのチェックをする分にはきっと何も言われないだろう」という確信があった。それは結局のところ、私に自分は白人であるという自覚があるからだ。

私のジョークはサッコのものより少しは面白いと思うし、言葉の使い方も良かったと思う。そして大事なのは、サッコのジョークは、実際にすでにエイズで苦しんでいる人にとっては冗談で済まないものだったということだ。私のジョークに比べると不快に思う人は多かったはずだ。

私のジョークは面白く、言葉の使い方も良く、さほど不快でもなかったので、サッコのように炎上にはつながらなかった。そう言えば言えなくもないが、本質に大きな違いはない。単に私は運が良かっただけなのかもしれない。映画『ディア・ハンター』のロシアンルーレットのシーンを私は思い出す。クリストファー・ウォーケンが銃を頭に押し当て、引鉄《ひきがね》をひくが、弾丸は発射されないというシーンだ。

サッコが人種差別主義者だと多くの人が思ったのは勘違いなのだが、勘違いされた責任は彼女自身にもある。本来は、自嘲の意味が強いコメントだったのだが、書き方が少しまずかった。そして、ツイッターのコメントは不特定多数の人が見るため、サッコがどういう人なのかは考慮されず、表面的な言葉だけを見られてしまうところはあるだろう。しかし、私自身は、彼女の問題ツイートを見て、何を言わんとしているか一秒もかからずに理解できたし、人種差別主義者とも思わなかった。彼女を吊るし上げた中にも、実は真意を理解していたのに、何らかの理由で故意に誤解した人が多かったのではないだろうか。いったいどういう理由なのか。

「結局、なぜ、どのように私という人間が誤解されたのかは、私自身にも完全にはわからないのです」サッコはそう言う。「多数の人たちが私の名前に触れ、写真も撮られたりしましたが、どうも皆、実際の私とは違う別の『ジャスティン・サッコ』なる人物を作り上げていたような気がします。その架空の人物をひどい人種差別主義者だと決めつけた。怖いのは、たとえば、私が明日交通事故か何かを起こして記憶を失って、自分のことをグーグルで検索したら、他人が作り上げた自分像を本当の自分だと信じてしまうだろうということです」

この話を聞いて私は、スパムボットの一件（第一章）を思い出した。なぜ、あのスパムボットがあれほど気味悪く感じられたのか、なぜ私があれほど傷ついたのかがわかった。

私は、偽物のジョン・ロンソンを作られたのが嫌だったのだ。本物の私とは似ても似つかない、グルメで饒舌《じょうぜつ》な人物を作り、私の名前をつけられたのがたまらなかった。私のことを知らない人は、当然、あれを私だと思うだろう。それについて、私にはどうすることもできなかった。ジャスティン・サッコにも同じことが起きたのだろう。しかも、彼女の場合は、グルメではなくて、人種差別主義者に仕立てられてしまった。人格を誤解した人も私のようにたった五〇人ほどではなく、一二二万人にもなった。

ジャーナリストというと、勇敢で恐れを知らない人間だと思っている人が多いだろう。不正義とは断固闘い、正気とは思えない暴徒が相手でも恐れることはない、そう思われがちだ。だが、この一件の報道には、そんな恐れを知らない勇敢な態度は見られなかった。サッコも私もそこは同意見だった。「私たちは誰もが皆、いつでもジャスティン・サッコのようになり得る」という報じ方をしているジャーナリストもいたが、その誰もが「私は彼女のツイートを擁護しているわけではない」という点を強調していた。

……言葉遣いは乱暴で、あの言い方をする品のなさは褒められたものではないが、その意図は少々誤解されているし、責められすぎと言えなくもない。軽率な行動が許されるわけではないが、罪は多くの人が思っているより軽いのではないか。気持ちの良いジョークではないが、本当の意味でのヘイトスピーチとは明らかな違いがある。ヘイトスピーチというより、思慮が足りず、趣味の悪いユーモアとみなすべきだろう……

——アンドリュー・ウォーレンスタイン「ツイッターの悪魔への同情」バラエティ紙、二〇一三年一二月二二日

アンドリュー・ウォーレンスタインは、まだ勇気のある方だったと言える。だがそれでも、「私は決して彼女の味方というわけではないので巻き添えにしないでください」というメッセージが含まれているのを感じる。オールド・メディア側の人間の、ソーシャル・メディアに対する恐れがよく表れていると思う。

サッコは謝罪声明を出した。身の危険を感じた彼女は、南アフリカへの家族旅行を予定より早く切り上げて帰ってきた。

「宿泊するホテルで姿を見たら襲撃するという脅しもありました。私の安全は誰も保証できないと忠告されたんです」

インターネット上には、彼女は南アフリカの鉱山王、デスモンド・サッコの娘で、いずれ四八億ドルもの財産を相続するのだという噂が駆け巡った。私もその噂は本当だと信じていた。だが、実際に顔を合わせ、私がそのことに少し触れると、彼女はまるで頭のおかしい人間を見るような目で私のことを見た。

「私はロングアイランドで育ったんですよ」彼女は言う。

「ジェイ・ギャツビーみたいな大邸宅ではなくて？」私は言った。

「はい、ジェイ・ギャツビーみたいな大邸宅じゃありません」サッコはそう答えた。「母は、私が物心ついた頃からずっとシングルマザーだったんですよ。母は客室乗務員をしていました。父はカーペットの販売をしていたそうです」

（後でくれたメールによると、彼女が大人になるまでの間、母親はずっと独身で、客室乗務員と別の仕事を掛け持ちしていたが、彼女が二一歳か二二歳の時に再婚したという。継父はとても裕福らしい。母親の車の写真をインスタグラムに載せたことがあるので、裕福な家庭の育ちだという印象を与えたのかもしれない。他にも理由はあるかもしれないが、ともかく何らかの理由で、多くの人が彼女のことを甘やかされて育ったわがままな人間だと思っている。はっきりした理由は彼女にもわからない。ただ、私には事実だけでも知らせておこうと思ったと言っていた）

何年か前、私はアイダホの「アーリア人国家」に所属する白人至上主義者の何人かにインタビューをしたことがある。彼らは、政財界の首脳たちが毎年非公開で実施している会合「ビルダーバーグ会議」がユダヤ人の陰謀であると主張しているので、そのことについて話を聞こうと思ったのだ。

「会議には一人もユダヤ人が参加していないこともありますが、それでもユダヤ人の陰謀だと言えるのはなぜですか」私はそう尋ねた。

「確かに彼らは、ユダヤ人ではないかもしれません」一人が答えた。「でも、実に『ユダヤ的』です。それだけで十分なんですよ」

つまりそういうことだ。アーリア人国家にとって、攻撃対象となり得る人間は、何も本当にユダヤ人でなくても構わないのだ。少しでも「ユダヤ的」でありさえすれば攻撃対象になり得る。

ツイッターで起きているのも同様のことだと言えるだろう。ジャスティン・サッコが本当に特権階級の人種差別主義者かどうかはどうでもいい。実際、彼女は特権階級でもなければ人種差別主義者でもない。だが、そう見えさえすれば十分なのである。アフリカ民族会議（ANC）の支持者たちも、当然のように、彼女を非難する側に回った。ケープタウン国際空港から、生家にたどり着いた彼女に、伯母はこんなふうに言っている。「この発言は私たち家族の意見とは違っている。この行動によって、お前は家族の名誉を傷つけてしまった」

この話をしながら彼女は涙を見せた。私はただその様子を見ていることしかできなかったが、何とか少しでも雰囲気を変えようと口を開いた。

「物事は、時に、一度底に達すると落ち着いて、その後、好転することがあるのではないでしょうか」私は言った。「今、あなたは底にいるということなのかもしれません」

「あら」サッコは涙を拭いて言った。「今回の件で、私が何より強く感じたのは、人間には群衆心理というのがやはりあるのだな、ということです。ただ、正直に言って、今が底だからこれからは良くなるとは思えません」

一人の女性が私たちのテーブルに近づいてきた。レストランの支配人だ。支配人はサッコの隣に座り、優しげな表情で何事かをささやいた。声が小さかったので私には何を言っているのか聞こえなかった。

「え、そうですか。それって良いことでしょうか」

「もちろん、そうですよ」支配人は言った。「何があってもそれは、次へ進むための準備になる。自分がそう思えばそうできる。今すぐにそうは思えないかもしれないけど、それでも構わないと思います。いずれそうだったと思える時が来るでしょう。あなたにも何か本当にやってみたい夢の仕事があったんじゃないですか」

サッコは彼女の顔を見て言った。

「あったはずだと思います」

＊

炎上の発端

私は、ゴーカーのジャーナリスト、サム・ビドルからメールをもらった。おそらく、ジャスティン・サッコへの攻撃は彼から始まったと思われる。

まず、一七〇人いたサッコのフォロワーのうちの一人が、サム・ビドルに問題ツイートの存在を伝えた。ビドルは、自身の一万五〇〇〇人のフォロワーに向けてそれをリツイートした。騒動はそこから始まったのだ。

「彼女が広報部長だというのが重要な点だと思いました」ビドルからもらったメールにはそうあった。「ＩＡＣで上級職にある人間が人種差別主義的なツイートをしている。それを知らせるだけで、多くの人の興味を惹くには十分でした。事実、多くの人の興味を惹いた。また同様の機会があれば、私は同じ行動を取ると思います」

ジャスティン・サッコが破滅したのは当然のことだ、とサム・ビドルは言う。それは彼女が人種差別主義者だからであり、特に、彼女のように地位の高い人種差別主義者を叩くのは正義だというのだ。自分は、ローザ・パークスに始まる公民権運動を継承しているのだという。以前なら弱く沈黙しているしかなかった人間が、力を持ったエリートの人種差別主義者を公の場で晒し者にし、屈服させられるようになったのだから良いとビドルは考えているようだ。

だが、私は、彼の言うことはまったく正しくないと思う。第一に、ジャスティン・サッコは地位の高い人間とまで言えるだろうか。一応、広報部長という地位にはあるが、ツイッターのフォロワーもわずか一七〇人という無名の人間である。さほど上にいるわけでもない人間をどん底まで叩き落としたというにすぎないのではないだろうか。

ジョナ・レーラーに対する攻撃も同じだ。決して地位の高い強者を叩いたというわけではない。特に、ツイートの流れる巨大スクリーンの前で許しを請うていた彼を攻撃したのは、むしろ「弱い者いじめ」である。

平凡な人の人生が突然、破壊される。なぜそんなことが起きるのか。ソーシャル・メディアならではのドラマなのだろうか。

私は、人間というのは複雑なもので、明確に善や悪に分けられるものではないと思っている。年齢とともに性質というのは変わっていくし、そうわかりやすい人はどこにもいない。ところが、ソーシャル・メディア上では、各人にわかりやすい人格が設定され、そのために劇的なことが起きやすい。毎日のように、傑出した英雄や、許しがたい悪党が新たに現れる。白黒がはっきりしていてわかりやすいが、現実の人間とはかけ離れている。なぜ、そのような短絡的な判断をしてしまい、皆が極端な行動に走りがちになるのか。どうすれば、この状況から抜け出せるのか。

サム・ビドル自身も、自分の行動がこれほどの大きな影響を及ぼしたことに驚いたし、恐怖を感じていたと思う。銃をはじめて撃った人は、その反動の強さに驚くことが多いが、それに似ている。ビドルは「ジャスティン・サッコがあまりに短時間のうちに転落していったので、驚いた」と私に話した。

「自分が眠って目を覚ますまでの間に、誰かが仕事を失っている、そんなことは起きて欲しくありません。誰かの人生を破壊することを望んでいるわけでもないのです」

そして、サム・ビドルはメールの最後にこう書いていた。「彼女はいずれ立ち直れると思います。今はまだ無理かもしれないですが。人の関心は長くは続かないものです。皆、今日は今日で新たな敵を見つけて攻撃するでしょう」

＊

いくら隠しても、検索すれば自分がどういう人間かわかってしまう

サッコは「デスクの片づけがあるから」と言って立ち去ろうとしたが、オフィスのあるビルのロビーに入ったところで、床に座り込み、泣き崩れてしまった。その後、彼女とはもう少し話をした。私はサム・ビドルの言っていたことを彼女に伝えた。しばらくすればきっと立ち直れるはずだ、ということである。

ビドルは口からでまかせで調子の良いことを言ったのではないと思う。ネット上で

集団攻撃に加わる人は、ほとんど皆、彼と似たようなものだろう。犠牲者がその後、どうなったかには関心がないのだ。ただ、集団発狂のような状況に快感を覚えているだけだ。大勢が一斉に行動することで、とてつもないことが起きるのを楽しんでいるのに、その楽しみに犠牲が伴っていることを知って水を差されたくない。

「まったく立ち直ってはいないですね」サッコはそう言った。

「本当に苦しいです。大事な仕事でしたから。私は自分の仕事が好きでした。それを奪われたんですよ。誇りを感じながら働いていたのに。周囲の人も皆、喜んでくれていました。問題が起きて最初の二四時間は、あまりの辛さに大声で叫んでいました。心に負った傷はとても深いものです。夜もなかなか眠れません。夜中に目を覚ますことも度々で、そんな時は自分が誰だかわからなくなったりもするんです。突然、何もすることがなくなったんですから。私のスケジュールはまったくの白紙で何の用事もありません。何も……」

彼女はここで言い淀んだ。

「……生きている意味というのがないんです。私は三〇歳です。良い仕事に恵まれていました。でも、今、予定は何もない。再び何者かになるために動き出したいけど、まだ一歩も踏み出せていない。毎日のように、自分が誰かを忘れる時がある。こんなことが続けば、いずれ、完全に自分を見失います。私は独身ですが、この先、誰かとつき合うのも難しいでしょう。いくら隠しても、今はグーグルで検索すれば私がどういう人間なのかすぐにわかってしまう。事件のことを知れば相手は離れていくでしょう。もう私には新しい出会いなど期待できないんです。良く思われるわけはないのですから」

彼女は、私の本について尋ねた。自分の他に誰を取りあげるつもりなのかと。

「今のところ決めているのは、ジョナ・レーラーですね」私は言った。

「彼は今、どんな様子ですか」彼女はそう尋ねた。

「ひどい状態だと思いますね」私は言った。

「ひどいってどんなふうに？」

彼女は心配そうだった。レーラーのことを気遣ってもいただろうが、彼のことを知れば自分の未来がわかると思ったのかもしれない。

「壊れています」私は答えた。

「壊れている、というのはどういう意味でしょうか」サッコは言った。

「他人からは羞恥心がないのかと誤解されるような状態ですね」私は言った。

どうしてもレーラーのことを恥知らずだと思ってしまう人が多いようだ。羞恥心がなく、そのためにどこか人間性を欠いているとすら思われてしまう。姿は人間だけれども、人間らしさがないと感じるのだ。

自分たちが攻撃し、傷つける相手のことを、人間性を欠いた存在とみなしがちなのは、ごく普通のことである。特に珍しくはない。攻撃する前も、攻撃の最中も、その後も、相手は人間ではない、と思い込むのだ。

だが、相手が実際には非人間的な人物ではない場合、二つの相矛盾する認知が同時に生じることになる。これを心理学の用語で「認知的不協和」と呼ぶ。二つの矛盾する認知が共存する状態は、人間にとってストレスになり、苦痛である（たとえば、「自分たちは優しい人間である」という認知と、「自分たちは誰かを破滅に追い込んでいる」という認知は矛盾しているので、共存しているとストレスになる）。

その苦痛を和らげるため、私たちは自分の矛盾した行動を正当化するような幻想を生み出す。たとえば、「タバコを習慣的に吸っていると寿命を縮める」とわかっていても、タバコを吸ってしまう人がいるとする。「タバコを吸うと早死にする」という認知と、「自分はたくさんタバコを吸っている」という認知には矛盾があって苦痛になる。そこで、「タバコを吸うと肌を老化させる」ということに目を向ける。小さな害に目を向けることで、大きな害から目をそらすのだ。そして、「肌が老化する、そんなの気にしないよ」と考え、タバコを吸い続けるのだ。

サッコはまた私に会うと約束してくれたが、すぐには無理で、何ヶ月かは間をあけて欲しいと言った。結局、五ヶ月後に再会しようということになった。

「今回のことが他人事のように思えるようになるまでは難しいです」彼女からのメールにはそうあった。「ただ家で毎日座って映画を見て、泣いて自分を憐《あわ》れんでいるわけにはいきません。どうにか復活をしなくては」

彼女はジョナ・レーラーとは違っていた。

「レーラーは何度も繰り返し嘘をつきました。多くの人を騙していたんです。何度も大勢の人を欺いて、人格を疑われているわけです。その場合にはどう復活すればいいのか私にはわかりません。たった一度、悪趣味なジョークを言っただけの私とは明らかな違いがあると思うし、私はそう信じたいです。私は確かに愚かなことをしたけれど、自分の品位まで捨てたわけではありません」

今はとにかく何か仕事をすること、鬱状態、自己嫌悪に陥るのを防ぐにはそれしかない、と彼女は言った。これからの五ヶ月をどう過ごすかは自分にとって本当に重要だとも言っていた。五ヶ月後に会った時に、その結果は確かめられるだろう。

私が書く本に自分のことが「悲しい事例」として載ることを思うと辛い、と彼女は言う。だが、自分を攻撃し、破滅させた人たちに、必ず復活するところを見せるのだと決意していた。

「今のこの時は始まりにすぎなかった、と言えるようになって、またお話をしたいと思います」彼女は私にそう言った。

*

公開羞恥刑を科してきた判事

ジャスティン・サッコとの昼食の翌日、私はワシントンDC行きの列車に乗った。テッド・ポー下院議員に会うためだ。元はテキサス州の地方裁判所の判事だったポーのことを、私は恐ろしい人間だと思っていた。自分は完全な正義の味方だと信じ込んでいる、アメリカ人には多い種類の人間だと考えていたのだ。判事だった時の被告人への態度からして、私にはそうとしか思えなかった。

ポーは二〇年間、テキサス州ヒューストンで判事をしていたが、他の判事とは違った個性的な判決によって全国的に有名になった。多くの人の注目を集め、被告人に恥ずかしい思いをさせるような判決をいくつも下したのである。法律ライターのジョナサン・ターリーは、それを「彼は自分の個人劇場のばかげた興行のために市民を利用している」と表現した。

公の場で誰かを晒し者にし、破滅させる事件が近年、増えていると感じ、そのことを調べているからには、テッド・ポーに会わなくてはと私は考えた。何十年もの間、職業として同様のことをしてきた人に話を聞くことは必要だろう。現在、SNS等で実際に個人攻撃に加わっている人たちは、テッド・ポーのような人をどう思うのか、それにも興味はあった。

ポーは果たしてどういう人で、どのような動機があったのか。今はネット上に大勢のテッド・ポーがいると考えていいのか。ポーが下した独特の刑罰は、周囲の世界や彼自身にどういう影響を与えたのか。受刑者は、またそれを見ていた人たちはどう変わったのだろうか。

テッド・ポーの考える刑罰にはどこかふざけているところがある。また、ゴヤの絵を思わせるような独創的なものもある。たとえば、犯罪が軽微なものであれば、肥をシャベルで畑にまくなどの作業をさせる。

ヒューストンのティーンエージャー、マイク・フバチェクに下した判決は独創的なものの一例だろう。

一九九六年、フバチェクは飲酒運転でヘッドライトもつけず時速一六〇キロメートルものスピードを出し、一台のバンに衝突した。バンには夫婦とベビーシッターが乗っており、夫とベビーシッターは死亡してしまった。ポーはフバチェクに、新兵訓練のブートキャンプに参加するよう言い渡した。一一〇日間に及ぶ訓練を受けさせるのである。また、一〇年間にわたって月に一度、学校やバーの前に「私は飲酒運転で二人の人を殺しました」と書いたプラカードを持って立つという罰を科された上に、事故現場に十字架とダビデの星を掲げ、維持管理することも命じられた。

さらに、一〇年間、犠牲者の写真を財布に入れて肌身離さず持ち歩くことや、犠牲者の名前のついた記念基金に一〇年間、毎週一〇ドルずつ送金すること、飲酒運転が原因の事故で亡くなった人の遺体を定期的に見ることなども命じた。

この種の刑罰は、受けた人間にとって心理的に大きな苦痛になることがわかっている。

当時一七歳の少年だったケヴィン・タネルは、ワシントンDC郊外を飲酒運転中にスーザン・エルゾークという少女を死なせてしまった。彼女の両親はタネルに対して訴訟を起こし、タネルは両親に一五〇万ドルの賠償金を支払えという判決が下った。

ところが、両親は彼に取引を持ちかけた。一八年間、毎週金曜日に、スーザン・エルゾークの名前を明記し、一ドルの小切手を送るのであれば、賠償金を九三六ドルに減らしてもいいというのだ。タネルは感謝し、申し出を受け入れた。

しかし、何年かすると、支払いが滞り始めたので、両親は再びタネルを告訴した。彼は裁判所に現れると、泣き崩れた。彼女の名前を書く度に、心が引き裂かれ辛くてたまらないというのだ。彼は、約束よりも一年分多く、二〇〇一年末までの分の小切手すべてにスーザンの名前を書き、「これを一度に渡すので許して欲しい」と訴えたが、両親は受け取りを拒否した。

テッド・ポー判事のようなやり方を、たとえばアメリカ自由人権協会（ACLU）などの公民権団体は批判している。確かにこの種の刑罰はわかりやすい。いかにも罪を犯した人間を「懲らしめている」という印象があり、好感を持つ人も少なくないだろう。

だが、一方で危険性も大きい。特に、広く一般の人に刑罰のことが知らされている場合には危険だ。いわゆる公開羞恥刑が、毛沢東政権下の中国や、ヒトラー政権下のドイツで復活したこと、あるいはあのクー・クラックス・クラン（KKK）が公開羞恥刑を実施していることは偶然ではないと公民権団体はいう。

この種の刑罰には、人の心を破壊し、人間から人間性を奪う力がある。刑罰を受ける側だけでなく、それを見ている側も人間性を失っていく。店で盗みをはたらくなどの罪を犯した人間は、自尊心が低くなっているのが普通だ。盗みをせざるを得ないところまで追い込まれていれば、自尊心を保つのは難しい。そういう人間をさらに人前に出して恥をかかせることにどれほど意味があるのか。また、その種の刑罰はすでに公式には禁じられているはずなのに、なぜポーは科すことができるのか。

ポー自身は、数ある批判をまったく無視している。まず彼が主張するのは、犯罪者の自尊心は決して低くないということだ。むしろその逆だという。

「私が会った限りでは、犯罪者の多くは高すぎるほどの自尊心を持っている」ポーは一九九七年、ボストン・グローブ紙の取材に応えてそう言っている。「たとえどういう人間であっても、自尊心は高く持つべきだという意見もあるが、中には自尊心よりも後悔の念の方が強くないといけない人間もいる」

ポーの科す刑罰はヒューストンの社会では広く支持され、彼自身も人気の判事となった。その人気によって、ついには、テキサス州の第二選挙区で下院議員に選出されるまでになった。ポーは現在、下院でも特に演説回数の多い議員の一人となっている。ロサンゼルス・タイムズ紙によれば、二〇〇九年から二〇一一年の間だけで四三一回もの演説をし、妊娠中絶や公的健康保険制度、不法移民などを強く批判した。彼の口癖は「それはそういうものだ」である。

「私の科す刑罰は決して『個人劇場のばかげた興行』などではないですよ。私の趣味というわけではありません」テッド・ポーは私にそう言った。

彼とは、ワシントンDCのレイバーン・ハウス・オフィス・ビルで会った。私は、彼を批判したジョナサン・ターリーの「自分の個人劇場のばかげた興行のために市民を利用している」という言葉を引用した。それを聞いてポーはいらだっていた。彼はスーツを着ていたが、足にはカウボーイブーツを履いていた。それもポーのトレードマークの一つなのだ。見た目や行動のパターンは、友人でもあるジョージ・W・ブッシュ元大統領に似ている。

「あれは異常な人間たちの劇場だったんです」

レイバーン・ハウス・オフィス・ビルは、下院議員たちのオフィスの入っているビルだ。各オフィスのドアには、州旗が掲げられ、中の議員がどの州で選出されたのかがわかるようになっている。イリノイ州やノースダコタ州ならば、ハクトウワシの描かれた州旗だし、カリフォルニア州であれば、熊（カリフォルニア・グリズリー）の描かれた州旗だ。ニュージャージー州の州旗には馬の頭が描かれているし、ルイジアナ州の州旗は、出血しているペリカンという不思議な絵柄になっている。

ポーのオフィスに掲げられているテキサス州の州旗は、長方形と星形を組み合わせただけのシンプルなものだ。

彼のオフィスの中には、ハンサムで生真面目な表情をしたテキサスの男性たち、そして強く美しいテキサスの女性たちが大勢いて、スタッフとして働いている。彼らは皆、私に対してとても優しく接してくれたが、その後に出した私のメールはすべて無視した。疑問点について説明を求め、再度インタビューもしたいと要請したのだが、まったく返答はなかった。

ポーとは最後に握手をして、和やかな雰囲気のまま別れたのだが、私がオフィスから去った後すぐ、彼はスタッフにこう言ったのではないかと思う。

「あの男はばか者だ。もう何か言ってきても全部無視しろよ」

ポーは私に、自分の科した刑罰の中でも気に入っているものについて話をしてくれた。

「たとえば、スリルを味わうために盗みをはたらく若者がいるとしましょう。もちろん、普通であれば、犯罪者として刑務所に入れてそれで終わり、ということになるわけです。でも、私は彼に七日間、『私はこの店で窃盗をしました。窃盗はいけません。窃盗をすればあなたもこうなります』と書いたプラカードを持って、店の前に立ってもらうことにしました。

その間、彼にはずっと監視の人間がつきます。安全は確保しているのです。彼の身は安全か、または新たな窃盗が起きるのではないか、と心配する人はいたでしょうが、私はきちんと対策をしていました。その一週間の最後に、店の経営者は私に電話をしてきて言いました。『今週は店で窃盗が一件もありませんでしたよ！』経営者は大いに喜んでくれたわけです」

「しかし、あなたは刑事司法制度を一種のエンターテインメントにしてしまったとは言えませんか」私はそう尋ねた。

「本人に聞いてくださいよ」テッド・ポーは答えた。「彼は誰かを楽しませているつもりなんかなかったと思いますよ」

「本人がどういうつもりか、ということを言っているのではないです」私は言った。「見ている人にとってどうだったか、という話です」

「見ている人たちには評判が良かったですね」ポーはうなずきながら言った。「道行く人は立ち止まって、彼に話しかけていました。彼の行為について自分の考えを話したんです。中には、彼を救うため、日曜日に教会へ連れて行きたいと言い出した女性もいました。本当の話ですよ」ポーはいかにもテキサス人らしい甲高い笑い声をあげた。

「彼女は言いました。『私と一緒にいらっしゃい。可哀想な人』その一週間が終わった後、私は彼を法廷に呼び話を聞きましたが、その女性に教会に連れて行かれそうになったのが、それまで生きてきて何より恥ずかしいことだったと言っていました。以来、彼は態度を改めました。大学に入り、学士号も取得したのです。今はヒューストンで会社を経営しています」

ポーは少し間を置いて続けた。

「通常どおり他に何もさせずに州刑務所へと送った被告人も大勢います。そのうちの六六パーセントはいったん出所してもまた戻って来ました。しかし、羞恥刑にした被告の八五パーセントには、その後二度と会うことはありませんでした。きっとあまりに恥ずかしく、一度でこりごりだと思うのでしょう。ばかげた興行などでは決してありません。確かな効果のある刑罰なのです。間違いなく成果をあげています」

ポーの言い分には腹立たしいほどの説得力がある。ただし、この再犯率に基づいた説明は嘘ではないが、誤解の恐れの大きいものだ。

まず注意しなくてはならないのは、ポーが羞恥刑を科すのは、圧倒的に初犯の者が多いということである。判決が下る前からすでに自分のしたことの重大さに怯え、後悔の念も強く、行動を改める決意もしている、そんな被告に対して羞恥刑を科すことが多い。だから、再犯率が低いのは、羞恥刑を科したからとは言い切れない。私は、現代における羞恥刑について、自分の予期した以上に深く学ぶことになった。

その朝、私はホテルの部屋から、マイク・フバチェクに電話をかけていた。まだティーンエージャーだった一九九六年、飲酒運転中に二人を死なせてしまった男性だ。「私は飲酒運転で二人の人を殺しました」と書かれたプラカードを持って朝早くから道に立たなければならないという時、人はどんな気分になるものか、それをきいてみたかった。

だが、私たちが最初に話したのは、事故についてだった。フバチェクは、事故から半年の間、刑務所で横になると事故のことを何度も何度も思い返そうとしたという。

「そういう時はどういう映像が頭に浮かぶんですか」私は彼にそうきいた。

「何もないんです」彼は答えた。

「事故の瞬間の映像は完全に真っ暗で、何も思い出すことはできません。でも、私は毎日、事故のことを考えていました。今もそうです。もう自分の一部になっています。いわゆる『生存者の罪悪感（サバイバーズ・ギルト、戦争や災害、事故などに遭いながら生き残った人が、犠牲になった人に対して持つ罪悪感のこと）』に苦しんでいるんです。生きながら煉獄《れんごく》にいるとしか思えない時もあります。苦しむために生きているようなものです。事故から一年半の間は、自分の姿を鏡で見ることすらできませんでした。おかげで手探りで髭を剃れるようになりました」

どうせ煉獄にいるようなものならば、一生、刑務所暮らしでも同じことだと思い、彼はすっかり自分の人生を捨てていた。ところが、思いがけずテッド・ポーがそんな彼を表に出してくれたという。ある時、彼は気づくと、自分の罪を周囲の人たちに知らせるプラカードを持って道を歩いていた。

その時、彼は、自分も人の役に立つことができる、まだそのための方法は残されていると悟ったのだ。これからの人生では自分自身が生きたプラカードになればいい。飲酒運転の危険性を人々に警告するプラカードになるということだ。

実際、最近、彼は各地の学校で飲酒運転の危険性についての講演をしているという。

また、「ソーバー・リビング・ヒューストン」という飲酒運転で事故を起こした者のための更生訓練施設も運営している。そんなことができたのも、すべてテッド・ポーのおかげだと彼は言う。

「私はこの恩を生涯忘れないでしょう」フバチェクは私にそう話していた。

権力者より恐ろしい一般人

ワシントンDCへの旅は、私の思っていたのとは違う結果をもたらしたことになる。テッド・ポーはきっとひどい人間で、SNSで盛んに他人を裁いている人たちにとって反面教師になるはずだと私は考えていた。公開羞恥刑がいかに恐ろしく、悪影響の強いものかを知れば、多くの人が態度を改めるはず、と思っていたのだが、その目論見は外れた。

テッド・ポーに実際に公開羞恥刑を科されたマイク・フバチェクは、その刑をひどいものどころか、自分の人生でも最良のこととみなしていた。それは確かに本当のことだ。私は彼から直接そう聞いた。刑を受ける彼を周りで見ていた人たちは皆、優しかったという。罵られたり、嘲笑《あざわら》われたりするのではないかと恐れていたが、そんなことはなかった。

「九〇パーセントくらいの人が、『幸運を祈るよ』『これからは良くなるよ』などと言ってくれました」彼はそう言っていた。

そんな優しさが、何もかもを良い方に向かわせてくれた。彼は救済への道を進むことができた。

「あなたが被告に科していた公開羞恥刑は、ソーシャル・メディアのものとは違うようですね」私は思わずテッド・ポーにそう言った。

ポーは驚いたようだった。

「あれはひどいですね」彼はそう答えた。「罰する側が皆、匿名ですからね」

「仮に匿名でなかったとしても、あれだけの大人数であれば、匿名と同じということになりますね」私もそう言った。

「あまりに残酷です」ポーは言った。

話しながら私は不意に、二人とも無意識に「あれ」という言い方をしていることに気づいた。自分はそこに加担していない、という気持ちの表れだ。それは卑怯ではないかと思った。ソーシャル・メディアで起きていることに、利用者である私が無関係のわけがない。私も当事者なのだ。私たち皆が残酷だということになる。

ツイッターの初期には、公開羞恥刑のようなことはまったくなかった。私たちは、エデンの園にいるアダムとイブのようなものだった。誰もが他人の目をあまり気にせずに気楽に会話をしていた。

当時、誰かがこんなことを言っていたのを思い出す。

「フェイスブックは友人に嘘をつく場所で、ツイッターは見知らぬ他人に本音を話すところ」

面識はないけれども考え方の似ている人たちと本音での会話を楽しめたことで、私は、実生活で辛いことが続いた時期も何とか乗り切ることができたと思う。

その後、第一章でもすでに書いた、ジャン・モワールの一件や、ロサンゼルスのフィットネスの一件があった。この二つに関しては、私は公開羞恥刑を良いものと思うことができた。

また、それまで遠い存在だったルパート・マードックやドナルド・トランプといった大富豪がツイッターのアカウントを持つようになった時には、嬉しく思ったものだ。歴史上はじめて、彼らのような人間と我々庶民が直接、やりとりできる時代が来たと感じた。それだけに、彼らが倫理に反した行動を取らないか、厳しく監視するようにもなった。

しばらくすると、行動だけではなく、彼らの失言にも注意を払うようになった。次第に他人の言動に対して怒る機会が増え、対応に時間とエネルギーを多く費やすようになっていった。有名人のちょっとした失言にも敏感に反応するようになり、大した失言でもないのに、それに不釣合いなほど激しく怒ってツイートする人が徐々に増えた。

はじめのうちは、風刺や批判、あるいは一種のジャーナリズムと呼んでもいいようなツイートが多かったが、それが特定の人間を罰するような発言が飛び交うように変わっていった。常に誰か怒りをぶつけ攻撃する人間がいるような状況になり、たまに誰もいないと不思議に感じる、または虚しさを感じるようにもなった。そんな時は立泳ぎをして待ち構えているような、来るべき時に備えて爪を研いでいるような気分になる。

謝罪しているジョナ・レーラーに対し、人々があまりに冷酷な態度を取るのを見たことで、私はすっかり失望してしまった。だが、暴徒と化したのは自分以外の他人で、自分は関係ないなどと言うつもりはない。私自身もいつでも暴徒に変わり得る。

事実、私は一年以上にもわたり、ソーシャル・メディア上で誰かを晒し者にする活動を喜々として行なっていた。それによって、今までとは違う、新しい存在になれた気がしていた。いったい、どれだけの人を犠牲にしてきただろう。具体的にどういう人たちを晒し者にしたか、もはやほとんど覚えていない。誰を攻撃したのか、どれほどひどい攻撃をしたのか、良くて曖昧な記憶しかない。おそらく、その多くは不当な攻撃だったのだろうと思う。

思い出せないのは、私の記憶力がこの何年かで急速に悪化したせいもある。最近、妻が私を温泉に連れて行ってくれた。サプライズのプレゼントである。マッサージの予約も入れてくれていた。ただ、それで妻は案外私のことを知らないのだ、ということがわかってしまった。私は見ず知らずの他人に身体を触られるのが、どうも好きではないのだ。だが、せっかくだからとマッサージ台に横になった。マッサージ師と話をしていたら、記憶力のことが話題になった。私は自分の記憶力のひどさを話した。

「子供の頃のこと、ほとんど覚えてないんですよ」私はマッサージ師にそう言った。「何も記憶に残ってないですね」

「子供の頃の記憶がないっていう人、結構いるんですけど」マッサージ師は私の肩を揉みながら答えた。「そういう人はよく調べると、子供の頃に性的虐待を受けていたってわかることが多いらしいですね。それも親に」

「そうなんですね。よく思い出してみます」私は答えた。

だが、ソーシャル・メディアでの攻撃の犠牲者のことをよく思い出せないのは、私の記憶力が悪いせいばかりではない。何しろ犠牲者の数が多い。多すぎるから、もはや一人ひとりについて思い出すことができないのだ。たとえ記憶力が良くても限度はあるだろう。中には何とか覚えている人もいる。たとえば、スパムボットの一件の研究者たちのことは確かに記憶にある。

私はポーのオフィスで、自分たちが悪者を倒す正義の味方のように思えた時のことを思い出していた。その時は良い気分になれたものだった。だからこそ恥ずかしくて、あえて詳しく思い出したくはないのかもしれない。なぜ良い気分になったのかを深く追及すれば、余計に恥ずかしいことになりそうだ。

「現代の司法制度に問題がないとは言いません。問題はたくさんあるでしょう」ポーはそう言った。

「ただ、そこには少なくとも一定の規則というものがあります。被疑者にも基本的人権が与えられている、そのことが重要です。正式な裁判を受ける権利も保証されている。ところが、インターネット上で被疑者になると、人権をすべて奪われてしまう。当然、結果はより悪いものになります。世界中の人々から、時間の制限なく責められ続けることになる」

テッド・ポーのように権力の側にいる人間が、私のように本来何の権力も持たないはずの人間の行動に神経質になる。それは、パワーバランスが変化している証拠でもあるだろう。従来の権力が絶対的なものでなくなってきている。それ自体は良いことにも思える。

だが、テッド・ポーは、その刑罰が絶対に適切であるという確信を持てない限り、被告人に人前でプラカードを持たせるようなことはしなかった。そしてもちろん、ちょっと悪趣味なジョークを言ったくらいの人間に羞恥刑を科したりもしていない。ソーシャル・メディアで羞恥刑を科せられ、破滅する人間は、ジョナ・レーラーのような著名人だけではなくなっている。無名の、しかもさほど悪いことをしたわけでもない人たちが犠牲になり始めている。企業が風評被害を受けることは以前からあり、対策が必要だったが、無名の個人までが同様の対策を講じなくてはならない。ストレスの多い社会になったものだと思う。

「私のような一般の人間の方が、あなたのような専門家よりも恐ろしいということですね」私はそう言った。その時私は、ポーに対して畏敬の念を抱いていた。
ポーは満足したのか、座ったまま身を少し後ろに反らせた。
「そう、あなた方の方が怖い。怖いんですよ」彼はそう言った。

強い権力を持ち、かつては遠い存在であったテッド・ポーよりも、今や一般の人間の方が怖いのだ。「狂っている」「あまりにも残酷」と散々非難してきた相手よりも、自分たちの方がよほど恐ろしい存在になっていた。狂っているのは、残酷なのは、私たちである。

ごく普通の人が戦場にいる兵士のようになっている。他人に何か落ち度を見つけると一斉に攻撃を加える兵士だ。そして、互いに対する敵意は最近になって急激に強まってきている。

第5章　原因は群衆心理にあるのか？

炎上の原因は群衆心理にあるのか？　群衆心理という概念を最初に提示したギュスターヴ・ル・ボン、それを実験で証明したとされるフィリップ・ジンバルドーについて、著者は掘り下げていくが……。

ル・ボンの群衆心理の概念

ソーシャル・メディアで、何か言動に問題のあった特定の個人を大勢の人が晒し者にし、吊るし上げる、という事例が最近、増えている。これは果たして「集団発狂」という言葉で説明のできるものだろうか。大勢の人間が一斉に同様の行動を取ることで恐ろしい結果を招いた時、社会科学者たちは「集団発狂」という表現を使いがちだ。たとえば、二〇一一年八月に起きたイギリス暴動などがそうだ。

発端は、ロンドンのトッテナムで、マーク・ダガンという黒人男性が警察官に射殺されたことだ。その後に抗議のデモが起き、やがて暴動、略奪へと発展してそれが五日間続いた。

暴徒は、私の家から二キロメートルも離れていないカムデンタウンにいて、ケバブの店や、スポーツジム、家電量販店、携帯電話店などを破壊した。その後、彼らはケンティッシュ・タウンへと移動した。私の家からは丘を下ってすぐのところで、距離は一キロメートルも離れていない。私たちは慌てて家のドアに鍵をかけ、恐怖に震えながらテレビのニュースに見入っていた。

世界保健機関（WHO）のゲイリー・スラトキン医師は、この状況を「群衆が汚染された」と表現した。その言葉は、オブザーバー紙に載ることになった。「人間が集まり、群衆となった時、その心はウイルスに汚染されたようになり、大勢が一斉に暴力へと駆り立てられる」というのだ。ゾンビ映画のようでもある。

ガーディアン紙では、ボストン、ノースイースタン大学の社会学、犯罪学の教授、ジャック・レビンが、この暴動を、競技場やコンサート会場などで起きる「ウェーブ」と同じようなものと見ていた。暴力を伴う点が特殊なだけで、本質はあまり変わらないという。一つの場に大勢の人間がいると、感情が人から人へと伝染する。あらゆる暴動の背後には、必ず、そういう感情の伝染がある。だから、一人でいる時には夢にも思わないような暴力を、集団だと振るってしまうことがあるのだ。

幸い、暴動は、私の家がある丘の麓《ふもと》まで迫った夜から収束へと向かっていった。今、思い返すと、どうもあの暴動は、「ウェーブ」とは種類の違うもののように感じられる。もし、恐ろしいウイルスに感染したかのように、人々が本当に正気を失っていたのであれば、暴動があれほど早く収束することはなく、丘の上の私たちの家の方にまで達していたはずである。

私たちの住む、ハイゲート・ウェスト・ヒルという丘は、急勾配の丘だ。ロンドンでも特に険しい丘の一つだ。おそらく、急な坂を上るのが面倒になって、暴徒は動きを止めたのだと思う。正気を失っているにしてはあまりにも、まともな反応ではないだろうか。

「集団発狂」という概念は、一九世紀に生まれた。考えたのは、ギュスターヴ・ル・ボンというフランスの心理学者である。群衆の中にいると、人間は時に自分自身の行動をまったく制御できない状態に陥ることがある、とル・ボンは考えた。つまり、個人の自由意志というものが、群衆の中では消滅することがあり得ると考えたわけだ。自由意志は伝染性の狂気に圧倒されてしまう。そうなると、自制というものがきかなくなる。自分で自分の行動を止めることができない。

この考えからすれば、ツイッターで、ジャスティン・サッコが一斉に攻撃された時も、攻撃していた人々が群衆心理に駆られ、自らを制御できない状態にあったということになる。

ギュスターヴ・ル・ボンという人物については、実はあまり詳しいことはわかっていない。有名な学説の父祖がそうであるように、彼自身について書かれた文献というのがほとんど残っていないからだ。わずかな情報を頼りに彼の人生について探ろうとしたのは、ボブ・ナイただ一人だ。ナイは、オレゴン州立大学のヨーロッパ文化史の教授だ。「ル・ボンは、フランス西部の田舎町の出身です」ナイは電話で私にそう話した。「しかし、彼はパリの医科大学への進学を望んでいました」

それは一八五三年、ル・ボンが一二歳の時のことだ。ナポレオン三世はこの年、セーヌ県知事だったジョルジュ＝ウジェーヌ・オスマンに、パリ市街を改造する権限を与えた。

まず、中世の曲がりくねった狭い街路を廃し、長く広く直線的な大通りを作る。それは、歴史的に群衆というものの怖さを思い知らされ、群衆を嫌ったフランスという国ならではの動きだったと言える。直線的な広い通りが多ければ、群衆の制御はしやすくなるからだ。

しかし、この対策は功を奏さなかった。一八七一年には、パリの民衆が自分たちの置かれた境遇を不服として蜂起したからだ。民衆は地方官僚や警察官を人質に取る。そして、略式の裁判にかけただけで処刑してしまった。政権関係者は、ヴェルサイユへと逃亡した。

ル・ボンはパリの支配階層を崇拝していた（支配階層の側は、彼にはまったく関心を持っていなかったし、存在すら知らなかった。当時、ル・ボンは救急馬車の御者《ぎょしゃ》をして生計を立てていた)。だから、蜂起した民衆が新たに打ち立てた政府(パリ・コミューン)がわずか二ヶ月後にヴェルサイユ軍の攻撃によって打倒された時には、大いに安堵した。この時、民衆の側には二万五〇〇〇人もの死者が出ている。

パリでの民衆の蜂起は、ル・ボンにとって大きな衝撃だった。まだその余波が残る中、彼は知的な探求を始める。民衆の革命運動は一種の狂気なのではないかと考え、それを科学的に証明しようとしたのである。仮に狂気だと証明できれば、それを制御する方法を見つけ出せば、支配階層にとって利益になるだろうと考えた。その方法を支配層に教えれば喜ばれ、自分も彼らの仲間に入れるかもしれない、とも思った。ル・ボンは手始めに、パリ人類学会が大量に保存していた人間の頭蓋骨について何年もかけて詳しい調査をした。それにより、貴族や資本家の脳が、その他の一般の民衆に比べて大きいということを証明しようとしたのだ。脳が大きく賢いため、一般の民衆のように集団ヒステリーに陥ることはないと主張しようとした。

「彼は、頭蓋骨の中にバックショット(散弾銃用の丸い弾)を詰め込みました」ボブ・ナイは私にそう説明してくれた。「中にいくつバックショットを詰め込むことができたかを数え、脳の容積を推測したのです」

ル・ボンは合計で二八七の頭蓋骨について同じ調査をし、その結果を一八七九年に

「脳容積と知性の関係、その法則についての解剖学的、数学的研究（Anatomical & Mathematical Researches into the Laws of the Variations of Brain Volume & Their Relation to Intelligence)」という論文にまとめて発表している。

「黒人の脳は自分たち白人より大きいのではないか」と心配している人に対してル・ボンは、「彼らの脳は私たちのものに比べて小さく軽い」と言って安心させている。また、女性の脳が男性に比べて軽いことにも触れた。

「パリにも、脳がとても小さい女性がいた。男性で最も脳が大きい人より、むしろゴリラの方に近いと言っても間違いではないだろう。これだけの大きさの違いを見れば、黒人や女性の知力が劣っているということはすぐにわかる。あとは、どの程度、劣っているのか、ということだけが問題となる。今日、女性、そして、詩人や小説家の知性について研究した心理学者はすべて認めていることだが、いずれも人類の中でも進化的に劣った存在である。教養ある大人の男性からはほど遠く、どちらかと言えば、子供や、未開人に近い。不安定で移り気で、思考や論理というものが欠如しており、理性的に物事を判断する能力がないのだ」

もちろん、非常に優れた女性が存在することはル・ボンも認めたが、それは稀に生まれる「怪物」にすぎず、まったく無視しても構わないという。

ル・ボンは、フェミニズム運動が活発になってはいけない理由をこのように説明した。

「女性に男性と同じ教育、同じ目標を与えると、とてつもなく危険な人間を生み出す恐れがある。今日、女性に与えられている劣った仕事は、自然が彼女たちに与えたものだ。そこを誤解してはいけない。もし女性が家を出て、我々男の闘いに参加するようになれば、その時から社会革命が始まってしまう。家族の聖なる絆を維持しているものはすべて消え去ってしまうだろう」

「私はル・ボンの伝記を書きましたが」ナイは私に話した。「彼は最低な人間ですね。あれほどひどい人間は珍しいというくらいに」

ル・ボンの一八七九年の論文は悲惨な結果をもたらした。彼は論文によって自分の地位を高めるどころか、自分を貶めることになった。パリ人類学会の主要な会員たちは、論文を歓迎せず、嘲笑した。科学的とはとても呼べないような拙い手法で女性を不当に低く評価した点を問題視する人が多かった。

「ル・ボンにとって女性は、憎むべき存在であり、彼女たちを家庭の外に出すと、きっと恐ろしい状況、悲惨な状況を招くと信じていたようだ」パリ人類学会の事務局長、シャルル・レトゥルノーは、ある演説の中でそう発言した。「普通の人間であれば、そういう問題には簡単に結論は出さず、もっと慎重に考えるはずだ」

非難の声に傷ついたル・ボンはパリを離れ、アラビアへと向かう。彼はフランス公共教育省に対し、旅費の出資を求めた。アラビア人の民族的性質の研究をするので、その費用を出して欲しいと訴えたのだ。その研究は、フランスがアラビアを植民地支配する上で必ず役に立つので援助してくれというわけである。要請は拒否されたので、彼は自費で行くことになる。

次の一〇年間にル・ボンは、何冊かの本を書き、自費出版した。アラビア人、犯罪者、多文化主義の擁護者などがいかに神経学的に見て劣っているか、ということを書いた本だ。ただし、彼の研究は、以前に比べて洗練されたものになっていた。ボブ・ナイは、そのことについて、ル・ボンの伝記『群衆心理学の始祖』の中で、慎重に言葉を選びながら書いている。

まず言えるのは、彼が何事に関しても簡潔な書き方をするようになったことだという。何を書く時でも、根拠や出典は一切示さず、注釈をつけることもなかった。また、素っ気ないほどに直截《ちょくせつ》的な物言いを心がけた。つまり、以前とは違い、「頭蓋骨にバックショットを詰め込んで確認した」などの記述はなくなったということだ。自分の主張を裏づける証拠を集めることはやめてしまった。証拠も示さず、ただ自分の考えていることを言い切るだけだ。

そうした本のうちの一冊、一八九五年に出版された『群衆心理（The Crowd 桜井成夫訳、講談社、一九九三年刊）』によって、ル・ボンはついに広く名前を知られるようになる。

本の冒頭で、ル・ボンは「自分は主流の科学界に属する人間ではない」ということを誇らしげに宣言している。「主流の科学界に属し、いずれかの学派に入れば、必ずその学派の偏見を受け入れることになる」と彼は書いた。そして、その後、約三〇〇ページにわたり、群衆が正気を失いがちになる理由を詳しく説明した。

「その人がただ、群衆の中にいるというだけで、たとえその群衆が秩序立ったものであっても、文明のはしごを何段も下へ降りてしまったと言っていい。同じ人が群衆の中におらず、孤立した存在である時には、洗練された教養ある人かもしれない。ところが、群衆の中では野蛮人となる――本能のままに行動する生き物と化すのである……そして、群衆の中では、あらゆる感情や行動が人から人へと伝染していく」

群衆の中にいる人間がいかに思慮に欠けるかを、ル・ボンは様々な比喩を使って表現している。

群衆の中では、人間の一人ひとりが病原菌のようになると彼は言う。全員が病原菌になり、周囲の全員に感染するのだ。あるいは、一人ひとりの人間が砂粒になる、という言い方もしている。砂粒の集まりが群衆であり、ほんの少し風を起こすだけで自在に操ることができるという。

人間は群衆になると、理性を失って衝動的になり、些細なことで激しやすくなる。それは人間よりも進化的に劣った生物に見られる特徴だとル・ボンは考えた。また、人間の中では、女性、野蛮人、子供の特徴だと考えたのだ。ル・ボンが、「衝動的」というのを、女性や未開人、子供などに共通する特徴だと主張したのは不思議なことではない。彼は常日頃から繰り返しそういうことを書き、語っていたからだ。

『群衆心理』に対しては、当然、反論する声も聞かれたが、一方で支持者も多かった。ジョナ・レーラーと同じく、ポピュラーサイエンスの本が人気を得るのには、読み手が自己を改善できるようなメッセージが必要であるということをル・ボンは知っていたのである。

また、彼の本のメッセージは、特に体制側の白人男性の読者にとって重要だった。共産主義や女性解放主義といった革命運動に道徳的な存在意義があるか、という問いに対する答えを提示している。ル・ボンの答えは、「存在意義はない」というものだ。どちらの運動も単なる狂気であり、まったく気に留めることなく無視して構わないと言い切ったのである。

そして彼はもう一つ「賢明な演説者であれば、群衆を洗脳し、服従させることは可能」というメッセージも発した。洗脳のための方法さえ知っていれば、十分にそれは可能だと言ったのだ。ル・ボンは、具体的な方法を書いている。

「群衆を動かすには、感情を煽るしかない。物事を誇張して話す。言い切る。そして繰り返して言う。決して、自分の言っていることの正しさを論理的に証明するようなことをしてはいけない」

『群衆心理』は出版されるや、大変な売れ行きを示し、二六ヶ国語に翻訳もされた。この本の成功により、ル・ボンは望みどおり、パリの支配階層の一員になることができた。彼はすぐにその地位を利用して、奇妙な行動を取り始めた。政治家や著名人などを招いて「ギュスターヴ・ル・ボンの昼食」と名づけた昼食会を開いたのは、その一例だろう。

ル・ボンは昼食会で常にテーブルの上座に座り、脇には鈴を置いていた。客の中の誰かの発言に賛同できないと、彼は即座に鈴を鳴らす。客が話すのをやめるまで容赦なく鳴らし続ける。

世界各国の有名人の中に、自らル・ボンのファンであると名乗る者が何人も現れた。たとえばムッソリーニはこんなふうに言っている。

「私はギュスターヴ・ル・ボンの著作をすべて読んだ。中でも『群衆心理』は何度読み返したかわからない。私が今でも何かにつけ、読み返して参考にしている優れた本である」

ゲッベルスも「フランスのル・ボンほど、群衆の心理について深く理解した人間はいない」と言っていたという。ゲッベルスの側近だったルドルフ・セムラーの戦争中の日記に、そのことが書かれている。

とはいえ、ル・ボンの著作は、しばらく後には影響力を失ったのではないか、と思う人も多いだろう。だが実はそんなことはなかった。いまだに彼の著作は影響力を失っていない。その背景には、人間の持つ否定しがたい性質があると私は思う。自分は正しく、自分以外の他人は狂っていると言いたがる性質である。誰にも、心のどこかにそういう気持ちがある。

また、ル・ボンの著作の寿命が延びた理由はもう一つあると考えられる。有名な心理学実験だ。その実験は、一九七一年、スタンフォード大学の地下室で、心理学者フィリップ・ジンバルドーによって行なわれた。

＊

ジンバルドーの心理学実験

ジンバルドーはニューヨーク市の労働者階級の出身だ。シチリア移民の子孫である。一九五四年にニューヨーク市立大学ブルックリン校を卒業した後は、イェール大学やニューヨーク大学、コロンビア大学、そして一九七一年からはスタンフォード大学で心理学を教える。

ジンバルドーは、群衆論、またその頃から知られるようになった「没個性化」という作用に特に強い関心を寄せた。一九六九年には、それに関連する散文詩のようなものを書いているくらいだ。

「永遠に変わることのない生命の力、自然の循環、血縁、部族的、女性的原理、不合理、衝動的、匿名の合唱、復讐心と怒り」

現在、ジンバルドーはスタンフォード大学で、アメリカ海軍海事技術本部から資金を得て、群衆心理についての理解を一気に深めるような研究に取り組んでいる。

一九七一年、彼がスタンフォード大学に来てまずしたのは、地元紙に小さな広告を出すことだった。

「心理学実験の被験者となる男子大学生募集。刑務所内での生活を体験。期間は一、二週間で報酬は一日一五ドル。八月一四日から」

応募者の中から二四名の被験者を選び、心理学部の窓のない地下を改装して模擬刑務所とした。複数の「囚人」の入る監房も、一人だけで入る独房もあり、看守用の部屋も用意された。

ジンバルドーは、被験者をグループに分けた。九人を囚人役、九人を看守役、残り六人はどちらにもせず、ただ待機させた。看守役には警棒を与え、他人から目が見られないミラーサングラスをかけさせた。ジンバルドー自身は、刑務所の最高責任者であるる所長ということにした。「囚人」たちは、着ていた服を脱がされ、作業服に着替えさせられた。足には鎖がつけられた。囚人たちが監房に入ったところで実験開始となった。

この実験は、予定より早く、六日間で中止となった。ジンバルドー自身が後に連邦議会の公聴会で話したことによれば、それは被験者たちが急速に暴力的になり、制御が不可能になったからだという。当時、ジンバルドーの婚約者だった（現在は妻）クリスティーナ・マスラックは、実験中に現場に行ったが、その異常な状況を見て恐怖を覚えたと言っている。

まず「看守」たちの態度が大きく、始終うろつき回って、囚人たちに威張り散らしている。囚人たちに向かって大声で暴言を吐くことも度々だ。房の中に横たわった囚人も負けじと叫んでいる。

「うるせえ、ここに火つけて燃やすぞ！　全部めちゃくちゃに壊すぞ！」

マスラックは怒り、婚約者に抗議をした。

「あなた、自分がこの子たちに何をしているかわかってるの？　今のあなたは私の知っている人じゃない。この場の持つ力が、私がよく知っているはずのあなたを、見知らぬ誰かに変えてしまった」

ジンバルドーはその言葉を聞いて、平手打ちを受けたように感じ、目が覚めた。彼女の言うとおりだった。実験はいつの間にか邪悪なものへと変貌してしまっていた。

「中止しなくてはいけないね」彼はマスラックに言った。

「私たちの目にした光景は恐ろしいものでした」ジンバルドーは、実験の二ヶ月後、連邦議会の公聴会でそう話した。「一週間もしないうちに、人間の日常の価値観は棚上げになり、個々の人間の根底にある、病的な部分が表面に出て来るようになった。何より恐ろしかったのは、少年たちが、日頃は自分たちと同じような存在であるはずの相手を、軽蔑してもいい者として扱い始めたということ、そして、残酷な振る舞いに喜びを感じるようになったということだ」

ジンバルドーは、密かに実験の模様を映像に撮っており、その一部を選んで公開した。その映像には、看守役が囚人役に向かって叫んでいる場面がある。

「床に寝ろよ、今すぐ寝ろって言ってんだよ!」

「何笑ってんだ、(囚人番号)二〇九三番、すぐ床に腹ばいになって腕立て一〇回だ」

「お前はフランケンシュタイン、それでお前はフランケンシュタイン夫人だ。フランケンシュタインみたいに歩いてみろよ。それでこいつに抱きついて、愛してるって言え」

そんな具合だ。

社会心理学者の中には、現在でも、ル・ボンの群衆心理に関する理論の正しさは、この実験によって裏づけられたと見る人が多い。普段は善良な人たちであっても、集団になると、悪い感情が人から人へと伝染することで邪悪に変わってしまうことがあり得るということだ。

ジンバルドーは二〇〇二年にBBCでこのように発言している。

「善良な人々を実際に集団で邪悪な環境に置いてみれば、間違いなくまた同じことが起きるはずです」

しかし、ジンバルドーが密かに撮影していた映像を見てみると、確かに被験者たちの態度は悪いが、どこか大げさで演技のようにも感じられる。

また、被験者たちが十分に睡眠を取れていたのかも気になる。睡眠不足が人間の精神にどれほどの悪影響を与えるか、私は身をもって知っているからだ（子供を育てた人ならば共感してくれるだろう。私も赤ん坊の夜泣きと歯ぎしりには随分苦しめられた）。

窓のない部屋に長時間閉じ込められることが精神衛生上良くないというのも、誰にもわかることだ（私は以前、地中海を航行するクルーズ船「ウエステルダム」の内側船室で一週間過ごしたことがある。深く考えもせずに内側船室を取ったのだ。そうしたければいつでも自由にカフェやラウンジに行くことができたので大丈夫だったが、もしそれができず、一週間閉じ込められていたとしたら、きっと辛くて何度も大声で叫んでいただろう。「こんなところにいられるか、早く外に出せ！」と。

私も被験者と同様の最悪の環境に置かれたら、同じように邪悪な行動に出てしまうかもしれない。あの時、模擬刑務所では実際にどのようなことが起こっていたのだろうか。

*

実験の真相

一九七一年の実験で「看守」役となったうちの一人、ジョン・マークは現在、健康保険会社、カイザーパーマネンテでメディカル・コーダーとして働いている。他の被験者についても、後にどうなったかがわかればいいのだが、追跡調査はそう簡単ではない。ジンバルドーは全員の名前を公表したわけではない。ただ、ジョン・マークは、スタンフォードの校友会雑誌で、実験についての思い出を書いた手紙を公表していた。私が彼を発見できたのはそのおかげである。

「ご自身が有名な『スタンフォード監獄実験』で看守役をしていたと明かした時の、

周囲の反応はどうだったんですか」私は電話で彼にそう尋ねた。

「皆、私もひどい行動を取ったと思ったようです」マークはため息をつきながらそう答えた。「そういう話はずっと色々なところで聞いていました。たとえば、テレビで誰かが残虐行為についての話をしていたとします。すると誰かがすぐ、『スタンフォード監獄実験』でも実証されているとおり……と言い始める、という具合です。娘の高校でも授業で取りあげられたりしています。あれには困惑しました」

「どうしてですか」私は尋ねた。

「伝えられていることには嘘が多いからです」彼はそう答えた。

「看守役をしていた時は、毎日、退屈でした。ただ、何もせず、座ってぼんやりしているだけでした。看守は昼夜の交替制で、私は昼の担当です。朝、囚人たちを起こし、食事を運びます。することと言えばそのくらいで、大半の時間はただ、ぶらぶら意味もなく歩き回るだけです」マークはそこでいったん言葉を切った。「仮にジンバルドーの結論が正しいとしても、看守役をした人間すべてに同じことが言えるわけではないと思いますよ」

ジョン・マークは、ジンバルドーが実験の映像をいつか全編公開することを望んでいる。ただ、今、公開されている映像だけでもわかることはある。よく見れば、正気を失っている看守として映し出されているのはデイブ・エシャルマン一人だ。
「デイブ・エシャルマンですか」私は言った。

確かに彼の言うとおりだ。映像にまともに出てくるのは、ほぼ一人の男性だけと言ってもいいくらいだ。それがデイブ・エシャルマンだった。「床に寝ろ！」「お前はフランケンシュタインだ」などと叫んでいるのは、彼一人である。

何人かの社会科学者が、映像の中のデイブ・エシャルマンの言動を細かく分析して論文を書いている。たとえば、彼の態度が乱暴になるほど、言葉にアメリカ南部のアクセントが強くなる、といったことが報告された。ある論文には、彼が完全に狂気に駆られている時には、おそらく本人も意識しないうちにルイジアナ出身者らしき言葉になっていると書かれていた。その意見は正しいようにも思える。

現在、デイブ・エシャルマンは、カリフォルニア州サラトガで住宅ローン会社を経営している。私は彼に電話をかけた。
「あなたは、すべての人間の中に眠っているという邪悪な心の存在を自らの言動で証明してみせた、と言われています。それについてどう感じていますか」ときいてみたのだ。

「私に言えるのは、自分は素晴らしい芝居をしたな、ということです」彼はそう答えた。

「どういう意味ですか」私は言った。

「普段は善良で分別のある人間をひどい状況下に置くと、突然、邪悪な人間に変身する、それを証明するための実験だったんですが、そんなことは簡単には起きないでしょう。だから私は演技したんです」

エシャルマンは詳しく説明してくれた。最初の夜は退屈だった。皆、何もせずにただ座っているだけだった。

「私はこう思いました。きっとこの実験のために誰かが大金を注ぎ込んだんだろう。なのに、このままだと大した結果は何も得られない。そこで、自分で行動を起こしてみることにしたんですよ」

彼は、ポール・ニューマン主演の映画『暴力脱獄（Cool Hand Luke）』を見たことがあった。映画の中では、ストローザー・マーティンが南部出身のサディスティックな刑務所所長を演じていて、囚人たちを苦しめる。エシャルマンは、この所長のまねをしようと考えた。つまり、突然、南部のアクセントになるのは、無意識ではなく、狂気による変貌でもなかったのだ。映画『ブラック・スワン』の中のナタリー・ポートマンが、次第に精神に異常をきたしていくのとは違う。エシャルマンは、自分で意識してストローザー・マーティンになりきろうとしていた。

「要するに、実験の結果がジンバルドーの望むものになるように、あなたは演技をしていたと」私は尋ねた。

「私は完全に意図的に、自分に与えられた役を演じていました」彼はそう答えた。「自分でこういう人間を演じようと考え、その考えを実行に移したんです。無意識ではまったくありません。あの時は自分では良いことをしているつもりでしたね」

電話を切ってから、自分は今、とても重要な話を聞いたのではないかと思い始めた。もしかすると、心理学の世界における「人間の邪悪さ」というものの扱いがこれで変わるかもしれない。エシャルマン本人は、ただ有名なスタンフォード監獄実験の嘘を暴いただけのつもりかもしれないが、それでは済まないのではないだろうか。

私はエシャルマンへのインタビューを文字に起こし、それを群衆心理を研究する心理学者、スティーブ・ライカー、アレックス・ハスラムに送った。二人はいずれも、社会心理学の教授だ。ライカーはセント・アンドルーズ大学、ハスラムはクイーンズランド大学の教授である。どちらもジンバルドーの業績を詳しく研究してきた。二人は私のメールに返信をくれたが、私が特にセンセーショナルだと感じた箇所にはどちらもさほどの感銘を受けていないようだった。

「演技をしていただけだ、という言葉は事の本質を覆い隠す煙幕のようなものです」ハスラムはメールにそう書いていた。「ここで大事なのは、あくまで彼が乱暴な態度に出たという事実そのものです。それが演技かどうかはさほど重要ではないのです」

「彼が演技だと言ったとしても、その『演技』はとても真剣なものです」ライカーもそう書いていた。「たとえ本当に演技だとしても、疑問は残ります。なぜ、それほど真剣に演技をしなくてはならなかったのか、ということです」

私がデイブ・エシャルマンに対して行なったインタビュー自体には興味を惹かれるし、それが重要なものであるのは間違いないとライカーは書いていた。しかし、興味を惹かれるポイントは、私が思うのとは違っていた。エシャルマンの言葉の中には重要な証拠となるものがあったのだが、私はまったくそれに気づいていなかった。

ハスラムはこう書いていた。「本当に興味深いのは、彼が『自分では良いことをしているつもりだった』と言っていることです。『良いことをしている』という言い方が注目に値します」

確かにそうだ。「良いことをしている」というのは、ル・ボンやジンバルドーが唱えた説とはある意味で対立する。彼らは、ひどい環境に置かれれば、人間は「邪悪」になると言っているからだ。

ジャスティン・サッコに対して攻撃を加えた一〇万人もの人々は、悪い病原菌に感染して邪悪になっていたわけではないのではないか。

「この種の現象を説明するのに感染症の比喩を使う人たちは、皮肉なことに、皆、家でテレビを見ているだけで自分では現場に行っていません。ロンドンであれば、自分自身が暴徒の一人になった人はいないわけです。誰もが自分を抑えられなくなり、無意識のうちに暴徒と化してしまったなどというのは正確ではありません。たとえば、現場には機動隊もいましたが、彼らは当然、暴動には参加していません。感染症のように、人から人へと狂気が伝染していっているなどということはないのです」

ライカーは、彼がこれまでに一度だけテニスの試合を見に行った時のことを話してくれた。

「それはウィンブルドンの『民衆の日』で、普通の人が『ショーコート』と呼ばれる場所まで入ることを許されます。私たちは、ナンバーワンコートにいました。コートの四つある辺のうち、三つまでは、すぐそばで一般の人間が見ていて、残りの一辺に上流階級の人たちがいるという状態です。試合はかなり退屈なものでした。それで観客は、ウェーブを始めました。三辺の庶民は皆、ウェーブに参加しましたが、残り一辺の上流階級は参加を拒否しました。伝染などしなかったのです！　ところが、三辺の人たちは、彼らも参加しているという想定でしばらく待って、さらにウェーブを継続しました。それが何度か繰り返されました。毎回、ふざけ半分ではありますが、庶民たちは、参加しない残り一辺の人たちもウェーブするよう促していましたね。そしてついに、彼らも戸惑いながら参加し始めました。それを見て、小さくですが喝采が上がりました。

表面上、行動が人から人へと伝染していったようには見えます。そう言う人もいるでしょう。しかし、この時に起きたのは、もっと興味深いことだと思います。大事なのは、行動の連鎖が途中で止まったこと、しかも、集団と集団の境目で止まったことです。階級の境界、権力の境界で、連鎖が止まったと言ってもいいでしょう。表面だけ見ていたのではわからない何かの法則のようなものが背後に隠れていると思います。

どれほど暴力的な群衆であっても、ただ無秩序に暴れるわけではありません。必ずパターンがあります。そのパターンには、何と言うか、大きな『信念体系』のようなものが反映されます。不思議なのは、リーダーがどこにもいなくても、群衆が自らある程度、知性的に、集団の構成員の普段の思想に沿って行動できるということです。感情が人から人へ伝染して狂った行動を取っているのではありません。

なぜ、このような行動が可能なのか、その理由がわかれば、人間社会についての理解が大きく進むことになります。群衆というテーマは、だからこそ重要で興味深いと言えます。何も群衆が狂気を生むから興味を惹かれるわけではありません」

＊

良いと思った行動が、大きな犠牲を生む

フィリップ・ジンバルドーのアシスタントから、私にこんなメールが届いた。

「申し訳ありませんが、現在スケジュールが詰まっており、秋の半ば頃までインタビューのお申し込みを受けることはできません」まだ二月だった。

仕方がないので「ジンバルドー氏が、近いうちに『没個性化』関連の研究プロジェクトに関わるようなことがあれば教えてもらえないか」とアシスタントに頼んでみた。

しかし、答えはノーだった。

「毎日のように同じようなお願いを色々な方からたくさんされますので。そのすべてを覚えていることさえ難しい状況です。お一人お一人にすべて対応することはとてもできません」

私はデイブ・エシャルマンの名前を出すことにした。エシャルマンにインタビューをしたのだが、その内容をジンバルドー博士にチェックしてもらうことはできないか尋ねてみた。

「メールでいくつか簡単な質問にお答えするだけでよければ、五月の半ば頃なら可能ですが」アシスタントはそう言った。

私は、インタビューを文字に起こしたものに『自分では良いことをしているつもりだった』という言葉は、ジンバルドー博士の説と矛盾しないでしょうか。デイブ・エシャルマンは劣悪な環境に置かれてもそれに影響されて邪悪になることはなく、他人を助けようとしています。善良な心があるということではないですか」という質問文を添えて、アシスタントにメールを出した。

アシスタントは私のメールをジンバルドーに転送したが、転送メールには「返信は私にだけください。そうでないと、ロンソン氏からそちらへ直接、連絡が行く可能性があります」と書かれていた（こう書きながら、彼女はうかつにも、転送メールを私にも送ってしまっていたので、ジンバルドーのアドレスが私にわかってしまった）。

ジンバルドーはその日の夜遅く、私に直接、メールをくれた。メールにはこうあった。

「それはあまりに単純な解釈ではないでしょうか。エシャルマンは公にこういう発言をしています。『自分の想像できる限り最もひどい看守、最も残忍な看守になってやろうと思った』録画もされたインタビューでそう話しているんです。また、『囚人たちは自分の意のままになる操り人形のようなもの』と感じていて、だから怒って反乱を起こす瀬戸際まで、最大限ひどい仕打ちをしてやろうと思っていた、と言っています。反乱は起きなかったので、彼の態度が和らぐことはありませんでした。ひどい虐待はずっと続き、日に日にエスカレートしていきました……彼が私を助けようとしていた、ですって？　おかしな話です。悪い環境を作り出していたのは彼自身で、そのせいで、善良な他の被験者たち、特に囚人役の被験者たちの人格は破壊されていったんですよ！」

ジンバルドーの言うとおりなのだろうか。私は単純すぎるのか。時間が経った今になって、エシャルマンは自分の過去のひどい言動を美化しようとしているだけなのか。

さらに調査を進めると、ジンバルドーの実験に不自然さを感じたのは私がはじめてではなく、過去にもいたということがわかった。その一人が、ボストン・カレッジの心理学者、ピーター・グレイだ。

グレイは補助教材として広く利用されている『心理学（Psychology）』の著者であり、心理学の専門誌『サイコロジー・トゥデイ（Psychology Today）』に「私のテキストにはなぜジンバルドーの監獄実験が載っていないのか（Why Zimbardo's Prison Experiment Isn't in My Textbook）」という論文も発表している。


実験では、二一名の男性たち（いずれも若い）［原注：実際には二四名いた］が、囚人役、看守役のいずれかを務めるよう言われた。一九七一年のことだ。最近は、刑務所での暴動や、看守の残虐行為についてニュースでよく報道されるようになっている。この実験に参加した若者たちの行動はどうだったのだろうか。ただ座って、無為に時間を過ごしたのだろうか。ガールフレンドのことや映画のことなどをとりとめもなく話して楽しく過ごしたのか。そうではないだろう。これは、囚人と看守についての実験だったのだ。だから、自分たちに課せられた仕事は、いかにも囚人らしく、いかにも看守らしく振る舞うことである、と彼らにはわかっていたはずだ。より正確に言えば、本物の囚人や看守とは無関係に、自分の思う「ステレオタイプ」の囚人や看守を演じる必要を感じていただろう。ジンバルドー教授は現場にいて見守っていた。もし、彼らがただ座ってお茶を飲み、終始、楽しそうに談笑しているだけだったら、教授は失望したに違いない。被験者は一般に、研究者の期待することを理解した場合、進んで期待に応えようとする。それは、これまでの数多くの研究で明らかにされていることだ。

——ピーター・グレイ「私のテキストにはなぜジンバルドーの監獄実験が載っていないのか」サイコロジー・トゥデイ、二〇一三年一〇月一九日

グレイは、ジンバルドーが自らに監督者の役割を与えたことを重大な間違いだと指摘する。現場にいるのではなく、どこか別の場所から見守るオブザーバーになるべきだったと彼は考える。監督者になるにしても、超然と冷静に事態を見ている必要があったが、ジンバルドーはまったくそうではなかった。実験の開始前に、彼は看守役と話をした。その内容は、自身の著作『ルシファー・エフェクト——ふつうの人が悪魔に変わるとき（The Lucifer Effect 鬼澤忍・中山宥訳、海と月社、二〇一五年刊）』の中

に書かれている。

「身体的な暴力を加えること、拷問などはもちろんできません」私はそう言った。「何事も起きず退屈になる場合もあるでしょう。自由に行動ができずストレスがたまることもあり得ます。あなたたちの行動によっては、囚人役にある程度、恐怖を与えるかもしれません。ここでの囚人の生活を誰が管理するのか明確に決まっているわけではないので、どのようにでも変わり得る可能性があります。我々の側がすべてを管理しているように感じることもあれば、看守役が管理の権限を持っていると感じることもあるでしょう。看守の特定の一人、あるいは刑務所長役である私本人がすべてを取り仕切っているようになることもあり得ます。ここにいる囚人にはプライバシーはありません。常に監視をします。ここにいれば、何をしてもすべて見られているということです。その意味では行動の自由は存在しないということになります。囚人は、何をするにも、何を言うにも、すべて許可を得る必要があります。我々はあらゆる手段を講じて囚人たちの個性を奪い取ります。全員に同じ制服を着てもらいますし、誰一人、名前では呼ばれず、番号が与えられ、常にその番号でのみ呼ばれます。いずれも、囚人に無力感を与えるためにすることです。権力はすべて私と看守の側にあります。囚人には一切の権力がありません」

――フィリップ・ジンバルドー『ルシファー・エフェクト』

ギュスターヴ・ル・ボンにとって、群衆というのは単なる考えのない愚か者の集まりでしかなかった。ただ狂気に駆られ、発作的に行動をしているだけということである。彼の思う群衆は全体が一様で、どこをとっても差異は見られない。しかし、ツイッターの群衆は少なくともそうではない。

ツイッターは皆が一斉に同じことを言うわけではない。ツイートには様々な種類がある。ジャスティン・サッコを攻撃するツイートにもたくさんの種類があった。たとえば、ミソジニスト（女性蔑視主義者）によるツイートはこんな具合。

「誰かＨＩＶ陽性の奴がこいつをレイプしろよ、そしたら、肌の色がこいつをエイズから守ってくれるかどうかわかる」（このツイートの後に続く者は一人もいなかった。皆、サッコを破滅させることに気を取られていて、このツイートの発言の不適切さを問題にする者もいなかったということだ。誰かを晒し者にしている時の人間の思考がいかに単純になっているかの証拠かもしれない）

人道主義的に見えるツイートもあった。

「@JustineSacco の残念な発言に心を痛めている人は、ケア（人権団体）のアフリカでの活動を支援してください」などがそれだ。

自社の商品の宣伝をする企業アカウントもあった。航空機内インターネット・サービスのプロバイダ、〝Ｇｏｇｏ〟などはその例だ。

「離陸前にばかなツイートをしたいという人、是非、Ｇｏｇｏに加入してください！」

こうしたツイートをした人たちは、スティーブ・ライカーの言うとおり、皆、自主的に集まっており、指示をするリーダーはどこにもいない。

私自身はこの動きには加わらなかった。しかし、今後、ジャスティン・サッコのような人をツイッター上で見かけても、絶対に攻撃に参加しないと言い切ることはできない。私は最新のテクノロジーというのに弱く、つい乗せられてしまうことがよくある。危険をまったく知らずに無邪気に銃に近づいていく幼児に似ている。

デイブ・エシャルマンもそうだったのだと思うが、私にも良いことをしたい、誰かの役に立ちたいという気持ちはあり、それが行動の強い動機になることがある。そういう動機による行動は、集団発狂とは違うし、集団発狂に比べれば良いものなのは間違いない。だが、私も含め、多くの人たちの良いと思った行動が、大きな犠牲を生んでしまっている。

私も何人もの人を攻撃してきた。もう一人ひとりのことはよく思い出せないくらい大勢を攻撃した。その攻撃の背後には、何か暗く気味の悪いものが隠れているのではないか、と思うようになった。本当は直視したくない、考えたくないような嫌なものだ。でも、今、それについて考えてみなくては、と強く感じている。

第6章　善意の行動

カンファレンスでの下品なジョークが元で失職した男性。その報告を掲示板に書き込むと、告発した女性への批判が匿名掲示板で高まり、結局、彼女も失職。誰もが善意で行動し、不幸になっていく。

下品なジョークで失職

「私は平凡な人間です」ハンクは言った。「家族がいて、仕事を持っている。アメリカにはどこにでもいる中年男性です」

ハンクというのは本名ではない。偽名を使い、素性を隠している。私とは、グーグル・ハングアウトで話をした。アメリカ西海岸の郊外にある家のキッチンにいた。街の名前は決して明かさないと約束している。ハンクは華奢な人で、態度には落ち着きがない。たとえ画面越しでも、見知らぬ人間と話をするよりは、一人でコンピュータに向かって仕事をしている方が楽、というタイプに見える。

二〇一三年三月一七日、ハンクは、サンタ・クララで開催されたソフトウェア技術者向けカンファレンスの会場にいた。そこで不意にばかげたジョークが頭に浮かび、ついそばにいた友人のアレックスに向かってそれを口にしてしまった。

「どんなジョークですか?」私は尋ねた。

「本当にひどいジョークです。正確になんて言ったのかはもう覚えていないですね」

ハンクはそう答えた。

「確か、こんなコンピュータがあったら……という類の話でした。そのコンピュータには、とてつもなく大きなドングル（訳注：ソフトウェアの違法なコピーを防ぐための機器。ドングルをコンピュータに接続すると、特定のソフトウェアが使用可能になる）をつけるんです。巨大でしかも卑猥な感じのドングルです。他愛もない話です。それで私たち二人は声を殺して笑っていました。会話も小声だったので、他の人には聞こえなかったはずです」

二人は、何分か前にも、テレビアニメ『ビーバス・アンド・バットヘッド』を思わせるようなジョークを言って含み笑いをしていた。これも技術者にしか理解できない内輪のジョークである。「リポジトリをフォークする」ということをネタにした。

「誰かのリポジトリをフォークするというのは、その人に対する一種の賛辞になるんじゃないかと私たちは思ったんです」ハンクはそう説明した。「その時、ステージ上では、ある新プロジェクトのプレゼンが行なわれていましたが、アレックスが『俺、こいつのリポジトリをフォークするよ』と言い出したんです」

「フォークする」とは、他人のソフトウェアのコピーを作る、という意味の専門用語である。そのコピーは、オリジナルからは独立して動かすことができるようにする。「リポジトリ」とは、特定のソフトウェアに関する情報を保管するデータベースのこと。「リポジトリをフォークする」とは、リポジトリのコピーを作るということであり、コピーが欲しいというのは、一種の称賛の意味になり得る。また、同時にこの言葉にはかすかに性的なニュアンスもあるので、そこが面白いと言えば面白いのだろう。

ただ、元々がくだらないジョークなので、それをわざわざ説明することに意味があるとは思えない。ハンクも災難だっただろう。自分が一〇ヶ月も前に深く考えもせずに口にした他愛もないジョークについて、ジャーナリストに請われて説明させられたのだ。辛いことに違いない。しかも、尋ねたジャーナリスト（私のことだ）は、物分かりが悪く、「すみません、よくわからないので、もう少し詳しく説明してください」と何度も言っている。グーグル・ハングアウトでの私との会話は、ハンクにとってちょっとした地獄だったに違いない。

ドングルのジョークを言った直後、ハンクは、前の方に座っていた女性が立ち上がって写真を撮っているなとは気づいていた。ただ、それは聴衆全体を撮っているのだろうと思っていた。だから、彼は、彼女が思いどおりの写真を撮れるよう、努めて前を向くようにした。

その後の彼らに起きたことを知った上で見ると、辛い写真である。二人とも笑顔だ。いたずらっぽい、無邪気な笑いである。一方が言ったドングルのジョークがうまく相手に受けた瞬間だったのだろう。二人は、この後しばらく笑うことができなくなるのだ。

写真が撮られてから一〇分ほどして、カンファレンスの主催者が、ハンクとアレックスに歩み寄り、「ちょっと来ていただけますか?」と言った。

二人は事務室へと連れて行かれ、くだらないジョークへの苦情を言われた。

「それはもう、すぐに謝りました」ハンクは言った。「向こうの言うことがもっともだと思ったので。自分たちが正確に何と言ったのかも伝えました。ああいう下品なことを言うつもりではなかったのだが、つい口から出てしまったのだとも。誰かの耳に入って不快な思いをさせていたら申し訳ないとも言いました。そうしたら、向こうも、わかりました。それで結構です、という反応でした」

それでおしまいだった。その場はそれで済んだのだ。ハンクとアレックスはひどく困惑していた。

「私たちのようないわゆる『ナード』は、人との対立がとても苦手な人種なんです。誰かから苦情を言われて、それに対応する、などということには慣れていません。なので、会場を早めに出ようということになりました」

Adria Richards
@adriarichards
Follow
Not cool. Jokes about forking repo's in a sexual way and "big" dongles. Right behind me #pycon pic.twitter.com/Hv1bkeOsYP
10:32 PM - 17 Mar 13
26 RETWEETS 17 FAVORITES

カンファレンスの参加者、アドリア・リチャーズがジョークを言った２人を撮影してツイッターに投稿。写真の左がハンク、右がアレックス

空港に向かいながら、二人は次第に不安になってきた。自分たちがジョークを言っていたことは、あの写真を撮っていた女性から主催者に伝わったに違いないが、その伝わり方が問題だった。最悪なのは、ツイッターを使われることだ。ツイッターで主催者だけでなく、広く一般にも知らされていたら大変なことだ。

どうしても心配になったハンクは確認することにした。急いでツイッターを見たが、特に目立った動きはなかった。写真を撮っていた女性は確かにあの一件についてツイッターに書き込んではいたが（もちろん写真つきだ）、リプライを見ても、騒動になっているという印象ではない。ただ、九二〇九人いた彼女のフォロワーのうちの数人から、妙な称賛ツイートが寄せられていたくらいだ。カンファレンスで後ろの席にいた男性二人を見事に「教育」した、その「気高き」行為を褒め称えるものだった。

だが、その女性、アドリア・リチャーズの過去のツイートを見ていくと、数日前に彼女自身が下品なジョークを書き込んでいるのが見つかった。それに気づいてハンクは悔しい気持ちになった。彼女は友人にツイートで「空港の手荷物検査の時、ズボンの股のところにソックスをぶら下げて、保安検査員を脅かしてやれ」とけしかけていたのだ。なんだ、同じようなこと言っているな、と悔しくもあったが、ハンクは少し気が楽にもなった。

翌日、アドリア・リチャーズは、カンファレンスでのツイートについてブログで説明をした。

昨日、私はPyConカンファレンスで、コミュニティに対する敬意に欠ける連中を見かけ、そのことをツイッターに書きました。

本人によれば、リチャーズは、ある急成長中のスタートアップ企業で働くデベロッパ・エバンジェリストだという。ハンクとアレックスが下品なジョークを言って笑っている時、ステージ上のプレゼンターは、ソフトウェア業界により多くの女性を取り込んでいくための取り組みについて話していたところだった。技術ワークショップに参加している少女の写真をスクリーンに映し出したりもしていた。

自分のツイートについて私には説明する責任があるでしょう。あの二人は私の真後ろに座っていましたが、群衆に紛れているという油断があったと思います。匿名の存在になっている、そのことが不適切な言動を助長したのでしょう。「没個性化」と呼ばれる現象です。人間には通常、自分を客観的に見て評価する能力がありです。ただ心理学では、没個性化が起きると、その機能が低下し、普段のような自己抑制が利かなくなり、社会規範に反する行動も取るようになるとされています。暴動や集団リンチなど、群衆による反社会的行動の多くが、この没個性化によって説明されるのではと言われています……

彼女もまた「没個性化」という言葉を使っている。すでに本書で触れた、ギュスターヴ・ル・ボンや、フィリップ・ジンバルドーの研究がここにも影響を与えていたわけだ。

……私はゆっくりと立ち上がり、周囲を見回して、写真を三枚撮りました。どれも鮮明に写すことができました。

彼らの言動は、小さな子供の夢を壊すものだと感じ、私は本当に強い怒りを覚えたのです。

彼らにかけるべき言葉は実に簡単。「それはクールじゃないよ」です。

昨日は、ソフトウェア業界の未来が危機にさらされていると感じ、私は声をあげることにしました。

――アドリア・リチャーズのブログ"But You're A Girl"より。二〇一三年三月一八日

ハンクは結局、上司のオフィスに呼び出され、解雇を言い渡されることになった。

＊

告発者へのインタビュー

「私は私物をすべて箱に入れ、それを持って外に出ると、妻に電話しました」ハンク

は私にそう話した。「私は泣いたりする人間ではないのですが……」彼はそこで一度、言葉に詰まった。「妻は車で迎えに来てくれました。車に乗った時にはさすがに……子供が三人いるんです。それで解雇は恐ろしいです」

その夜、ハンクは最初で最後の公式声明を出した（ジャスティン・サッコ、ジョナ・レーラーと同様、ハンクの場合も「事件」について話を聞いたジャーナリストは私が最初だった）。彼は、インターネットの掲示板「ハッカー・ニュース」に短いメッセージを投稿した。

こんにちは。「大きなドングル」発言をした者です。まず言いたいことは、申し訳ありませんでした、ということです。誰かの気分を害するとはまったく思っておらず、うかつでした。くだらないことを言って本当に後悔していますし、アドリアを不快にさせたことも申し訳なく思っています。主催者に報告した彼女の行為にはまったく不当なところはありません。もちろん、私にも自分の立場を守る権利はあると思いますが。しかし、結果的に彼女の撮影した写真により、私は本日、職を失うことになりました。私には三人の子供がおり、仕事を愛していましたので、実に辛いことです。

彼女は私に対して何の警告も発しませんでした。ただ笑いながら写真を撮り、黙って私の運命を変えてしまいました。

「その次の日、アドリア・リチャーズは、私の勤務していた会社に電話をかけてきたそうです。私の謝罪コメントから、彼女のツイートが元で失職した、というくだりを削除するよう求めてきたということです」

私はリチャーズにインタビューを申し込んだ。

「わかりました。メールでの質問なら受けつけます。私が答えるのが適切と思うものについては、お答えします」

そういう返事だったので、私は質問をした。その質問が大変に良かったのか、私は二週間後に彼女に会えることになった。

「安全のために公共の場所で会いましょう。必ず身分証明のできるものを何か持って来てください」リチャーズはメールにそう書いてきた。

待ち合わせの場所は、サンフランシスコ空港の国際線チェックインデスクということになった。私は、きっと気が強く攻撃的な人物が来るのだろうと思っていた。しかし、空港のターミナルで遠くから私に軽く手を振る彼女は、まるで攻撃的には見えなかった。内気で繊細という印象だ。グーグル・ハングアウトで話をしたハンクとそう変わらない。

カフェを見つけたので中に入り、席につくと、リチャーズは事の経緯を最初から話し始めた。まず「大きなドングル」のジョークが聞こえてきた時のことからだ。

「学校の教室で誰かが口論を始めることってありますよね。誰かが言い争っているような声が自分の背後から聞こえてきたら、あなたはどう思いますか」彼女は私に尋ねた。

「怖いでしょうね」私は言った。

「危険ですよ」彼女は言った。「危険が迫っているぞ、と身体が私に警告を発していたんです。だからゆっくりと立ち上がって、上半身だけ振り向いて写真を三枚撮ったんです」

彼女はそう言った。そのうちの一枚をツイートしたわけだ。

「ツイートに写真をつけ、彼らが何を言ったのかを簡潔にまとめました。それから、自分が今、どこでどういう状況にいるかを次のツイートで書きました。実際そうなっているでしょう？　そして次のツイートで、カンファレンスの行動規範を書きました」

「危険とおっしゃいましたが」私は言った。「具体的にはどういう危険を感じたんですか」

「こういう話を聞いたことはないですか。男性は、女性に笑われることを恐れ、女性は、男性に殺されることを恐れているという」

それはあまりに大げさではないかと私は言った。彼女はその時、カンファレンス会場にいて、周囲には八〇〇人もの人がいたのだ。そんな衆人環視の中、殺人をする人間がいるとはまず思えない。

「確かにそうですね」リチャーズは言った。「でも、そこにいたのは大半が白人の男性なんですよ」

理由としては弱すぎるのではないかと思った。男性が多いからすなわち危険ということにはならないだろう。どう考えても論理に誤りがある。「男性」「白人」といった属性だけで、どういう人間かを決めるのはあまりにひどい。誰かに批判されて、その批判にうまく反論ができない時、話をすりかえて逃げようとする人がいるが、彼女もそうではないかと思った。この場合は、批判者自身（この場合は私）を攻撃することで、批判をかわそうとしたのだと思う。

「行動には問題があったかもしれませんが、それで職を失うほどとは思えませんが。

ちょっとひどすぎます」私は言った。「あなたがそれを求めたのでないことは知っています。でも、申し訳ないことになったとは思いませんか」

「そんなに申し訳ないとは思わないですね」彼女はそう言ってから少し考えて、首を強く横に振った。

「あの人は白人の男性ですから。私は黒人の女性で、しかもユダヤ人ですからね。本人も、前に座っていた私が自分の言葉で気分を害したことは理解できると言っているわけですし。多少の同情はしますが、さほどではありません。たとえば彼がダウン症で、地下鉄に乗っている時にうっかり誰かを押しのけて怪我をさせた、というのなら話は違いますが……『あんなツイートをして、アドリアは自分が何をしたかわかってるのかね』と言っている人もいました。もちろん、私は自分が何をしたかくらい知っています」

＊

「荒らし」のたまり場〝4chan/b/〟で話題に、そして失職

ハンクがハッカー・ニュースに投稿をした夜から、第三者もこの問題に関わるよう

になった。ハンクには、男性人権運動を進めるブロガーたちから擁護のメッセージが届き始めた。ただし、彼はそのどれにも返答はしなかった。弱っている人間にさらに追い打ちをかけるようなコメントをするブロガーもいた。ハンクがハッカー・ニュースに出した声明は弱腰すぎるというのである。

あんなことを書けば、自分は気骨も何もない人間だと自ら言っていることになる……謝罪するのは、「私は弱いですよ。どうぞあなたの好きなようにしてください」と言うのと同じことだ。ハンクを晒し者にすることで、アドリアは、ハンクの子供たちをも支配下に置くことになった。そこまでされて腹を立てないのはおかしくないか？

男性人権運動家たちの中には、ハンクを支持する者もいれば、反対に侮辱する者もいた。またアドリアは、自分のことが、「荒らし」のたまり場である"4chan/b/"で話題になっているのを発見した。

三人の子供の父親が職を失った。くだらないジョークを友人に言ったのを、聞かれたせいだ。分別なく力をふりかざすような奴に聞かれてしまった。そのひどい女を吊るし上げよう。

殺せ。

エグザクトナイフで子宮を切り刻め。

口にテープを巻かれ、首を切り落とされた女性の写真をアドリアに送ってきた者もいた。ポルノ女優の身体にアドリアの顔を合成した写真も送られてきた。肌の色合いを合わせて、合成写真の継ぎ目をなくす方法を解説するウェブサイトもいくつか作られた。

フェイスブックにはこんな書き込みもあった。

「アドリアの居所を突き止めて、誘拐したいと思う。袋をかぶせて、二二口径サブソニック弾を頭に撃ち込んでやる。したことの償いをさせろ、服従させるんだ」（この書き込みは、私には確認ができなかったが、アドリアによれば、ニューヨーク・シティ・カレッジ・オブ・テクノロジーの学生によるものだという）

「殺すぞ、レイプするぞと言って脅迫すれば、彼女が正義の側に立つのを助けることになる」誰かが4chan/b/にそう書き込んだこともあった。「攻撃をやめるつもりはないが、頭を使うべきだと思う。ただ脅すのではなく、もっと実りのある方法を使うんだ」

そのすぐ後、アドリアの勤務先のウェブサイト、SendGridが突然、アクセス不能になった。何者かが不正プログラムを仕掛けたらしい。いわゆる〝DDoS攻撃〟である。標的となるウェブサイトに対し、短時間のうちに何度も何度も繰り返し再読み込みをかける、ということを自動的に行なうプログラムが使われた。これで処理能力が追いつかなくなり、サイトはアクセス不能になってしまった。

数時間後、アドリアは失職した。

＊

DDoS攻撃の常習者

アドリアに会いにサンフランシスコに行く数日前、私は4chan/b/で、SendGridへのDDoS攻撃に関わった人はいないか、いたら私に連絡をくれないかと呼びかけてみた。だが、その呼びかけはあっという間に削除されてしまった。再度同じ投稿をしてみたが、それも数秒で削除された。どうやら4chan/b/の運営者が、私が攻撃の犯人への接触を試みる度に、投稿を消しているらしい。

だが、偶然にもちょうど同じ頃、4chan/b/の荒らしや、DDoS攻撃の常習者で、ハッカー活動家(ハクティビスト)という人物が逮捕された。その実名も明らかになった。その名はメルセデス・ヘイファー、当時二一歳だった。私は彼女に会うことができた。

フェイスブックには、ヘイファーが喜劇俳優のような口ひげをつけている写真や、ウサギの耳をつけている写真が載っている。

私は、マンハッタン、ロウワー・イースト・サイドにある豪華なロフトマンションで彼女と差し向かいになった。建物の一階がスーパーマーケットになっているマンションの一室で、彼女の担当弁護士、スタンリー・コーエンが所有しているものだ。コーエンはこれまでに、無政府主義者や共産主義者、土地や建物の不法占拠者グループなどの代理人を務めてきた。イスラム原理主義組織、ハマスの代理人をしたこともある。そして今はヘイファーの担当をしているわけだ。

ヘイファーは、二〇一〇年一一月に、他の一三人の4chanユーザーとともに、ペイパルに対するDDoS攻撃を仕掛けたとして起訴されていた（本書執筆時点では、すでに罪状を認め、判決を待っているところだ）。この攻撃は、彼女がペイパル経由でウィキリークスへの寄付をしようとして、拒否されたことに対する報復として行なわれたものだ。ペイパル経由で、クー・クラックス・クラン（KKK）への寄付はできるのに、ウィキリークスには寄付できないのはおかしい、と怒っていたのだ。

ある朝の六時、彼女のラスベガスのアパートに、FBIの捜査官がやって来た。

「私がドアを開けて応対したら、捜査官はこう言ったんです。『メルセデスさん、お願いですからズボンをはいていただけませんか？』正直に言って、逮捕されるのは意外に楽しかったですね。本物のFBI捜査官と接触できて、本物の手錠をかけられるんです。車の中でかける音楽も選ばせてくれました。でも、起訴状の読み上げとかは退屈でした。途中で居眠りしちゃいましたよ」

私はヘイファーと数時間過ごした。彼女は表面上いかにも「荒らし」だなという人間に見えた。ネット上が混乱して賑やかになるのが心底、好きなのだろうと思えた。私に、自分が好きな4chanスレッドの話をしてくれた。そのスレッドには、自分の飼っている犬を本当に愛している男の話が書き込まれた。犬が発情した時、彼は街で犬の精液を採取し、それを自分のペニスに注入した上で、犬とセックスをした。犬は妊娠し、子犬を産んだ。そうやって生まれた子犬なので、彼にとって本当の子供のように思えた。ヘイファーはさもおかしそうに笑いながらその話をした。

「FBIが4chanについて尋ねてきたので、その話をしたんですよ。話を聞いていた捜査官の中には、途中で席を立って部屋を出て行った人もいましたね」

この種の話に私はあまり興味がなかった。「荒らし」の話とは違うと思ったからだ。ただ、荒らしだけに注目するのは安易かもしれないとは思った。公開羞恥刑の復活を、荒らしのような、「悪意のある少数」のせいにするのは筋違いなのではないか。ジャスティン・サッコや、アドリア・リチャーズの件に荒らしが関わっているのは確かだが、そういう連中だけで彼女たちを破滅させたわけではない。破滅に追い込んだのは、私も含めた普通の人間たちである。

その後の数ヶ月間で、ヘイファーのことが徐々にわかってくると、私は彼女のことが好きになった。何度もメールのやりとりをした。彼女はネット上に多くいる荒らしとは、まったく違う人種だったのだ。

まず動機が違った。彼女の動機は優しかった。たとえ、公開羞恥刑のようなことをするにしても、あくまで正義を為すことがその動機であることが多い。たとえば、本人も話してくれたが、自分の飼猫を虐待する映像をユーチューブで流していた少年を4chanで攻撃したのは、虐待をやめさせるためだった。4chanユーザーは、彼の住む街の人に少年がソシオパスであることを知らせた。その結果、猫は少年から引き離され、別の飼い主に引き取られることになった。

（もちろん、少年が本当にソシオパスだったかどうかはわからない。その可能性はあるだろうが、ヘイファーも他の4chanユーザーたちも確かな証拠をつかんでいたわけではない。また、猫は救われたものの、自分たちの行動によって少年の今後の家庭生活がどうなるかということについては何も考えていなかった）

4chanに集まっているのはどういう人たちなのかとヘイファーに尋ねてみた。

「大半は、日々の暮らしに刺激が少なくて退屈している若者たちですよ。周囲の人からはあまり優しくされていない無力な若者です」彼女はそう答えた。「ああなりたい、こうなりたい、という願望はあるけれど、どれも自分には無理だとわかっています。それでインターネットに流れて来るんです。インターネットでなら、普通なら無力のはずの状況で、力を持つことができます」

私がヘイファーとメールのやりとりをしていたのは、彼女たちにとっては厳しい時期だった。権力の側から執拗な攻撃がされていたからだ。ヘイファーのような人間を力ずくでも服従させようという動きが続いていた。ただ、刑事訴追などが続けば、DDoS攻撃や荒らしがなくなると思うか、という私の問いへの彼女の答えは鋭く明解だった。

「警察は、ここも自分たちの管轄だ、と言いたいようですね」彼女は言った。「『ここ』というのはインターネットのことである。

「警察は、インターネットも街の中と同じように取り締まりたいと考えているみたいです。かつてのダウンタウンを高級住宅街に変え、貧しい人間をスラムに閉じ込める。インターネット上でそれと似たことをするわけです。特定の区域に閉じ込められた人間が荒らしなどの問題行為に走れば、即、止めさせ、捜査をします……」

マルコム・グラッドウェルの誤り

私がヘイファーに会う少し前、ニューヨーク市警本部は、前年、市警が街で市民を呼び止め、身体検査をした回数が何回にのぼったかを発表した。実に、六八万四三三〇回である。一日あたり約一八〇〇回ということになる。アメリカ自由人権協会（ACLU）によれば、一八〇〇回のうちの九割近くはまったく無実の人が対象になっていたという。また、八七パーセントは、黒人かラテンアメリカ人が対象になっていた。

二〇一二年七月、公民権弁護士のナハル・ザマミは、実際に呼び止められ、身体検査をされた人たちにインタビューをしている。「呼び止めと身体検査：人間性の影響(Stop And Frisk: The Human Impact)」という論文のためのインタビューである。

呼び止められ、身体検査をされた人の中には、名誉を傷つけられた、侮辱されたと感じた人も多い。「街で警官に呼び止められると、近くにいる人が皆、こちらを見る、それだけで名誉を傷つけられたと思う」という声もあった。

「警官が呼び止めると、呼び止められた人間に対し、周囲の人は誤った印象を抱くことになります。色眼鏡で見られるということです。たとえ何もしていなくても、何か、法律に触れるようなことをしたに違いないと思われてしまう。本当は、警察は何の理由もなく、ただ無作為に呼び止めて声をかけているだけなのに。呼び止められたことそのものが侮辱になります」「恥をかかされた、自分が汚されたという気持ちがありました。嫌がらせを受けているようにも感じたし、不名誉だとも思いました。もちろん、とても怖かった」という声もあった。

――「呼び止めと身体検査：人間性の影響」憲法権利センター（ＣＣＲ）、二〇一二年七月

不思議な偶然だが、この「呼び止めと身体検査」を世に広めたのは、ニューヨーカー誌でジョナ・レーラーの同僚だった、マルコム・グラッドウェルである。

ニューヨーク市警が、路上での呼び止めと身体検査（ストップ＆フリスクと呼ばれる）に積極的に取り組むようになったのは、一九九〇年代のことだ。その背景には、「割れ窓理論」と呼ばれる理論がある。

グラッドウェルは、ニューヨーカー誌に、この割れ窓理論についての画期的なエッセイ『ティッピング・ポイント（The Tipping Point）』を書いた。彼はこの理論を「奇跡的」と評している。グラッドウェルのエッセイによれば、公共の場所での落書きや、バス、タクシーの乗り逃げといった軽犯罪を厳しく取り締まると、ニューヨークでは殺人事件が急激に減ったのだという。両者に強い相関関係が見られたということだ。

「過去に例のない、不可解とも言えるような変化が、ニューヨーク市全域で起きた」グラッドウェルはそう書いている。「少し以前であれば、街中で頻繁に銃声が聞こえた。だが、夕暮れ時に、ごく普通の市民が通りにいても特に危険はなくなった。自転車に

乗った小さな子供が通り、公園のベンチには老人が座る。地下鉄に一人で乗ることにも不安はない。このように、些細に見える変化が時に、とてつもなく大きな効果をもたらすことがある」

グラッドウェルのエッセイは大きな反響を呼んだ。同誌の歴史の中でも、特に影響力の大きかった記事の一つと言えるだろう。ただし、割れ窓理論に基づいた警察の動きは、思慮深く、リベラルなニューヨーク市民にとっては攻撃的なものに思えた。ニューヨーク市民は、他人の行動を厳しく制限するようなやり方を、通常、支持しない。

しかし、グラッドウェルのエッセイには、リベラルな市民をより保守的にさせる上で強い影響力があった。また、割れ窓理論の売り込みに大いに役立った、グラッドウェルの著書『ティッピング・ポイント――いかにして「小さな変化」が「大きな変化」を生み出すか（The Tipping Point 高橋啓訳、飛鳥新社、二〇〇〇年刊）』は二〇〇万部を売り、グラッドウェルの出世作となった。そして、彼の後を追うように、ジョナ・レーラーのようなポピュラーサイエンス作家が多数生まれることになる。

だが、グラッドウェルのエッセイは誤りだった。その後のデータを見れば、ニューヨーク市の凶悪犯罪は、割れ窓理論に基づく対策が始まるより五年も前から減り続けていたとわかる。実は、その間の凶悪犯罪の減少比率は、全米でほぼ均一だった。シカゴやワシントンDCなどの場所でも同じだ。どちらの都市でも、特に落書きや、無賃乗車の取り締まり強化を明確に打ち出したわけではない。

私は、BBCの番組『ザ・カルチャー・ショー』のため、二〇一三年にグラッドウェルにインタビューした。その時、ストップ&フリスクと割れ窓理論のことも尋ねた。彼は、辛そうな、いかにも後悔しているという顔で答えた。

「私は、割れ窓理論に魅せられていたんです。軽微な犯罪が減れば、重大犯罪も減るという、何か象徴的でわかりやすい理論があまりに魅力的だったので、つい過大評価をしてしまいました」

「呼び止め」が若者をネットのエキスパートにした

ストップ&フリスクは、二〇〇〇年代、二〇一〇年代に入っても継続され、その副作用も出始めた。警官に何度も呼び止められた若者たちの一部が、4chanなどインターネット上での活動で報復を試みるようになったのである。それについては、メルセデス・ヘイファー以外にも何人かが口にしていた。

ヘイファーと会った直後、私は、ヘイファーの4chanでの友人とも顔を合わせた。ただし、彼の素性は一切、わからない。場所はクイーンズ。地下鉄の駅のそばだった。ぼろぼろの車が停まったと思ったら、中に乗っていたのは、若いスペイン系と思われる白人男性だった。大きな十字架を身に着けている。私は今も彼の本名すら知らない。本人は、「トロイ」と呼んで欲しいと言った。インターネット上での名前だ。

トロイとはカフェで話をした。彼はずっと、昔は良かった、今は変わってしまったと愚痴を言っていた。以前なら、この近所のカフェのテーブルに携帯を置き忘れても、盗まれることなく戻って来たという。私は「あなたが良かったという『昔』は、私にはひどい時代に思えるのだが」と言ってみた。すると、区域の再開発により裕福な住民が増えたことで、良くない影響を受けた人間も少なからずいるのだ、と彼は説明してくれた。育ちが良さそうに見えない若者がストップ&フリスクの対象になることが増えてしまったという。

「買い物に行く時、学校からの帰り、いつ呼び止められるかわからない。呼び止められれば、もう一日が台無しです。本当に気分が悪いですね。私のような人間がこのあたりを歩くのは危険なんです」

トロイが4chanを始めたのも、やはり頻繁に警官に呼び止められたことがきっかけだという。

「警察は、『お前らはお前らがいるべき場所で動いていればいいんだ』と言うんです」ヘイファーは言う。「『ここはお前らの場所じゃない。俺たちの場所だ。お情けでここにいられるだけだ。忘れるな』そう言いたいんですね。ニューヨークの街を歩けなくなって、フェイスブックに集まるようになった人たちもいます。インターネットは私たちの場所です。警察はインターネットも我が物にしたいようですが、それは無理でしょう。だってここはインターネットですから」

「つまり、インターネットなら、警察より自分たちの方が仕組みをよくわかっている、ということですね」私は尋ねた。

「そうですけど。困ったこともあるんです。連中はばかですからね。これが昔のマサチューセッツなら、ただ医学の知識があるだけで魔女にされて、火あぶりになってしまうでしょう。今の時代でも、フェイスブックの仕組みについて詳しくわかる人間はそう多くありません。警察もよくわかっていない。だから説明を求められる。たとえば、ルーターの仕組みを説明したりすると、もう魔法使いのように扱われますよ。怪しげな魔術を使う良からぬ人間です。『こいつらはずっと中に閉じ込めておかなくちゃならない。何をどうしているのか、わからないのだから、他には悪事を止める方法はない』と警察は考えるわけです。

若者がインターネットのエキスパートになるのは、一つには、インターネット以外の場所では力を持てないからです。知識や技術を必要とする専門職の市場は小さくなっています。だからインターネットに集まってきた。なのに今、それも失われようとしている。ひどい話です」

私は、ジャスティン・サッコの件についてどう思うかを彼女にきいてみた。

「ジャスティン・サッコって、あのドングルのジョークを言った男たちを失職に追い込んだっていう?」

「それはアドリア・リチャーズです」私は言った。「ジャスティン・サッコは、エイズのツイートをした女性ですよ」

「ああ、とにかくそれはツイッターの話でしょう」ヘイファーは言った。「ツイッターは、4chan とはまた違う生き物なんですよね。ツイッターのモラルとか価値観は、4chan に比べて一般の社会に近いと思います。アドリア・リチャーズが攻撃されたのは、ドングルのジョークが特に誰かを傷つけるようなものではなかったからでしょう。なのに、ジョークを言った男性は失職してしまった。つまり彼女は言論の自由を侵したわけで、インターネットが彼女を叩いたのはそのためです」

「では、ジャスティン・サッコは？」私は尋ねた。

「インターネットに集まるのは、ほとんどが『弱い者』で、弱い者でいる、というのがどういうことがわかっています。それが重要なんです」ヘイファーは言った。

「白人で金持ちの強者たちにとって、彼らはからかいの対象です。ジャスティン・サッコの発言が責められたのは、金持ちで白人で、自らが強者の彼女が、難病で死にそうな黒人、つまり弱者をジョークのネタにしたように見えたからです。何時間かの間は、ジャスティン・サッコも、皆にネタにされて、弱者でいるのがどういうことかを思い知ったことでしょう。ジャスティン・サッコを叩いていると、金持ちの白人すべてを叩いている気分になれたのだと思います。平気で人種差別的なジョークを言うことができ、それを咎められることも普段はない。そんな強者を叩いている気分になれたのです。黒人とエイズをネタにしたジョークは彼女自身には面白かったのでしょう。でも、恵まれない立場に置かれた黒人たちや、エイズと診断されて苦しんでいる人たちの気持ちはわからなかった」

少し間を置いて彼女はさらに続けた。

「犯罪の中には、一般の人間が力を合わせて裁くしかないものがあると思います。犯人を皆で晒し者にする以外に罰しようがない場合もあります。社会が一種の法廷であり、市民皆が陪審員になるということです」

私は、現代の公開羞恥刑において、一つ大きな謎とされていることについても尋ねてみた。それは「あまりに女性に厳しすぎるのではないか」ということだ。なぜ、異常なまでに女性に厳しいのか。それが知りたいと思っていた。

ジョナ・レーラーが攻撃されている時には、性暴力に関わる言葉は使われていなかった。ところが、ジャスティン・サッコやアドリア・リチャーズの場合には、即、「レイプするぞ」という類《たぐい》の脅迫の言葉を浴びせる者が現れた。4chan ユーザーの行動はその点でも相当、ひどかった印象がある。

「そうですね。そうかもしれません」ヘイファーは言った。「4chan ユーザーは、誰かを攻撃する時、その人にとって何が一番辛いかを想像して物を言う傾向があります。そして、一番辛い目に遭わせるぞ、と叫びます。それは普通に言う脅迫とは少し違います。また、自分が実際に暴力を振るうつもりもまったくないんです。わいせつ行為をしたいと思っているわけではなく、いかにして相手を弱らせるかを考えているだけでしょう」

彼女はさらに言う。

「4chan ユーザーは、標的にした人を貶めたいのです。わかりますか。我々の文化で女性を貶めるとすれば、おそらくレイプを上回るものはありません。男性が標的の時に、レイプという言葉を使わないのは、レイプが男性を貶める手段となることはあまりないからです。男性の場合なら、失職がその代わりになるでしょう。我々の社会では、男性は働いているものという通念があるからです。失職をすると、男性は存在価値が大きく下がったように感じてしまいます。ドングルの一件の場合、アドリア・リチャーズは、不当にも、ジョークを言った男性から職を奪ってしまった。彼の男性としての価値を下げてしまったということです。だから、4chan ユーザーは、彼女を女性として貶めるという反応をしたのです」

*

善意の行動が二人の職を奪った

アドリア・リチャーズに対する「殺すぞ」あるいは「レイプするぞ」という脅しは、彼女が失職した後も続いた。

「彼女にとっては本当に辛い状況になってしまいました」ハンクは私にそう話した。

「半年ほど彼女は行方不明になったこともありました。人生が良くなるも悪くなるもインターネット次第ということになってしまいました。いずれにしても彼女にとっては好ましい状況とは言えません」

「その後、彼女に会ったことは？」私は尋ねた。

「いえ、一度も」彼は答えた。

もう一〇ヶ月も経過していた。長い時間が経ち、ハンクの彼女に対する感情もすっかり落ち着いたようだ。今、彼女に対してどのように思っているのかを、ハンクに直接尋ねてみた。

「たとえ誰であっても、何をしたとしても、彼女ほどひどい目に遭うのはおかしいと思いますね」彼はそう答えた。

*

「すべての始まりはハンクだと思います」サンフランシスコ空港のカフェでリチャーズは私にそう言った。「会社をクビになったなんてこと、本人が言わない限り、誰も知らないはずじゃないですか。本人がどこかでそれを言ったから知れ渡ったはずです。私を攻撃するヘイトグループができたのも、彼が密かにそう仕向けたからに違いあり

ドングルのジョークと同じ日に、アドリア・リチャーズがカンファレンス会場で撮った写真

ません。そう思いませんか？」

私は彼女の言葉にあまりに驚いて、ハンクを擁護するようなことを咄嗟《とっさ》に何も言えなかった。後からやはり何か言っておくべきだったと思ったので、彼女にメールを出した。ハンクから聞いたことを伝えたのだ。彼を支持し、協力を申し出るブロガーや、荒らし常習者からメールやメッセージが多数届いたが、ハンクはその誰とも一切、関わらなかったという。ハッカー・ニュースへの投稿で、失職を発表したのは、悪いこととは言えないし、当然、そうする権利は彼にもあると思ったので、それもメールに書いておいた。

リチャーズからの返信には「自分への攻撃を、ハンクが積極的に煽ったわけではないと聞いて嬉しく思う」と書かれていた。ただ、それでもやはり、ハンクにまったく責任がないとは思っていないようだ。

「クビになったのは、元はと言えば、自分のせいじゃないですか。でも、はっきりそうとは言わず、彼は私を責めた……仮に私に配偶者と二人の子供がいたとしたら、そもそもカンファレンスの会場であんなジョークを言ったりはしなかった。それに私には思いやりの心というのがあるんです。他人の身になって考えられる。それに、道徳、倫理もわきまえています。私はよく思うんです。日々の生活でして良いことと悪いことをきちんと区別できるんです。ハンクのような人は、他人の人生を想像することができないんじゃないかと。同じ世界に生きてはいるけれど、自分ほどチャンスに恵まれていない人たちの人生がどういうものなのか想像できないのでしょう」

*

私はハンクに「カンファレンスでの一件以来、何か言動に変化はあるか」と尋ねてみた。果たして彼の生き方に何か変化は起きたのだろうか。

「そうですね。女性のデベロッパからは少し距離を置くようになりましたね」ハンクはそう答えた。「前ほど親しげに接することはなくなりました。冗談を言うことは今でもありますが、無難なものばかりです。何というのか、もうあの、ドングルのジョークを言うような余裕はないですね」

「無難なジョークって、たとえばどういう感じですか？」私は言った。「つまり、今はもう新しいところで働いているんですね……（ハンクは失職後すぐに再就職できたらしい）……女性デベロッパもそこにいるということですが、あなたの女性に対する態度は具体的に以前とはどう違うのですか」

「いえ、今、私が働いている場所には、女性デベロッパはいません。だからその質問には答えられないですね」

＊

「その後、再就職はできましたか？」私はリチャーズに尋ねた。

「いいえ」彼女はそう答えた。

＊

リチャーズの父親はアルコール依存症だった。よく妻（リチャーズの母親）を殴っていた。しかも、金槌で殴るため、彼女の歯はすべて折れてしまった。耐えられなくなった彼女は、子供たちを連れて家出をした。

だが、リチャーズ自身の生活は前よりも悪くなった。「学校に通うのは辛いことでした」彼女は二〇一三年二月にブログにそう書いていた。「クラスメートは皆、貧しい暮らしをする私をからかい、いじめました。私も貧しいことを恥ずかしく思っていました」彼女は結局、里親に育てられることになる。

リチャーズは、実の父親に書いたという手紙を私に見せてくれた。手紙にはこう書かれていた。

「アドリアです！　お元気ですか？　本当に本当に久しぶりですね。会いたいです。パパ、愛しています。私は今、二六歳です。この手紙を読んだら、どうか連絡をください。本当に会いたいので」

父親から返事はなかった。もう一〇年以上も連絡はない。もう亡くなっているのではないかと彼女は思っている。

「子供の頃の境遇が、ハンクやアレックスに対する態度に影響してはいないか」と私はリチャーズにきいてみた。だが、彼女の答えは「ノー」だった。「レイプの被害者にも同じようなことを言いますよね。レイプされたために、男性が全員、レイプ魔に見えるのではないか、とか。違いますよ。あの人たちは単にあまりに場違いなくだらないことを言ったから、正当な制裁を受けただけです」

＊

私はこれまで何人もの人を公開羞恥刑にした。うっかり本音を言ってしまった人、普段被っている仮面をほんの一瞬、うっかり脱いでしまった人、そんな人を目ざとく見つけては、多くの人たちに知らせる。そういうことを何度も繰り返してきたのだ。今はその相手のことをほとんど思い出せない。確かに怒っていたはずなのに、怒りのほとんどを忘れてしまっている。

ただ、一人だけ、どうしても忘れられない相手がいる。サンデー・タイムズ紙、ヴァニティ・フェア誌のコラムニスト、Ａ・Ａ・ギルである。私が問題にしたのは、タンザニアのサファリでの「ヒヒ撃ち」についてのコラムだ。そのコラムにはこう書かれていた。

「ヒヒを撃つのは簡単ではないと聞いた。まず木に登るというのが厄介だ。その気になれば、いつまででも木の上にいられる。ヒヒは普通、なかなか死なないのだ。ただ、どうやら今回は例外だったらしい。私の撃った、ソフトノーズの三五七口径弾は、ヒヒの肺を吹き飛ばした」

A・A・ギルは、自分がなぜヒヒを撃ったのか、その動機も記している。

「私は、誰か、特に見知らぬ何者かを殺すとはどういうことなのかを、実際に体験して知りたかった」

このコラムについて、ソーシャル・メディアで最初に問題にしたのは、おそらく私だったと思う。A・A・ギルの動向に私が注目していたのは、彼がいつも私の手がけたテレビ・ドキュメンタリーをけなしていたからだ。何か言い返したくて、そのきっかけを待っていたようなところもある。彼のコラムについて、私が問題視する発言をすると、あっという間に多くの人にそれが広まった。

ジャン・モワールの時と同様、A・A・ギルの名前はツイッターのトレンドに入った。ツイッター上では、彼の「霊長類殺し」を非難する声が多数あがった。ガーディアン紙などは当然、その動きを煽った。各紙は、残虐スポーツ反対同盟のスポークスマン、スティーブ・テイラーにコメントを求めた。テイラーはこう話した。

「この行動は、道徳的に見てまったく擁護できない。人間を撃つのがどういうことか、体験してみたいのなら、自分の脚でも撃つといい」

——神の意思、デイリー・テレグラフ、二〇〇九年一〇月二七日

攻撃が成功したことで、私のもとには何百というお祝いのメッセージが寄せられたが、一つ、種類の違ったメッセージが混じっているのを見つけた。こう書いてあったのだ。

「あんた、学校ではいじめっ子だったんだろうな」

私が「いじめっ子」だったかって？

息子が五歳の時、私にこう尋ねた。「パパは太ってたの？」

「そうさ」私は答えた。「一六歳の頃は太ってたな。太ってたせいで、湖に投げ込まれたこともある」

「うわあ」息子は言った。

「これでわかることは二つある」私は息子に言って聞かせた。「一つは、友達をいじめちゃいけないってこと。もう一つは、決して太ってはいけないということ」

「その時のパパがどんなだったか見せて欲しい」息子は私にそう尋ねた。

「太っていた時かい、それとも湖に投げ込まれた時かな？」

「どっちも」

私は頬を膨らませ、恥ずかしそうに部屋の中をよたよたと歩き回った。そして突然倒れ、「パシャ！」と口で言った。

「もう一回スローモーションでやってよ。今度は、シャツの下にクッションを入れて」

私は息子の言うとおりにした。次は言葉もつけた。

「やめてよ！　投げ込むなんてやめてよー！　パシャ！」

「もっと怖そうにしてよ」息子が言ったので、私は「助けてくれ！」と叫んだ。「溺れちゃうよ。ほんと助けてくれ、頼む、頼む！」

息子は驚いた顔で私を見ていた。やりすぎてしまったようだ。だが、私のせいではない。息子には、どうも演技に厳しい映画監督のようなところがある。もっと怖く、もっと怖くと要求し、何度でもやり直させるのだ。私が湖に落ちて、汚い水を飲み、水面から顔を出そうとして必死にもがくところまで再現させたとしても驚かない。ただ、それは息子が私を信頼しているからだと思う。いくら怖くと言っても、必ず一定の範囲に留めるし、あまり品のないことはしないとわかっているのだ。

驚いた顔をした息子も結局は笑ってくれた。

「パパ、すごく太ってるよ！」息子は言った。

私は基本的には良い人生を送っていると思うが、私の心はいつでも、すぐにカーディフで過ごした二年間（一九八三年から八五年にかけて）に戻ってしまう。その頃は、毎日、いじめを受けていた。服を脱がされたこともあるし、目隠しをされて、校庭に置き去りにされたこともあった。はじめての場所に行く時、はじめての人に会う時には、決まってその頃を思い出す。

＊

ハンクとアドリア・リチャーズの一件に関わった人たちは、皆、「自分は良いことをしている」と思っていたように見える。だが、結局は、人間の想像力の限界が明らかになっただけではないだろうか。誰かの言動に問題があると思っても、それに対してできることには限りがある。

アドリア・リチャーズがハンクに対してしたことは過剰防衛気味で、確かに不適切だったかもしれない。ただ、不適切と思った人たちも、リチャーズとほとんど同じ行動を取っている。彼女がハンクを晒し者にしたのと同様、皆は彼女を晒し者にしたのである。その他に、何も思いつかなかったのだ。

他人を公開羞恥刑にする者たちも、皆、何かしら弱みを持っている。突かれると困ることは誰にもあるわけだ。だから、一方的に他人を責め立てるのはあまりに狭量だし、自滅にもつながることだろう。人を責めることで自分の弱みを隠そうしているという面もあるかもしれない。悪質な建築業者が、建物のひび割れをきちんと修復せず、ただ表面的に覆い隠すのに似ている。

私は、ラニオン・キャニオンでジョナ・レーラーが言ったことを思い出した。レーラーはこう言ったのだ。

「あなたの本、楽しみにしています。公開羞恥刑からどうすれば立ち直れるかを教えてくれる本になるはずですから」

私にはそういう本を書くつもりはまったくなかった。公開羞恥刑に遭ってしまった人間が、どうすればそこから立ち直れるか。そんなことを書こうとは思わなかった。しかし、彼の言葉は心に残った。

遠い過去に公開羞恥刑を受けた人の中にも、どうにか心が壊れることなく生き延びた人たちはいた。彼らは、また新たな犠牲者が現れた時に、何か手助けをしたのではないだろうか。責め立てられ、心乱れた人たちに、有用な助言を与えることもあったかもしれない。あるいは、公開羞恥刑を受けた後に、立ち直る方法を発見した人もいた可能性はある。それを調べてみる価値はありそうだ。

第7章　恥のない夢の世界への旅

国際自動車連盟会長のマックス・モズレーは、自らのSM趣味を暴露されるというセックス・スキャンダルに巻き込まれた。しかし結局はほぼ無傷で復活を遂げる。ジョナ・レーラーとの違いは何か？

これ以上ない恥

国際自動車連盟（ＦＩＡ）会長がナチス風制服の売春婦五人とのＳＭ狂宴
独占：ヒトラーを愛するファシストの息子のセックス・スキャンダル

Ｆ１を主催する国際自動車連盟（ＦＩＡ）の会長、マックス・モズレーの秘密のＳＭ乱交が今日、明らかになった。モズレーの父親、オズワルド・モズレーは、かつて、イギリス・ファシスト連合の党首だった人物である。モズレーは、「地下牢」で五人の売春婦にナチス風の制服を着せて乱交に及んでいた。その様子は撮影された。

モズレーが女たちを殴ることもあったが、反対に、彼が強制収容所の囚人をする場面もあった。怯えた態度で、女たちに性器を仔細に調べられ、また髪にシラミがいないかを調べられた。自分は第二次世界大戦中のユダヤ人、女たちは強制収容所の看守を務めるナチスの親衛隊員というわけだ。ユダヤ人の受けた迫害をこのようなかたちで再現するのは侮辱以外の何物でもないだろう……。

すでに六七歳だ。皺の寄った顔で彼は叫ぶ。「お仕置きがまだ足りないようだな！」そう言って、革のむちを振り回し、ブルネットの女の裸の尻を打つ。ドイツ語で「アインス（1）！　ツヴァイ（2）！　ドライ（3）！　フィーア（4）！　フュンフ（5）！　ゼクス（6）！」と数えながら、次々にむちを振り下ろす。打たれる度に、女は叫び声をあげ、嬉しそうに笑う。白髪のモズレーは明らかに興奮しているとわかる。散々、むちで打った後、彼は、女に性行為をさせた。

ユダヤ人を憎み、ヒトラーを自らの結婚式の来賓として迎えた父親は、息子のこの行為を誇りに思っただろうか。ドイツ語で命令をし、どの尻をむちで打とうか考えながら、うろうろ歩き回った息子の姿を。我々の調査員は、この異常な行為の映像もすでに入手している。

——ネヴィル・サールベック、ニュース・オブ・ザ・ワールド、二〇〇八年三月三〇日

私は、ロンドン西部にあるマックス・モズレーの自宅を訪ねた。居間に通された私は、モズレーと差し向かいに座った。その時、家には私たち二人しかいなかった。妻のジーンは別の家に行っていた。最近はほとんどそちらで過ごしているという。二〇一一年に、彼はフィナンシャル・タイムズ紙のルーシー・ケラウェイに「妻は外

出が嫌いで、人にも会いたがらない」と話している。マックス・モズレーほど、公開羞恥刑を見事に免れた人もいないだろう。少なくとも私は他に思いつかない。

スキャンダルが発覚する前、モズレーは地位の高い人間ではあったが、特に人々から広く人気を集めているということはなかった。モズレーは、F1選手権を運営する国際機関であるFIAの会長を務めていた。その彼がSM乱交をする驚くべき姿が、タブロイド紙『ニュース・オブ・ザ・ワールド』の隠しカメラによって撮影されていた。父親がイギリス・ファシスト連合の党首であったことを思えば納得と言えなくもないが、ナチス風の制服を売春婦に着せての行為は異常としか言いようがない。

ところが、これほどのスキャンダルがあったにもかかわらず、驚くべきことに、彼はほとんど何事もなかったかのように復活を遂げたのである。何事もなかったどころか、むしろ以前よりも彼を取り巻く状況は良くなっている。モズレーは人気者になった。

彼のことを「どれほど恥ずかしいことがあっても、堂々としていれば大丈夫」ということを証明したお手本のような存在と考える人もいる。私自身もそう考えていた。モズレーは公開羞恥刑に遭った人すべての憧れだ。彼がどのようにして苦境を乗り越えたのか、詳しく話を聞いてみたいと思った。

しかし、私の質問に彼は戸惑い、「私は振り返って深く考えるってことをあまりしないのでね」と言うだけだった。

「でも、あなたは苦境を脱する秘訣のようなものをつかんでいるのではないですか」私は言った。「あの日曜の朝、売店に並べられたニュース・オブ・ザ・ワールド紙の記事はご覧になったと思いますが」

「それはもう、すぐに読みましたよ。大変です。本当に。戦争でしたね」それだけ言って彼は黙り、私の方を見た。「すみませんね。あんまり深く考えないようにしているんで」と言いたげな目だった。

私と同じように、彼本人もなぜ自分が苦境を脱することができたか、不思議に思い、理由を知りたいと思っているが、答えが見つからない。そういうことなのかもしれないと感じた。

「あなたの子供時代は少し普通の人とは違うと思います」私はとりあえず、そう言ってみた。

「育った環境のおかげで鍛えられたということは少しあるかもしれません」彼はそう

言った。「ごく幼い頃から、うちの親はよそとは違うとわかっていましたよ」

セックス・スキャンダルが明るみに出るまで、マックス・モズレーは、F1のファン以外には、両親が特異なことで名前を知られていた。

マックスの父親、サー・オズワルド・モズレーは、一九三二年にイギリス・ファシスト連合を創設し、党首となった。オズワルドは、ナチスの党大会を模した演説をロンドンで行なっている。その間、野次を飛ばすなどして妨害する者がいると、スポットライトを浴びせられ、皆の見ている前で散々に殴られた。オズワルド・モズレーは壇上に立ってその様子を見ているのだ。

マックスの母親、ダイアナ・ミットフォードは美しい人で社交界の有名人だった。ダイアナとその妹、ユニティは、どちらもヒトラーに心酔しており、二人ともヒトラーと親しくなった。二人の交わした手紙を見てもそれがうかがえる。たとえば、ユニティがダイアナに出した手紙にはこんなふうに書かれていた。

一九三五年一二月二三日

……総統は大変なご機嫌で、またとてもお元気そうでした。スープは二種類のうちから選べたのですが、コインを投げてどちらにするか決められました。何だかかわいらしいと思いました。あなたのことも元気かときいてましたよ。もうすぐこちらに来るはずですと言いました。ユダヤ人のお話もたくさんされていました。楽しいお話です……

愛をこめて　ハイル・ヒトラー！

ボボ

ヒトラーは、オズワルド・モズレーとダイアナ・ミットフォードの結婚式に出席した。結婚式は、一九三六年にヨーゼフ・ゲッベルスの家で行なわれている。マックスは一九四〇年に誕生したが、生後わずか数ヶ月という頃に、両親とも逮捕され、ロンドン北部のホロウェイ刑務所に収監された。戦争が終わるまで釈放されないことになっていた。

モズレーの最も古い記憶は、刑務所にいる両親に面会に行った時のものだ。

「三歳の頃は何も知らないので特に変わったことだとも思いませんでしたが、成長するに従い、二人がいかに社会の大半の人々から憎まれていたかを理解するようになりました。とはいえ、親には違いないので、私は完全に二人の味方でした。父に関して誰かが私に議論を仕掛けてきても、勝つのは簡単です。何しろ、情報の量が違いますから。父については、細かいことまで何でも知っていますからね」

「お父様について言われていることで、これは事実ではない、というのはたとえばどんなことですか」私は尋ねた。

「そうですね。たとえば、父はヒトラーの友人だったと言われていますが、これは嘘ですね。良いことか悪いことかは言いませんが、それは事実ではありません。父はヒトラーには二度会っただけですし、実を言えば、父はヒトラーが嫌いだったんです。母は間違いなく、ヒトラーの友人でしたし、母の妹もそうでした。でも父は違います」

「お父様はなぜヒトラーが嫌いだったのですか」私は尋ねた。

「どうでしょうか。私が思うには……」モズレーは顔をしかめた。

「嘘が多いから、とか?」私は言った。

「見せかけだけで中身がないところはあったようですね」モズレーは同意した。

「父のようなある種典型的な英国人には、それは我慢できなかったようです。ただし、その点ではヒトラーと同じようなことを言われていたムッソリーニとは仲良くやっていましたからね。もしかすると、父はヒトラーのことを、自分と同種の人間と見ていたのかもしれません。同じことをしようとしているが、自分よりもはるかに成功している人間と考え、嫉妬していた可能性はあります。母はヒトラーが好きでした。男女の仲だったわけではないとは思いますが……それはご自分で調べてみてください。私にとっては、ヒトラーに関わることすべてが不愉快だし、ずっと負担になってきました」

モズレーはモータースポーツの世界へと入っていく。そこには、モズレーの父親のことを気にする者は誰もいなかった。二〇〇〇年にオートスポーツ誌の取材に応えて本人も言っているとおり、彼はモータースポーツ界では、車体メーカー「アルフ・モズレー」の関係者と思われていたのだ。

モズレーは二〇代半ばでモータースポーツ界に入ったが、SMクラブ通いを始めたのもその頃である。

「SMクラブは居心地が良かったんですか」私はそう尋ねた。「良い気分転換になったとか？」

「ああ、まあそうですね」モズレーはそう答えた。

私は、彼の顔を見ながら、その気持ちを想像した。クラブはモズレーにとって他に類のない場所になっていたのではないか。その中では、他人に食い物にされることはない。世間の目から逃れ、どんなことでも恥ずかしいと思わずにできる。恥を一つの武器として使うような外の世界からは距離を置くことができるのだ。

「見つかることは心配していなかったんですか」

「注意はしていました。特に、自動車業界で私を敵視する人間が増えてからはね」

一九九〇年代はじめから、モズレーは自動車の安全性に関する法律を改正すべく運動を開始していた。そのことを言っているのだろう。自動車メーカーに衝突試験を義務づけるよう法律を改正させようとしたのだ。

「ラルフ・ネーダーが彼らに何をされたかを考えればね……」モズレーはそう言った。

＊

自動車業界のハニートラップ

名前が出たので、ここでラルフ・ネーダーについても書いておこう。一九六一年、フレデリック・コンドンという若者が自動車事故を起こした。当時の車は、鋭角の部分が多い内装が流行しており、シートベルトもつけないのが粋だとされていた。だが、そのおかげで、フレデリック・コンドンは、下半身不随となってしまった。

彼の友人だった弁護士のラルフ・ネーダーは、シートベルトの標準装備を義務づける法律の制定を求め、ロビー活動を始めた。警戒したゼネラル・モーターズ(GM)は、売春婦を雇ってネーダーのあとをつけさせた。そして、スーパーマーケットや薬局にいる彼を誘惑させようとしたのだ。もし、誘惑されれば、それを公表し、ネーダーの信用を失墜させるのが狙いだった。

「二度ありましたね」私が後に電話でインタビューした時、ネーダーはそう話していた。「二〇代半ばから後半くらいのとても綺麗な女性でした。二人ともこそこそせず堂々としていたし、自発的に行動しているとしか見えませんでした。はじめは軽い世間話をしていましたが、やがて本題に入りました」

「彼女たちはあなたに何を言ったんですか?」私は尋ねた。

「一人目の女性は、『私の部屋に来て、家具を動かすのを手伝ってくださらない?』と言いました。もう一人は『外交問題についての討論会があるんです。参加されませんか』と言ってきましたね。クッキーの売り場の前にいたんですよ」ネーダーは笑った。「それで外交問題、ですからね!」

「ただ車にシートベルトをつけて欲しいと訴えただけで、そんなことになったんですか」私は言った。

「自分たちがどういう車を作るのか、それをメーカーは国に指図されたくなかったんですよ」ネーダーは言った。

「経営者たちは『リバタリアン』なんですよね。穏やかな言い方をすればということですが。彼らは私立探偵を雇い、私がどこへ行く時も尾行させていました。私が運転免許を持っているか、ただそれだけを知るのに一万ドルを費やしたんです。もし、私が免許を持っていなかったら、『お前はアメリカ人じゃない』と言い出したでしょうね。そう思いませんか」

結局、議会の公聴会でGMはすべてが自分たちの仕業であることを認め、ネーダーに謝罪をした。この出来事により、ネーダーは自動車業界の正体を思い知ることになった(これは後のモズレーも同様である)。

彼らは自分たちに楯突く者がいれば、黙らせるために相手に恥をかかせ、晒し者にすることも厭わないのだ。ネーダーのように安全のための規制を求める人たちを夢想家、偽善者とみなし徹底して闘おうとする。地位の高い人たちが、自らの蓄財のため、社会の統制のため、「恥」というものを非常に巧妙に利用することもネーダーは思い知った。あまりに巧妙なので、普段は誰も気づかないのかもしれない。むしろ、ラルフ・ネーダーに対しては、やり口が稚拙だったために、多くの人に知れ渡るようになってしまったということはあり得る。

*

勝利

二〇〇八年三月三〇日、日曜日の朝、マックス・モズレーのもとに、FIAの広報担当から電話があった。今日のニュース・オブ・ザ・ワールド紙を見たかというのだ。「『あなたについてとんでもない記事が出ています』というから、すぐ売店に行きました」

モズレーが売店で目にしたのは、何枚ものきめの粗い写真だった。同じ写真をその日、数百万というイギリス人が見ることになった。裸のモズレーが前屈《かが》みになり、ナチス風の制服を着た女性にむちで打たれている写真である。それを見たモズレーの頭に『オセロ』の一節が浮かんだ。

「俺の評判は台無しだ。俺の不滅の部分は失われた。残ったのは獣に等しい部分だけだ」

それまで懸命に積み上げてきたものが、すべて吹っ飛んでしまうような出来事だった。自分の人生の中ではごく小さなものでしかなかったことが急に、彼に大きくのしかかってきた。モズレーは新聞を家に持ち帰り、妻に見せた。彼女は最初、夫がふざけて作った偽物の新聞かと思ったが、やがて、これは本物なのだと悟った。

スキャンダル発覚後のマックス・モズレーの態度は、ジョナ・レーラーとは、対照的だった。彼はBBCのラジオ4のインタビューに応えた。その中で言ったのは「確かに自分の性生活は奇妙なものかもしれない。しかし、セックスの時には誰もが多かれ少なかれ妙なことをするものではないだろうか。それだからと言って、その人の価値が少しでも下がるなどと思うのは愚か者だけだろう」ということだ。

その人の「真の姿」と、「世間に知られている姿」との間に大きな落差があり、真の姿が露わになった時に「恥ずかしい」と感じられる。だとしたらモズレーは、その二つの姿の落差を自ら小さくしたと言える。ジョナ・レーラーの場合は反対に、二つの差が非常に大きかったのだ。

しかもマックス・モズレーには切り札があった。ニュース・オブ・ザ・ワールドの致命的な誤りである。乱交が「ドイツ風」であったのは確かだが、本人としてはナチスをテーマにしたつもりはなかったのだ。

モズレーは訴訟を起こした。

ジェームズ・プライス弁護士（モズレーの弁護人）：よろしければ、問題の写真を私と一緒にじっくりと見ていただけますか。二九一ページの写真ですが、これには特に、ナチスの要素はないですね。
コリン・マイラー（ニュース・オブ・ザ・ワールド）：はい。
プライス：次に二九二ページです。モズレー氏がお茶を飲んでいますね。これもナチスとは関係ないですね。
マイラー：そのとおりです。
プライス：これがナチス親衛隊風の検診用紙だということですが。
マイラー：そうです。
プライス：写真を見てはっきりわかるのは、プラスチック製の表紙の、らせん綴じのノートが写っているということです。これを見て、ナチス親衛隊風の検診用紙であるとわかる人はいないと思うのですが、正直に言ってどうですか。
マイラー：そんなことはないと思います。
プライス：親衛隊の検診について知識をお持ちなんですか。
マイラー：私は歴史家ではないので、詳しくは知りません。

プライス：何も知らないという方が正しいのでは？
マイラー：豊富な知識があるというわけではないですね。
プライス：まったく知識はないのではないですか。
マイラー：大した知識はないということです。

法廷では、コリン・マイラーと、ニュース・オブ・ザ・ワールド紙の調査ジャーナリスト、ネヴィル・サールベックに対して「モズレーが強制収容所に入ったユダヤ人の役をしていると判断したのはなぜか」という質問もなされた。「看守役の女性が、裸のモズレーの毛を剃っていたから」というのが、二人の答えだった。強制収容所に入ったユダヤ人は毛を剃られたからだ。

だが、ジェームズ・プライス弁護士も指摘したとおり、女性が毛を剃っていたといっても、剃ったのはモズレーの尻の毛である。それは特に強制収容所と関係のある行為とは言えない。

また、モズレーが証言の中でも言っていたように、本当にナチス風にしたければ、今ならナチスの制服をインターネットで買うことは簡単だし、街にもそういう店はある。写真の中の制服は、ドイツ軍の制服ではあるが、ナチスの制服とは違っている。

ニュース・オブ・ザ・ワールド紙の主張がまったく正しくないということは、看守役を務めた女性の間で交わされたメールによって証明された。メールの文面は、法廷で読み上げられた。

こんにちは、皆さん。金曜日、チェルシーで三時から始まる会の筋書きを確認したくてメールしました。もし早めに来られる方がいれば、私が裁判官の役をしますから、証言者の役をしてもらえますか。その場合は、午前一一時頃、こちらに来ていただけますか。難しいようであれば、決して無理はなさらずに。

きっとすごいでしょうね。待ちきれません……今回の新しい趣向に備え、お尻も綺麗にしておきました。愛をこめて。

メールの中では裁判官役のことに触れているが、注目すべきなのは、そのために"judicial（裁判官の）"という言葉が使われている点だ。これはごく普通の英語で、裁判も特殊な裁判を指してはいないように見える。ナチスがテーマなら、"Volksgerichtshof（人民法廷）""Gerichtsverfahren（法的手続き）"といった言葉を好んで使うのではないだろうか。
また、ジェームズ・プライス弁護士は、ニュース・オブ・ザ・ワールド紙に対し、看守役の女性が何度も「スミス」という名前の警官のことを口にしていることを指摘して、なぜ「スミス」なのかと質問した。返答は何もなかった。結局、裁判はモズレーの勝利となった。

勝利によってモズレーが得たものは大きかった。彼に対しては、裁判に要した費用の他、六万ポンドもの損害賠償金が支払われた。プライバシーに関する訴訟では、イギリス史上最高の額だ。

「何より大きかったのは、濡れ衣を着せられたけれど、見事にそれを跳ね返した人間だと多くの人に思われるようになったことです。逃げ隠れするよりずっと良い結果になったと思います」モズレーは私にそう話してくれた。

ニュース・オブ・ザ・ワールド紙は、それから三年ほどで廃刊になった。二〇一一年七月には、同紙の雇った私立探偵が、殺人の被害に遭ったティーンエージャー、ミリー・ダウラーの携帯電話をハッキングし、不正に音声メッセージを盗聴していたということをガーディアン紙が暴いた。ニュース・オブ・ザ・ワールド紙オーナーのルパート・マードックは批判を受け、同紙を廃刊した。

その後、ネヴィル・サールベックは携帯電話のハッキングについて有罪となり、禁錮六ヶ月の刑を言い渡された。コリン・マイラーはこの件には関与しておらず、現在はニューヨークのデイリー・ニュース紙の編集長となっている。

報道の犠牲者

モズレーは、自分は自らのためだけに闘ったのではなく、自分の前に同じような報道の犠牲になったすべての人たちのために闘ったのだと感じている。それはたとえば、ベン・ストロングのような人のことだ。

「フランスの北部に住むイギリス人シェフでした。離婚経験があり、性的に奔放な人で、乱交パーティーの趣味がありました。ある時、店にニュース・オブ・ザ・ワールド紙の人間が何人か立ち寄ったんです。ストロングは彼らにディナーを出した後、上階へと姿を消し、その後戻って来ましたが、裸同然の格好でした」モズレーは少し間を置いてから小声で言った。「悲劇です」

一九九二年六月のことだった。階下へ戻って来た自分を見つめる人たちの存在にストロングは気づいた。彼らは自分と同様の嗜好を持っているわけではなく、ニュース・オブ・ザ・ワールド紙の人間だと知った彼は泣き出した。

ストロングは同紙の編集者、パッツィ・チャップマンに電話をかけた。モズレーによれば、この電話で彼はこう言ったという。「どうか記事にしないでください。そんなことをされたら二度と子供たちに会えなくなる」

だが、結局、記事になってしまう。

「本人の懇願はまったく相手にされなかったのです。ストロングは自殺してしまいました」

アーノルド・ルイスという人もいた。一九七八年春、ニュース・オブ・ザ・ワールド紙は、ウェールズ中部の森に停めたトレーラーハウスで開かれるセックス・パーティーへの潜入取材を試みた。ジャーナリストのティナ・ダルグリーシュと、随行のカメラマン、イアン・カトラーは、スインガー（乱交パーティー愛好者）向けの雑誌に出た小さな広告を見て、潜入することにしたのだ。主催者は、在家の牧師、アーノルド・ルイスだ。

参加者は、まず彼の地元のパブで顔を合わせた。出席者は多くない。その場に現れたのは五人だ。うち三人は、ダルグリーシュとカトラー、そしてルイス本人である。

ルイスは、遅れて参加を決める者たちのために、森の中に暗号で説明を書いた看板を設置した。そこにはトレーラーハウスのある方向を示す矢印を描き、正確な距離(三・八マイル＝約六キロメートル)も書いた。

当日の会場では、シェリー酒を飲み、ビスケットを食べ、そして乱交をした(ただし、ダルグリーシュとカトラーは見ていただけで参加はしなかったという)。数日後、ダルグリーシュはルイスに電話をかけ、自らの身元を明かした。

モズレーと会った後、私はカメラマンのイアン・カトラーと電話で話している。彼は重度の脳卒中にかかって治療を受けているところだったが、それでも話をしたいと言ってくれた。カトラーは、ずっとアーノルド・ルイスのことを考え続けていたのだ。三五年間、そのことは彼の頭を離れなかった。

「アーノルドはティナに、もしこれが記事として公開されたら自分は死ぬ、と言いました。よりにもよって、ルイスは牧師だったのです。ウェールズの小さな村の牧師でした」

ニュース・オブ・ザ・ワールド紙はこの件を記事にし、アーノルド・ルイスは本人の言葉どおり自殺した。車の中に排気ガスを引き込んで死んだのだ。遺体は、記事が出た日の朝、車の中で発見された。記事の見出しは「森に行ってみよう。行けば必ず驚くようなことが待っている」となっていた。

モズレーはソシオパス？

私はモズレーと話しながら、どうにかして謎を解明しようと努めた。ゴシップ記事が出たにもかかわらず、なぜか大衆はモズレーを攻撃せず、彼を破滅させようとはしなかった。理由はどこにあったのか。記事が出た後の本人の行動に何か理由があるはずだと私は考えていた。モズレーは誰にも教わることなく、自然にその方法がわかったように見える。ともかく、人々が彼に対し怒るようなことはなかったのだ。何があったというのだろう。

モズレーは私に「自分はもしかするとソシオパスかもしれない」と言った。この苦境を乗り越えられたのは、ソシオパスとしての力があったからではないかというのだ。

確かに、売店で新聞を見たモズレーは記事に腹を立てはした。ただ、その怒りは「ソシオパスらしい」怒りだったようだ。モズレーは怒りから早く立ち直った。いつまでもただ怒っているのではなく、状況に素早く対応したのだ。彼が多くの人に好かれている理由はそこにあるのかもしれない。たとえ腹を立ててもそれを長く引きずらないところに、好感を持つ人が多いということである。

一九九一年、国際自動車連盟は精神科医に依頼して、モズレーの精神分析を実施したという。彼が連盟の会長になる二年前のことだ。その時、精神科医は、モズレーはソシオパスであると結論づけた。その話をしながら、彼は不安そうに私を見た。

私はため息をついて「では、あなたは他人に共感することがないんですか？」と尋ねた。

「ありますよ！」モズレーはそう答えた。「私が何かをする決断をする時、だいたい動機になるのは、誰かを気の毒に思ったから、誰かに対して申し訳ないと思ったからですよ。精神科医は私に一度も会っていないんです。ただ表面的に見て診断しただけです」

「なら、あなたはソシオパスではないと思いますよ」私は言った。

「おや、そうですかね」モズレーは言った。

「心理学者から聞いたことがあるんですよ。『自分のことをソシオパスではないかと心配するくらいなら、その人はソシオパスではない』と」私は言った。

「ロン、ありがとう。それを聞いて安心しました」モズレーはそう答え、少し間があってから「あ、ロンじゃなくてジョンだ。ジョンって言うつもりだったんです」と言った。

「ソシオパスでない証拠がまた一つ見つかりましたね。ソシオパスなら、名前を間違えても気にしませんよ」私は言った。

「それはまた嬉しい！」モズレーは言った。

モズレーの家を出た時にはもう外は暗くなっていた。私たちはどちらも結局、謎が解明できなかったと感じていた。これからも引き続き考えていこうということで一致した。

「ところで」私は別れ際に言った。「アメリカに『キンク』というSMの店があるんですけど、知っていますか。一度来ないかと招待されているんですよ」

「キンクですか？」モズレーは目を見開いた。「知っていますよ！　インターネットで見たことがあるだけですけど。色々な仕掛けが用意されているんですよね。電気とか水とか使って。とにかく何でもありだっていう。招待は羨ましい！」

「すごいですよね！」私は言った。

ポルノの世界に学ぶ、恥ずかしいと感じないコツ

私がキンクに招待されたのは、ツイッターで「今、公開羞恥刑についての本を書いている」と発言したすぐ後のことだ。

フォロワーの一人（コナー・ハビブという人だ）が私にこう尋ねてきた。

「それなら、自ら人前で恥をさらすことで、他人に性的快感を与えることを仕事にしている人間に取材する予定がありますか」

「いいえ！」私は答えた。「それはまったく思いつきませんでした」

彼は、自分はゲイポルノのスターなのだと言い、自分の仕事について知りたければ、検索してもらえればすぐにわかるとも言った。私はすぐに検索してみた。すると、彼の肛門のクローズアップ写真が大量に表示された。私はハビブにメールを出し「なぜこのような仕事ができるのか。恥ずかしくはないのか」と尋ねてみた。

「恥ずかしいと感じないコツ、傷つかないコツなど、ポルノスターから学べることは多いと思います」ハビブからの返信にそうあった。

また、「セックス産業で仕事をしていた人の中には、ホスピスなどで働き始める人も多いんです。皆、人間の生身の身体というものに慣れているからでしょう。身体の

状態が多少、変化しても臆することはありません。だから病気になり死に向かっていく人たちの助けになれるんです。この仕事の何が恥ずかしいのか私にはわかりません。詳しく話が聞きたいとおっしゃるのでしたら、私はいつでも喜んで話をします。ただ、私は愚かな人間かもしれませんが、実際以上に愚かに描くのだけはやめてもらいたいです。ポルノスターが侮辱されたと感じるのは、おそらくそういう時です。いわゆる『ジョン・ロンソン的エッセイ』のネタにされるのは困りますね」とも書かれていた。

コナーのメールに興味を惹かれ、私はポルノの世界を取材してみる気になった。確かにポルノの世界では、いちいち恥ずかしいと思っていては仕事にならない。恥を克服する術《すべ》を知っている人たちの集まりではないのか。それは、誰にとっても持っていて損はない能力かもしれない。急にそう思えてきた。

私は、コナーに紹介され、有名なポルノ女優であるキンク・スタジオのプリンセス・ドナ・ドロレとも連絡を取ることができた。何度かメールのやりとりをしたが、その中で彼女はこう書いていた。

「子供の頃の私は、ちょっとしたことでもすぐ恥ずかしいと思うたちでした。でも、ある時、急に気づいたんです。自分が恥ずかしいと思っていたことでも、それを他人に完全に晒してしまえば、もう大したことではなくなってしまうのだと。解放された気分でしたね」

本人によれば、彼女のポルノ作品のシナリオは、すべてその発見から生まれているものだという。彼女はまず、自分が恥ずかしいと思うような状況を考える。たとえば、裸で縛られて街中にいて、道行く人皆に見られている、というような状況だ。そのシナリオを、自分と趣味や考え方の似た俳優たちと演じ、羞恥心や恐怖を取り除いていく。

私はドナとロサンゼルスで会うことになった。夕食をともにするのだ。当日の朝、私は彼女にメールした。「今夜、七時に会いましょう！」

午後五時四〇分に私はまたメールした。「あと一時間二〇分です。忘れないでくださいね！」

「もちろん」と返事が来た。

私は待ち合わせ場所のレストランに午後六時五〇分に着いた。二時間一〇分後、まだ一人でそこにいた私は、彼女のツイッターへの書き込みを確認してみた。最後のツイートは四時間前のもので、こう書かれていた。

「私、今日は夜七時に予定があるはずなのですが、何の予定だったか知っている人は教えてくれませんか。なぜかどこにもメモを取っていないのです！」

私は惨めな気分でホテルへと戻った。「誰かをレストランに何時間も待たせたまま平気でいられるのが恥をなくすということなら、少しくらい恥があった方がいいな」と思いながら。

夜中頃、ドナからメールが来た。

「なんてこと！　ほんとにごめんなさい」

「いや、いいですよ」私は返事を出した。

「明日は『パブリック・ディスグレイス』という映画の撮影があるんですけど、よろしければ来ませんか」ドナはメールにそう書いてきた。

*

真夜中頃、私は、サンフェルナンド・バレーのスポーツ・バーの前にいた。店は、外からは明らかに閉まっているように見えた。中は真っ暗で誰か人がいるようには見えない。だが、ドナからは、裏へ回ってゴミ箱に隠れた防火扉から入るよう言われていた。マックス・モズレーは、キンクがいかにすごい店かを私に話してくれたが、そこがスポーツ・バーだとは言わなかった。

キンクの本部は、元はサンフランシスコの兵器庫として使われていた巨大な建物にある。一九一四年に建てられた兵器庫に装飾を施して使用している。その中には、地下牢などがあり、ありとあらゆる拷問具を備えている。私は防火扉をノックした。警備員が出てきて、私の名前が来客リストにあることを確認してくれた。

中に入った私は、バールームを探した。バールームには二〇人ほどの人がいた。一人で座っている中年男性もいれば、何組か若いカップルの姿も見える。全員が緊張しているようだ。一人の男性が私に向かって歩いてきた。

「私はシャイラー」彼は言った。「シャイラー・コビと言います」

「あなたもポルノの世界の人ですか」私はそう尋ねた。

「もう二三年になります。他のことは何も知りません」

彼は甘い、憂いのある顔をしていた。少しあのドルーピー（訳注：アニメーションのキャラクターとして有名な犬）にも似ている。

私はコビに、彼自身のこれまでの経歴について質問した。コビはドナとだけ仕事をしているのではない。年間に平均五〇本ものポルノ映画を製作しているプロデューサーだ。彼の名前がクレジットされた映画はすでに一〇〇〇本ほども存在している。あとでIMDb(インターネット・ムービー・データベース)で見たところでは、『オージー・ユニバーシティ（Orgy University）』『ウェット・スウェッティ・ブーブス（Wet Sweaty Boobs）』『マイ・スラッティ・フレンズ（My Slutty Friends）』などにコビの名前があるのを確認できた。

「それで今日はどういう予定なんですか」私はそう尋ねた。

コビは肩をすくめた。「いつもと同じですよ。皆が性交を始める。終わる。我々が後片づけをする。家に帰る、それだけです」

彼は軽く私の腕をつかんだ。どうやら私の品定めをしているようだった。コビだけではない。その場にいたスタッフの何人もが同じようなことをしてきた。腕をつかむだけではなく、背中をなでた者もいる。

ラフな服装で、丸眼鏡をかけたフクロウのような顔をした私は、普段、過激なポルノ映画の撮影現場にいる人たちとはまったく種類の違う人間に見えたのだろう。だから、撮影中に私が怯えて、気を失いでもしないかと心配になったようだった。なんとも優しい人たちだ。ポルノのプロフェッショナルたちは皆、そんなふうに良い人たちで、私に対してもとても気を使ってくれた。まるで私がこれから性器に電気ショックを受ける人間でもあるかのように。

もちろん、その日、電気ショックを受けるのは私の性器ではなかった。犠牲になるのは、ポルノ女優、ジョディ・テイラーの性器である。テイラーは、バーの隅でプリンセス・ドナと何やら細かい話をしていた。やがてドナは立ち上がり、皆を黙らせた後、これからの予定について話し出した。

「ここは『パブリック・ディスグレイス（公開恥辱）』と名づけられた場所です。文字どおり人前で恥ずかしい目に遭うところです。皆さんは、ただお酒を飲み、楽しく過ごしていて、これからこのバーがどうなってしまうのかはまったく知りません。そういう設定です。私たちが入って来た後は、ある程度までなら何をしてもらっても構いません。手が綺麗で、爪も短く切り揃えているのであれば、モデルの身体をまさぐるのもいいでしょう。必要なら、爪切りとやすりも用意してあります。彼女のお尻をぴしゃりと叩くのもいいです。ただし、あなたがどれだけ強く叩けるかを見せつける場ではないので、そこは注意してください。あなたが彼女を思い切り叩いている姿など誰も見たくありません。時々、見せつけたがる人がいるんです。男性の皆さんの叩く力が強いことは、私にはよくわかっています。ただし、それを見たいとは思いません。他のことならたいていは大丈夫です。彼女の身体につばを吐くのはいいでしょう。飲み物を口に含んで吹きかけるのもありです。優しくであれば、顔を叩いてもいいです。いずれにしても、あまりに醜悪な行為は避けるようにしてください。大声で何かを叫ぶとか、彼女を貶めるような言葉を口にすることなどはいいですし、むしろ歓迎ですので、どんどんやってください。ただ、暴言はいいですが、常軌を逸した愚かな行動、暴力はやめてください。それでは楽しんで」

ドナとジョディ・テイラーは廊下へと出て行った。ドナはそこで、テイラーにボールとチェーンをつけるのだ。つけ終わると、ドナはカメラマンに合図を送った。カメラマンは録画ボタンを押す。いよいよ始まりだ。

金切り声をあげるジョディ・テイラーを引き連れて、ドナがバーに入って来ると、中にいた者たちは一斉に驚いたふりをした。「なんだ、どうしたっていうんだ?」ビーニー帽をかぶった男性が言った。彼はさも怒ったように、持っていた飲み物をテーブルに乱暴に置いた。

ドナはジョディ・テイラーの服をはぎ取り、彼女の性器に電極を取りつけた。

「何やってんだ?」さっきの男が言った。その場には大勢の人間がいたが、咄嗟にアドリブでセリフを言い、演技で感情を表現できるのは彼一人のようだった。

「電気です」ドナは言った。「彼女に電気ショックを与えるの。やってみたい?」

「電気ショックだって?」彼は言った。「俺はちょっと飲みに来ただけなんだけどな。

いや、まあやってみようか」

ドナがリモコンを渡す。男がボタンを押すが、何も起きない。

「一度手を離して、もう一度押してみて」ドナはそう言った。男はそうした。再びボタンを押すと、ジョディ・テイラーは叫んだ。

（撮影の合間に、本当に電流が流れているのかという疑いの声も聞かれた。ただ、一人の女性が自分の手に電極をあててリモコンのボタンを押した途端、叫び声をあげたので、やはり電流は流れているようだった。

私はジョディ・テイラーから後でメールをもらった。メールにはこう書かれていた。

「この映画と同じようなことが現実に起きたとしたら、私でもやはり怖い、ひどいと思うでしょうね。あまりにも過激です。それがポルノの良さですね。現実にはできない無茶なことを映画の中ならできる。全部『しているふり』なんですからね。すべてはファンタジーです。ファンタジーなら、誰も傷つけないし、怖くもない。素晴らしいことです。プリンセス・ドナの仕事は、ポルノ女優のファンタジーに生命を吹き込むことです。見ている人たちが心に抱くファンタジーの上を行くのが使命です。普通の人は、乱交パーティーや、人前でのセックスなど、空想はしても実際にはできないでしょう。タブーですから。でも、映画の中でならできます。映画の中でなら絶対に安全なので、安心して楽しめます」）

シャイラー・コビの話では、その日、現場にいたのは、一人を除いて彼の友人か、友人の友人だったという。その「一人」というのは、プロのポルノ俳優だったが、他の人の中に違和感なく溶け込んで話をしていた。ただし、途中から彼の行動は明らかに他の人たちとは違ってきて、やがてジョディ・テイラーとセックスを始めた。

その時点から皆、より大胆になったと思う。まだ多少、堅苦しさは残っていたが、明らかに態度が変わっているのがわかった。「歯に氷をあててやれ！」と叫んでいる男がいた。ジョディ・テイラーの頭にビールをかけた男もいた。

私は、敬意を表して一定の距離を保ち続けようと努めたが、細部を詳しく正確に記録すべく時々、動いていたので、どこかに映り込んでしまっている恐れはある。せっかく『パブリック・ディスグレイス』を見て、興奮していたのに、眼鏡をかけた妙な男が突然映って台無しになったとしたら申し訳ないと思う。フクロウのような男が何かを覗き込み、メモを取る姿が見えてもどうか気にしないでいただきたい。私の姿はあの場には絶対に合わなかったとわかっているので、たとえ映っていても気づく人が少ないことを願っている。

撮影は長時間にわたって延々続いた。ドナの口ぶりから夜中の一二時は確実に過ぎるだろうと思っていたが、さすがに一時、二時になると、私も早く終わって欲しいと強く願うようになっていた。「早く射精してくれ、そうすれば眠れる」と心の中で密かに祈っていた（その時の私は、気が進まないまま渋々セックスをしている女性のようになっていたかもしれない）。

そしてついに射精の時が来て、シャイラー・コビは現場の掃除をした。皆は家に帰って行った。

その後、私はドナとしばらく話をした。私は彼女に「普通の会社などよりよほど、働く環境作りに気を配っていますね」と言った。威張り散らし、あれこれ細かいことでいちいち部下を叱って皆の前で恥をかかせる上司もいない。

「ポルノの業界には、もっと恐ろしいことが行なわれている現場、人を搾取する人間もいるのではないですか」私は彼女にそう尋ね、「ここの人たちが、これだけ懸命に働くのは、あなたの環境作りのおかげもあるのだと思います」とも告げた。

ドナはうなずいたが、他の人については話したくないと言った。彼女はそれよりも、『パブリック・ディスグレイス』という作品で何を目指しているかを話したがった。

「アメリカはあまりに禁欲的な国です」ドナはそう言った。「日頃、自分は異常なんじゃないかと思い、孤独を感じている人の気持ちが少し軽くなったとしたら、成功と言えるでしょう。一人でもそういう人がいれば。これまでの作品でもすでにそれができているとは思いますけど」

*

何週間か経った頃、マックス・モズレーから面白いメールが届いた。彼もまた私と同じく考えていたのだ。なぜ自分は結局、公開羞恥刑にほとんど遭わずに済んだのか。彼はその答えがわかった気がすると書いていた。簡単に言えば、それは彼自身が「恥ずかしいと思わないようにしていたから」だ。

「公開羞恥刑は、刑を受ける者が恥ずかしいと思うから成り立つものです。当人が恥ずかしいと感じなければ、すべては崩れます」モズレーはそう言う。

私はモズレーからのメールを何度か読み返した。本当にそうだろうか。つまり、公開羞恥刑に遭う人間は、自分自身もそれに加担していることになる。恥ずかしいと思うことで、刑を成り立たせるのだとすれば、そういうことだ。

ジョナ・レーラーやジャスティン・サッコとは、恥についてかなり突っ込んで話をしたつもりだ。二人が恥を感じていたことは確かだろう。ところが、マックス・モズレーはそうではなかったというのだ。私は疑問に思っている。恥を感じないなどということが人間に可能なのかと。可能な人間がどこかにいるとしたら、その方法を教えることはできないのだろうか。

そう考えていたら、実際に、恥を感じない方法を教えている人間を見つけることができた。

第8章　徹底的な正直さ

「恥を心の内側にとどめておくと、その恥は成長してしまう」という考えのもと、自分の秘密を人前で発表する講座を開いている人物がいる。この講座を受け続ければ、恥を感じなくなるのだろうか？

「人に知られたくないこと」を人前で話す

ＪＷマリオット・ホテル・シカゴの一室で、一二人のアメリカ人が輪になって座っていた。皆、互いに見知らぬどうしだ。ボタンダウンのシャツを着た、プレッピー風ビジネスマンがいるかと思えば、いかにも自由人という風体の若いカップルもいる。ウィリー・ネルソンを思わせるようなポニーテールの髪で、顔に深いしわが刻まれた男性もいる。

中央に座っていたのは、ブラッド・ブラントン、大男だ。胸の大きく開いたシャツは、髪と似た黄色味がかった白。顔は日に焼けていて赤いので、泥混じりの雪の中に捨てられた赤いボールのようだ。

ブラントンはこう切り出した。「私は今から皆さんに、何か『人に知られたくないこと』を話してもらいたいと思います」

「日々、生きていれば、恥ずかしいと思うことはいくらでもあります。恥ずかしいのは自分の外見かもしれない。また、自分の思ったこと、感じたことを恥ずかしいと思う時もある。もちろん、言ったことやしたことを恥ずかしいと思うこともあるでしょう。若いうちは当然ですが、年齢が上がっても、なかなかそれはなくなるものではありません。また、他人から、まだ若い、青くさいと思われるのを嫌がる人も多いでしょう」

ブラッド・ブラントンとスカイプで話したのは、その数ヶ月前だ。サイコセラピストの彼は、多くの人間に共通する心理的傾向について私に話をしてくれた。たいていの人は、他人から不道徳な人間と思われるのを恐れているという。何かの拍子に、人前で良くない人間だと露呈するのを怖がっているのだ。

しかし、ブラントンは、そういう多くの人に共通する感情を消す方法を見つけたという。その方法を彼は「ラジカル・オネスティ（徹底的な正直さ）」と名づけた。

ブラッド・ブラントンは、私たちの脳と口の間にあるフィルターに言及し、そのフィルターを取り払うべきだと主張する。思ったことは言うべき、という。今の会社を辞めて、自分の会社を作りたいと思っているのなら、それを正直に上司に言う。妻の妹に好意を持ってしまったのなら、そのことを妻と妹の両方にすぐに告げる。それが、本物の人間関係を築くための唯一の道だというのだ。現代社会特有の、魂が殺されるような疎外感を打破する方法は他にないという。

——A・J・ジェーコブズ「あなたは太っていると思う(I Think You're Fat)」エスクァイア、二〇〇七年七月

恥を心の内側にとどめておくと、その恥は成長してしまう、というのがブラントンの考え方だ。ジョナ・レーラーのようになってしまっては絶対にいけない。ブラントンにとって好ましいのは、マックス・モズレーの方だ。

ブラントンの好きな動物は犬だ。犬は嘘をつかないし、恥を感じることもない。犬は瞬間を生きている。マックス・モズレーは犬に似ている。私たちも犬のようになるべきだ。そのためにはまず、本来は知られたくないことも自分から周囲の人たちに知らせるようにする。

偶然だが、私の友人で作家、テレビキャスターのスターリー・カインが数年前、自らの著書のためにブラントンのトレーニング講座を受けていた。私はシカゴに行く前にカインに会ったが、ブラントンの講座がどういうものなのか詳しくは話さないよう頼んだ。事前に知ってしまうと驚きがなくなるからだ。それでも、カインはあえて最初の部分について私に話した。彼女の話では、講座の冒頭で受講者はいつも、何か自

分の秘密を明かすよう言われるのだという。

「私が受けた時は」カインは話した。「一人目の男性が、いきなり『自分は一〇年間税金を払っていない』と打ち明けました。受講者は全員うなずきましたが、思ったほど驚くような秘密でもなかったせいか、皆、がっかりしているようにも見えましたね。次の男性は、『自分は人を殺したことがある』と言いました。トラックに乗っていた時、一緒に乗っていた人の頭を殴って、車の外に出してしまったというんです。外に出た人は、走って来た別の車に轢《ひ》かれて死んでしまった。ただ、その男性は逮捕されることも刑務所に行くこともなく、誰にも話したことがなかったというんです」

「それでブラッド・ブラントンは何と言ったんです？」私は彼女に尋ねた。

「ブラントンは、いいですね。では次の人、と言いました。次は女性でしたが『私の秘密はきっと退屈ですよ。飼っている猫とセックスしたことがある、ってだけですから』それを聞いて、先に殺人を告白した男性が手をあげて言いました。『なら私にも言わせてください。飼猫とセックスなら私もしましたよ』」

カインは、この講座は常軌を逸していると感じたようだ。私も、ジョナ・レーラーやジャスティン・サッコの苦境がなければ、また苦境を見事乗り越えたマックス・モズレーの事例がなければ、同じように感じたかもしれない。

私がブラントンのトレーニング講座に参加した時、最初に秘密を話したのは、メリッサという私の真向かいに座っていた女性だ。メリッサは弁護士として成功していたが、SMの趣味があった。「何よりも屈辱を与えられることに興奮する」と本人は話していた。趣味が高じて自分専用の地下牢まで作っていた。ただし、メリッサの地下牢はまったく秘密ではなかった。彼女がその場で秘密として打ち明けたのは、昨年の稼ぎが五五万ドルにも達したということだ。そんなに稼いだことを恥ずかしいと思っているという。

後でカインに聞いてみると、メリッサは、ブラントンの講座に毎回出席しているのだという。彼女はブラントンの弟子なのだ。

「メリッサは自分の地下牢のことを皆に話すんです」カインはそう言っていた。「話した時の反応を見て、その人がどの程度『啓蒙された』かを判断しているようです」

メリッサの隣にはヴィンセントという人が座っていた。彼の秘密は、ブラントンの講座に参加したことを密かに後悔し始めている、ということだった。「何しろ深く考えずに決めてしまったもので。参加費の五〇〇ドルは私にとっては大金ですし」彼はそう言った。「元はそのお金でタイにいる彼女に会いに行くつもりだったんです」

「この人はもう全額払ってくれているのかな？」ブラントンはメリッサに尋ねた。

「まだ前金の一五〇ドルだけです」メリッサは答えた。

「残りも払ってもらおう」ブラントンは言った。

ブラントンは「自分としては、講座がいかに価値あるものかを説明し、受講が正しい判断であったと納得してもらうより、ともかく残りの三五〇ドルをすぐに支払ってくれることを望む」と極めて正直に話をした。

「休憩時間に払うということでいいですか」ヴィンセントがそう言うと、ブラントンは疑うような目つきで彼を見た。


次に話をしたのはエミリーだった。彼女の秘密は、生活のためにマリファナを売っているということだ。

「一オンス（約二八グラム）単位とかで売っているんですか」誰かが彼女に尋ねた。

「一ポンド（約四五三グラム）単位です」彼女は答えた。「一ポンドあたり三四〇〇ドルで売っています」

「捕まるのが心配ですか」私がそう尋ねると「いいえ」という答えが返ってきた。

「私たちはとても用心深いですから」エミリーの恋人、マリオが皆に向かって言った。

マリオの秘密は、エミリーに時々「お前太ってるよ」と言っていることだった。

「太ってないと思いますよ」私はエミリーに言った。

マリオには他にも秘密があった。

「私はよく明晰夢（訳注：本人がこれは夢だと自覚しながら見る夢のこと）を見るんですが、それを利用して女性をレイプします。最初に夢の中に現れた女性が標的になります。何でも思いどおり、やりたい放題ですね」

「次の夢には私を出してもらえますか」メリッサは言った。

私は聞いているうちに頭痛がしてきた。「どなたか頭痛薬をお持ちではないですか」皆にそう声をかけた。メリッサはポケットから小さな袋を取り出した。中には形や色の違う何種類もの薬が裸で入れられていた。彼女は二錠を選んで渡してくれた。私はすぐに飲んだ。

「ありがとうございます。今渡された薬がどういうものなのか、まったくわかりません。ひょっとしてデート・レイプ（訳注：知人、友人に対し合意を得ずに性行為を強要すること）を誘発する薬だったらどうしようと思いますが」

そう言うと気分が良くなってきた。思ったことをそのまま口に出していい、しかも、その結果がどうなるかを心配しなくていい、というのは何と気分が良いのだろうと感じた。

メリッサはそんな私を不思議そうな顔で見ていた。

その後に話をしたジムは石油会社のエンジニアだった。

「言いたくはないのですが……」ジムの声は震えていた。「私は麻薬依存症なのです」

彼の語り口調は静かだったが、発言にはその場にいた全員を驚かせる力があった。

「会社で薬物検査をされることはないのですか」誰かがジムに尋ねた。

「ありますよ」ジムがそう答える。

「検査でばれたりはしないのでしょうか」ブラントンは尋ねた。

「いや」ジムは言った。「まだばれたことはないです」

「なぜばれないんでしょう。何か方法があるんですか」ブラントンの友人、テルマがきいた。テルマの秘密は、男性の出演するゲイ・ポルノを見るのが趣味ということだった。

「それは……わからないですね」ジムは答えた。

「ドラッグの種類は何ですか」ブラントンはジムにきいた。

「ええっと……私はマリファナです」

短い沈黙があった。「どのくらい吸うんでしょうか」私はそうきいてみた。

「三週間でマリファナ一オンス（約二八グラム）くらいですね」ジムは言った。

「たったそれだけ？　秘密はそれで全部なの？」エミリーが甲高い声をあげた。

「あとは、心惹かれていた女性が実は男性だった、ということがありました。女性だと思ったまましばらく交際して、結構お金も使いましたね」ジムは答えた。

ジムの新しい秘密には、皆、少しがっかりしたようだった。


メアリーの秘密は、彼女のかつてのパートナーに関わることだった。そのパートナー、アマンダに、彼女はあまりにもひどい拒絶のされ方をした。

「私はもう五〇歳、この年齢で一人です」メアリーはそう言ってうつむいた。「私は自分を見失ってしまいました」

メアリーはただ家に閉じこもって塞ぎ込んでいただけではなかった。むしろその方がましだったかもしれない。彼女は何度も繰り返し、アマンダに電話をしたのだ。メアリーに「いつか結婚しよう」とまで言ってくれたことのあるアマンダだが、ついには「もう電話しないで欲しい」と言ってきた。

ブラントンはメアリーに「ホット・シート」に座るよう言った。彼が指差したのは、誰も座っていない椅子だ。

「アマンダが今、目の前に座っていたとしたら、あなたは何と言いますか」ブラントンはそう尋ねた。

「電話しないで欲しいと言われたことを怒っていると告げます」

「ではそう言ってください」ブラントンは言った。

「『電話しないで欲しい』と言われて怒っている」メアリーは小声で虚空に向かって言った。

「もっと怒った声で、感情を表に出して」ブラントンはそう指示した。

「ばかやろう」メアリーは自分の向かいに置かれた無人の椅子に向かって怒鳴った。「一度は結婚したいなんて言っておいて、態度を変えるなんて、ほんとにばかやろう。ひどい奴だ。だから私は怒ってるんだよ。あんたのひどい仕打ちに怒ってる。良いこと言って喜ばせておいて、平気で全部取り消すなんて……」メアリーは泣いていた。

「いいですね」ブラントンは言った。「本人に実際に同じことを言えるのはいつですかね」

メアリーはためらった。

「いつ、どこで会えるかもわからないですから……」

「電話しましょう」ブラントンは彼女にそう告げた。「いや、もちろん絶対にそうしなければいけないわけではありません。今でなくても、他の人たちのいないところで電話すればいいでしょう。決心がついたら自分の家で落ち着いて電話してみてください」

「わかりました」メアリーは静かに言った。

「いつ頃でしょうかね」ブラントンがきいた。

「次の週末までには」メアリーはそう答えた。

「いいでしょう」ブラントンは言った。

次のジャックの秘密は、彼がセックス依存症だということだったが、どうも落ち着かない様子だった。

「こういう人ばかり集まっていて、よく警察を呼ばないでいられますね。なんでそんなことができるんですか」ジャックはそう言った。

「それはつまり、ここから出た方がいい人がいるということでしょうか」私は言った。

「この場にふさわしくない人がいれば、何らかの手立てを講じる必要はあるのではないでしょうか。話を聞いていて気分を害する人もいるのではないですか。警察に連絡が行くこともあると思いますが」

「はい、確かに時々、警察に通報する人がいます」ブラントンは肩をすくめてそう言った。「ただ、通報してから警察がここに来るまでには最低でも二〇分はかかります。つまり、怒りを覚えていても、それを解消する時間が二〇分あるということです」

「でも、確かに時々はトラブルになるということですよね」私は言った。

「それが気になるのは、あなたがこれまでの人生で洗脳されてしまっているからですよ。いつも悪いことが起きるかもしれないと恐れている。起きそうだと思った悪いことは必ず起きると思い込んでいる」ブラントンは言った。

「おっしゃるとおり、怒る人はいます。とんでもない発言に動揺する人もいます。でも、人間には状況を見て対処する能力があります。人は、自分が何かを言って、あるいは何かをしてから最初の五秒間に起きることをとても警戒します。しかし、私が気にするのは、その後の五分間ですね。その五分間に何が起きるか、皆がどう反応するかをよく見て、対応をすれば問題を起こさずに乗り越えられることは多いんです」

これはとても重要なことだ、とブラントンは言った。誰かに怒鳴られても、逃げずにしばらくその人と正面から向き合っていれば、間もなく怒りは静まっていくというのだ。傷はそうやって癒していく。

先ほど、講座への参加を後悔していると言ったヴィンセントは、突然、こう言った。

「すみません。私はもう出ます。これは私向きじゃない。申し訳ありませんが」

「今になって出て行くとおっしゃるあなたの言葉に私は怒りを覚えます」メリッサは言った。

「構いませんよ」ヴィンセントはそう答えた。

「この怒りは収まりそうもないですね」メリッサは言う。

いいじゃないか許してやってくれと私は思った。出会ったばかりのよく知らない相手にそれはないのではないか。「私はあなたのその言葉に腹が立ちますね。いきなりその言い方はどうでしょうか」私はメリッサにそう言った。

「この後も、黙って座って話を聞いていただければありがたいのですが」メリッサはヴィンセントにそう言った。

「丁寧に言っていただきありがとうございます」ヴィンセントも言った。

「どっちにするのかはっきりしろよ」セックス依存症の獣医、ジャックが言った。「出て行くって言いながら、まだそこにいるあんたに俺は腹が立つんだ」
そう言われてヴィンセントは出て行った。

その日の講座は終了した。あまり感じは良くないだろうな、と思いながら、皆で夕食に行くという話は断った。疲れていたからだ。私は部屋に帰ってテレビを見て、それから何通かメールを送った。

「侮辱された気分ですよ」ブラントンは食事を断った私にそう言った。

「いやあ、そんなことはないでしょう」私は言ったが、言葉どおりであることを私はわかっていた。

*

女装して街を歩く恐怖

私がすぐに部屋へ帰ったのには理由があったのだが、その理由は誰にも言わなかった。実は仕事上の問題を抱えていたのだ。取り組んでいたある本をめぐって問題が生じ、編集者と私の間で意見が対立していた。その件で何通か緊迫した文面のメールをやりとりすることになったのだ。

私が書こうとしていたストーリーは、最初のうちは面白いものになりそうだった。以前からよくあるスタイルではあるが、ジャーナリストが正体を隠して現場に出向き、自ら直接、不正義を体験するというものだった。

この手法の先駆者はジョン・ハワード・グリフィンだ。一九五九年、彼は自分の肌を黒くして、当時、人種差別の激しかったアメリカ南部で六週間、黒人としてヒッチハイクを試みた。この時の旅の記録は、一九六一年刊行の著書『私のように黒い夜(Black Like Me 平井イサク訳、ブルース・インターアクションズ、二〇〇六年刊)』にまとめられている。

私にも何人かの編集者から、同様の取材をして欲しいという依頼が来ていた。9・11の後、あるテレビ・プロデューサーから「肌を黒くして、ロンドンのイスラム教徒の多い地域にしばらく住んでみてくれないか」という話が来たこともある。だが、そのプロデューサーの狙いは、私にイスラム教徒のスパイをさせることにあるらしいと感じたので、断ることにした。今回はそういうわけではなく、また、違った種類の不正義を体験して欲しいという依頼だった。

「あなたには女性になっていただきたいんです」その雑誌編集者は私にそう言った。

「人工装具の技術者に手伝ってもらい、誰がどこから見ても女性に見えるようにします。女性らしく見える歩き方も、コーチについて訓練してください」

「女性と男性で歩き方がそんなに違うんですか」私は尋ねた。

「はい、違います」編集者は言った。

「まったく知りませんでした」私は言った。

「面白くなりそうですね。私は男性ですから、普段は女性をあまりいやらしい目で見ることはできません。しかし、女性になったとしたら話は別です。いくらでもいやらしい目で見ることができるでしょう。女性になったらどんな気分でしょうね。男性が周囲に一人もいない時、女性たちがどういう行動を取るかも見られるわけですね。女性だけのスポーツジムとか、女性だけのサウナとか、そういう場所での女性の様子も見られる。興味を惹かれます。やりますよ」

私はその後、人工装具の技術者とロンドン西部のある大学で顔を合わせた。技術者の女性は、アルギン酸塩の印象材で私の顔の型を取った。その型を使って変装用のマスクを作るのだ。技術者は二週間ほどかけて、マスクが女性らしい顔になるよう調整をした。できあがったマスクを、私は顔につけてみた。顔は女性になったものの、頭が女性にしてはあまりに大きすぎるようだった。編集者は私に、ここで打ち合わせをしようと言った。

「仕方ないですね。いいでしょう。心配いりません。マスクは使わなくても大丈夫ですよ。歩き方で完全に女性に見えるように練習しましょう」

「本気ですか」

「コーチにつけば、数時間ですごいことができます。きっと驚きますよ」編集者は言った。

「ちょっと、コーチ一人に頼りすぎで危険な気がするんですが。そう思いませんか」私は言った。「マスクがあると思うからこそ、私はこの話に乗ったんです」

「完全に女性に見えるようにならない限り、あなたを建物から一切外に出しません。約束します」編集者は言った。

　私は、雑誌社の誰もいない会議室の隅で、女性の服に着替えた。着替えた後は化粧が施された。女性の髪型のかつらもかぶった。パッド入りのブラジャーまでさせられた。そして、コーチの指導のもと、何時間も練習に費やした。練習中には、うまく女性になれているか確かめるための写真も撮影した。ついには、会議室を出て、コーチに教えられたとおりの歩き方で編集者のデスクへと向かった。

編集者は私の姿を見て少し息を呑んだ。

「コーチの指導は素晴らしかったみたいですね」彼女は副編集長の方を向いて言った。

「ねえ、素晴らしいと思いませんか」

副編集長の反応も担当編集者と同様だった。「確かにそうね」と彼女は言った。

「完璧に本物の女性に見えますよ」編集者はそう言う。「では、外へ出て、女性としての人生を体験してみましょう」

「私にはとても女性に見えるとは思えないんですが」私は言った。

「何を言っているんですか？」編集者は言った。「本当に女性に見えますって」

「私にはそうは思えないなあ」

彼女は、私の困った顔を覗き込んだ。しばらくためらっていたが、出口に向かって歩き出した。汗が出て、顔のファウンデーションが溶けてきた。私は振り返った。何人もの編集者たちが私の方を見ていた。皆、私を励ますような顔をし、出口へ向かうよう促している。気分が悪くなり、息が切れてきた。胃が縮むような思いだった。

やめた。とても私にはできない。私は回れ右をして、会議室へと戻り、元の男の服へと着替えた。

その後、一週間、私たちの関係は冷えきった状態になった。編集者としては、私がやると言ったことをしないのでプロらしくないと感じ、細かいことを気にしすぎではないかとも思ったようだ。

「あまり考えすぎないでください」彼女からのメールにはそう書かれていた。「これはもう、おふざけの企画なんですから。真剣に考えすぎるとミッドライフ・クライシス（中年の危機）に陥りますよ」

私には、マスクの失敗によって企画の前提が完全に崩れているとしか思えなかった。前提が崩れたから、編集者の側が企画意図を勝手に変えたのだと思った。女装はしているが、まったく女性には見えない私を世界に放り出して、何が起きるかを見ようというのだ。

私にとっては恥だが、誰かが恥ずかしい思いをするほど、他人にとっては面白いのも事実だ。日常の生活に突然、異様な女装の男が現れたら、その話は一気に多くの人に広まる可能性が高い。ジャーナリストにとって「恥」は大きな要素になり得る。個人としては、恥をかくのは避けたいが、プロとしては、誰かが恥をかけばそれを利用できるので歓迎ということだ。

「試し撮りした写真は誰にも見せないでください。絶対に」私は編集者にそう言った。一週間、ずっとそれが気になっていたのだ。

しばらくホテルの部屋で横になっていたが、次第に自分の置かれた状況が理解できてきた。私は恥をかくのを恐れた。その恐怖心のせいで、ドアが一つ閉じられたのは間違いない。私が女装をして街を歩く、それは大いなる冒険になっただろう。だが、その冒険は始まらなかった。恐怖が私の足を止めたために、前進できなかったのだ。

これが著者（ジョン・ロンソン）が「誰にも見せないで」と言った女装写真

もちろん、冒険をすれば打撃を受けることもあっただろう。だが、打撃を恐れて前に出ないのでは、大多数の普通の人間と同じだ。そのことに関しては、進化心理学者、テキサス大学オースティン校教授のデヴィッド・バスの研究から学んでいた。

殺意の理由

二〇〇〇年はじめのある日、バスはカクテルパーティーの会場にいた。その会場で、彼の友人の妻が他の男といちゃつき始めた。皆の見ている前でだ。

「彼女は人目を引く美しい女性だった」バスは後にそう書いている。「彼女は、嘲るように夫の方を見ていた。そして、自分の方を見る夫に対し、挑発的な言葉を発したかと思うと、また男との甘い会話に戻っていった」

バスの友人は怒って外へ出て行った。バスが後を追うと、友人はすごい剣幕で「皆の前で恥をかかされた。妻を殺してやりたい」と言った。バスはこう言っている。「様子を見て、間違いなく彼は妻を殺すだろうと思った。怒り狂っていて、普段とはまるで別人に変わってしまっていた。生命あるものが手の届くところにいれば、すべて殺してしまうのではないかとも思えた。私自身も生命の危険を感じた」

結局、友人は気持ちを静め、妻を殺すことはなかった。だが、この出来事にバスは大きく動揺した。これがきっかけで彼は一つの調査をすることになった。バスは五〇〇〇人にこう尋ねたのだ。

「今までに一度でも、誰かを殺す想像をしたことはありますか？」

バスは後に自身の著書『「殺してやる」―止められない本能（The Murderer Next Door 荒木文枝訳、柏書房、二〇〇七年刊）』の中でこう書いている。「まさか、これほど多くの人が誰かを殺すことを頭に思い描いていたとは。調査はまったく予測もしない結果になった」

調査の結果、男性の九一パーセント、女性の八四パーセントが、少なくとも一度は誰かを殺す自分を明確に頭に思い描いたことがあるとわかった。

たとえば「爆発物の専門家を雇って、自分の上司を車の中で爆死させた」という男性が一人いた。また、「パートナーの骨という骨をすべて折って殺す」という想像をした女性もいた。「手の指、足の指の骨など、小さい骨から始めて、徐々に大きい骨まで折っていく」という。野球のバットで殴る、首を絞めて窒息させた後、首をはねる、セックス中に刃物で刺す、などという想像もあった。火をつけて焼死させる、スズメバチを放って刺し殺させるというのもあった。

「殺人犯予備軍はいたるところにいる」バスの結論は背筋の寒くなるようなものだった。「彼らはすぐそばで私たちを見ているのだ」

バス自身にとってこれは辛い発見だったようだが、私はこれを朗報だと思った。これだけ大勢の人が殺人の想像をしているにもかかわらず、実行する人はほとんどいないのだ。つまり、大半の人に、実行を思いとどまれるだけの道徳心があるということになる。

バスの下した結論は、私にはばかげているように思える。ただ、彼の調査には際立っているところがある。バスの研究助手、ジョシュア・ダントリーからメールをもらってそれがわかった。「私たちは、回答者一人ひとりに詳しく話を聞き、それを記録しました」ダントリーはメールにそう書いていた。たとえばバスは、回答者に「なぜ、殺人の想像をしたのですか。何がきっかけでしたか」と尋ねている。

回答者の中に「同じ学校の友達を誘拐して、両脚の骨を折り、内臓が完全に潰れるまで殴りたい。それからテーブルの脚に縛りつけて、額に酸をたらす」と言っていた少年がいた。そこまでの想像をするなんて、いったい、友達が彼に何をしたというのだろうか。本人にそれを尋ねてみると「わざとではなかったんですが、友達が僕の頭に本を落としたんです。そうしたら、見ていた友達が皆、大笑いして」という答えが返ってきた。

「上司の車のブレーキに細工をして殺す」という想像をしたサラリーマンもいた。細工をしたブレーキは高速道路上できかなくなり、事故を起こして死ぬということだ。なぜ、そんなことを？　と尋ねると「その上司に無能扱いされたから」という答えだった。上司は皆の前で彼を嘲った。彼は屈辱を感じたという。

誰の話もほぼ同じ調子だった。自分の身が危険に晒されたので、やむなく殺そうと思った、というような話は皆無に近かった。「元恋人がストーカーになってつきまとわれたので」といった深刻は話はまずなかったのである。大半は侮辱されたので、報復したいと思ったということのようだ。これで、人を侮辱することの恐ろしさがよくわかる。ブラッド・ブラントンは正しかったようだ。「恥を心の内側にとどめておくと、それは成長してしまう」ということだ。屈辱を受けた時に何も言わずにいると、思考が過激化してしまう。

私はジョナ・レーラーのことを思い出した。ジョナ・レーラーは、積極的に自らの過ちについて話をした方が良かったのではないか。その方が自由になれたのかもしれない。少なくとも、世間には笑い話にしてもらえた可能性はある。そうなれば、ある意味で彼は自由になれたはずだ。

ブラッド・ブラントンのトレーニング講座には二日目があったので、二日目は彼の言うとおり、私も自分の恥を正直に話してみようと決意した。マックス・モズレーのように、徹底的に正直になることにしたのだ。

*

講座は役に立つか?

トレーニング講座二日目、私はブラントンに「ホット・シート」に座るよう言われた。「初日のあなたはおとなしすぎたから」とも言われた。

私は咳払いをした。皆、笑顔だった。これから面白いテレビ番組が始まるのを待っているような顔だ。

それを見て私はためらった。

「いやあ、やめておきましょう」

皆の表情が一気に変わるのがわかった。いぶかしげな顔だ。

「正直な話、私の秘密は皆さんのものと比べて大したものじゃないんです。それから私はどうも争いごとが苦手で」

ただ、争いごとが苦手と言っても、ちょっと複雑なので、そのことを詳しく説明した。私は、他人が争っている様子を見るのは嫌いではなく、むしろ楽しんでしまう。街で怒鳴り合っている二人がいたら、遠くで足を止めてしばらく見ていることが多い。

しかし、自分自身が争いごとに巻き込まれるのは嫌なのだ。

「私がホット・シートを否定していると思って欲しくはないんです」私は言った。「これまで聞いてきた話はもちろん、面白かったし気に入っています。講義そのものは退屈なこともありましたが、皆さんの打ち明け話は興味深かったです」

「では、ホット・シートがあるのはいいが、自分はそこに座りたくない、とおっしゃるわけですね」ブラントンの友人、セルマがそう言った。

「そのとおりです」私は言った。

「あなたも是非、参加すべきです。今すぐに話をしてください。ほら」セルマは言った。

「いやいや、私は本当に、他の人が話しているのを聞く方がいいんですよ」

「臆病者!」セルマは叫んだ。「臆病者ですよ、あなたは!」

「やる時にはやるべきです。さあ、思い切って話してください」ブラントンも言った。

「ははは。いや、真面目な話、私にはここでわざわざ打ち明けるほどの秘密はないんです。沈黙が続いて気まずい思いをするのも嫌だし、だからと言って、無理に話を掘り起こすようなこともしたくない。嘘になりますからね。私より他の皆さんがお話をされた方が、きっと面白いことになると思いますよ」

「嘘つき！」セルマは言った。

「なんて傲慢な人だ。明らかに私たちを見下していますよね」ブラントンは言った。

「何も見下すようなことは言っていないと思いますが」私は驚いてそう言った。

「あなたたち一般の人間には必要だろうけど、自分には必要がない、そういう言い方だったじゃないですか」ブラントンが少し私の声色をまねて言った。

「あなたの言葉には本当に腹が立ちましたね」セックス依存症の獣医、ジャックが言う。「どう聞いたって見下しているじゃないですか。第一ね、あなたは、ここに座っている間、ずっと携帯をいじってますよね。全然、集中していない。携帯を手に持っていること自体、腹が立つんですよ！」

「携帯については説明させてもらっていいですか」私は言った。

「そんなのに理由も何もなく、問答無用でだめでしょう。あなたが説明したからといって怒らないってことはないですよ」

「それじゃ会話になりませんね」私は言った。

「ははは！」セルマは大声で笑った。

「今、あなたは怒りを感じているのではないですか。この部屋にいる他の全員と同じように」メリッサが自信ありげな顔でそう言った。

私はしばらく黙ってから「いいえ」と言った。

「本当ですか。あなた少しは本当のことを言ったらどうなんです。嘘ばっかり言っているじゃないですか」ブラントンは大声で言った。

「わかりました！」私は叫んだ。「そうです、そうですよ、確かに怒っています。あなたに対してね」私はジャックを睨みつけていた。「見下しているなんて言われてね。怒っていますよ。私は誰も見下してなんかいない。自分の意見を言っただけです。私の秘密は、皆さんが打ち明けたものに比べると、迫力に欠けて、面白くないと思ったんです。あと、あなたにも怒っています」私はセルマの方を向いて言った。

「あなた、ブラントンさんの子分みたいですよね。まるでギャングだ。私はね、観念に囚われて現実を見ないような人が何より嫌いなんですよ。現実の人間というものを見ていない。あなたは、ブラントンの理論を私に押しつけようとした。私の人間性や気持ちを無視してね」

「それはあなたの妄想でしょう」セルマは叫んだ。「この人は、本当は『うるさい黙れ』くらいに言いたいんだ。口では争いごとが嫌いだなんて言っている。でも、本音は見え見えなんですよ！」

「私が怒っているのは、あなたが何度も私に臆病者だ、嘘つきだと叫んだからですよ。

まずそれが問題です……」私はそう言った。

「そうじゃないでしょう」セルマは言った。「それはあとづけの理屈です」

私は言い返そうと口を開きかけたが、そのまま黙ってしばらくセルマを見ていた。

ああ、なるほど、彼女は私を指導しようとしている。だんだんわかってきた。この怒鳴り合いも、講座の一環なのだろう。何しろ「ラジカル・オネスティ（徹底的な正直さ）」を身につける講座なのだ。言いたいことを遠慮なく言い合うのが当然だ。きっと、この講座を役立てる人も大勢いるのだろう。しかし、私にはどうも役立たないようだった。私は単に猛烈な怒りを感じているだけだ。

「あなたは、私の言葉に対して怒っているのですか」セルマは言った。

「はい、まさにそうですね」私は大声を出した。「私はあなたの言ったことに対してものすごく怒っています」

「それは気の毒に」ブラントンは言った。「我々があなたの優しく繊細な心を傷つけたのだとしたら申し訳なく思います。いいでしょう。わかりました！」ブラントンは手を叩いて言った。「昼食にしましょう！　あなたを途中で放り出すようで申し訳ないですが、私たちはいったんこの場を離れます。好きに昼食をとってください」

受講者たちは立ち上がり、皆、出て行き始めた。

ここで昼食、ここで休憩なのか。

「私はまだとても怒っているんですけどね」私は言った。

「いいでしょう」ブラントンは言った。「昼食の間も、その怒りを持続していてください」

「怒りを持続しろって、いったいそれに何の意味があるっていうんだ」私はそうつぶやきながら上着を着た。

ホテルの廊下に出ると、マリファナを売っているというマリオが笑顔で話しかけてきた。

「ブラントンはこのままじゃ済まさないと思いますよ!」

マリオがなぜそう言ったのかはよくわかった。ブラントンは、自分の黄金律をたった今、自分で破ったからだ。彼は「誰かが怒ったら、怒った本人から離れるな」と言っているのだ。しばらく離れずにいれば、怒りは静まると言っていた。怒りは収まり、その後に愛が育つはずなのに、ブラントンは自らその機会を奪った。私は怒りが頂点に達した状態で、シカゴの街中へと放り出されたのである。

ランチタイムは、怒りにまかせ、早足であちこち歩き回った。戻って来た時には、もう残された時間はあまりなかった。あと何時間かで飛行機に乗ってニューヨークへ帰らねばならなかったからだ。私はブラントンに不満をぶちまけた。

「余分なランチタイムのおかげで、貴重な時間を無駄に使うことになりました。しかも、私はとても怒っていて気分は最悪でした」私はそう言った。

メリッサが身を乗り出し、私の頭から野球帽を奪い取ったので、少しひるんだ。

「冗談じゃないですよ。私はもう本当に気分が悪いんです」私は言った。

「すでに当初予定していたランチタイムに一〇分ほど食い込んでいたので、やむなく中断ということにさせてもらったのです」ブラントンはそう答えた。

その後は、講座がまた進行し始めた。私が携帯をいじっているのが気に食わないと言ったジャックが「ホット・シート」に座った。

ジャックが話したのは、彼の目の前で父親が母親に暴力を振るった時のことだ。辛い話だった。彼が目を閉じて話をしていたので、私は携帯を手にして急いでツイッターをチェックした。ツイッターの動きに乗り遅れるのはどうしても嫌だったのだ。ツイッターを見た後には、帰りの飛行機の予約もした。

この時出会った人たちとは、しばらく連絡を取り合っていた。メアリーは、アマンダとその後どうなったかをメールで教えてくれた。

「私は勇気を出して行動を起こしてみました。彼女はとても嫌がっていたし、警戒もしていました。私が彼女にぶちまけようとした怒りを、彼女の方も私に抱いていたようです。ただ、話をするうちに彼女から怒りが消えていくのが感じられました。それからも、ジムで姿を見かけることがあり、何度かは私の方が彼女をあえて無視したこともありましたが、何度か（そう多くはないですが）穏やかで楽しい会話もできました」


他には、帰ってから自分の妻に対して「徹底的な正直さ」を試そうとした、という受講者からもメールをもらった。ただ、妻の方は話が不愉快だったのか、彼の身体を手で押すなどした。また彼はそれに対し「そんな攻撃をするなら、僕は自分の身を守るために君を殺すよ」と言ったという。

「当然、妻は怯えました。私が現実と空想を混同しがちなのはよく知っていたはずですが、それでも怯えてましたね。誰でも現実と空想が区別できなくなることはあると思うんですが。結局、警察が来ました。私は、機密情報を取り扱えるような仕事に就きたいと考えています。そういう仕事をしていれば、たとえ逮捕されても、うまく外に出て来られるのではないかと思うので……講座で会った人は皆さん、大好きです。

特にセルマですね。彼女はとても魅力的です。セックスしたい、彼女のことを妻のように扱いたいです」

関係者全員に一斉送信されていたこのメールにブラントンは返信し、このように書いていた。

「あなたの言うことはまったく正気とは思えませんね。精神科にかかって、軽い精神安定剤でも処方してもらえばいいのではないでしょうか」

「徹底的な正直さ」を身につけようとした週末は、私にとっては成功とは言えなかった。しかしマックス・モズレーが、自分なりのやり方で徹底的に正直に生きたことが良い結果につながったのは間違いないと思っていた。皆が誰かを公開羞恥刑にかけようとしても、当人が「恥ずかしい」と感じることを拒否すれば、すべての前提が崩れ、刑が成り立たなくなる。それこそがモズレーの使った魔法である。公開羞恥刑に遭うどころか、彼はスキャンダル発覚前よりも自分の状況を良くしてみせた。その考えは正しいと私は信じていた。

だが、メイン州のケネバンクという街で起きた出来事によって、私の気持ちはぐらつくことになる。まったく新しい種類の公開羞恥刑が見つかったからだ。これで私は何もかもを考え直し始めた。マックス・モズレーは、実は私のまったく気づかなかった別の理由で生き延びたのだということがわかったからだ。

第9章

売春婦の顧客リスト

ある街で、売春婦の顧客リストが流出、公表された。リストには堅い職業の人も多数含まれ、公開羞恥刑の絶好の標的かと思われた。多くの「標本」が得られると著者は期待するが……。

六九人の名前

メイン州ケネバンク――大勢の人で賑わう夏はもう終わり、木の葉が赤や黄色に変わる秋になった。そのままで絵葉書になるような風景だが、この美しい街で最近、良からぬことが起きているという。

警察は一年以上にわたり、ズンバ（フィットネス・プログラムの一種。コロンビアのダンサー、アルベルト・ペレズが考案）の女性インストラクター、アレクシス・ライトについて調べていた。ライトの運営するエクササイズスタジオは、昔ながらの趣の残るダウンタウンにあるが、どうやらそのスタジオがフィットネスのトレーニング以外の目的にも使われているようなのだ。警察によれば、ライトは自ら客を取り、そこで売春をしているという。顧客は最高で一五〇人。行為は密かに録画している。顧客リストには著名人も多く名前を連ねているようだ。

――キャサリン・Q・シーライ、ニューヨーク・タイムズ、二〇一二年一〇月一六日ジョージ・W・ブッシュ元大統領の別荘「ウォーカーズ・ポイント」があることで有名になったケネバンクポートは、ケネバンクのすぐそばである。ウラジーミル・プーチン、ビル・クリントン、ニコラ・サルコジといったVIPを乗せ、ウィンドウにスモークを貼った車がケネバンクを通り抜けたことが何度かあったかもしれない。だが、それ以外に注目すべきことはまず起きない平穏な街だった。

顧客リストに載っているのは誰だろうか。ブッシュ・ファミリーの誰かもいるのだろうか。大統領の護衛官や、元アメリカ陸軍大将のペトレイアスなどもいるだろうか。

——ベサニー・マクリーン、「ささやきの街(Town of Whispers)」、ヴァニティ・フェア、二〇一三年二月一日

スティーブン・シュワルツ弁護士は、メイン州最高裁判所に対し、顧客リストに載った名前を秘密にするよう嘆願した(シュワルツ弁護士は、匿名の二名の男性から依頼を受けた)。弁護士はこう主張している。

「ピューリタンの多い地域なので、リストに名前があることがわかれば、全員が胸に

誹文字をつけなくてはならないだろう」

しかし、判事はこの嘆願を却下し、ケネバンクの地元紙『ヨーク・カウンティ・コースト・スター』がリストの公表に踏み切った。

リストには六九人の名前があった。うち六八名は男性で、一人は女性だ。ブッシュという名前の人間はおらず、大統領の護衛官など、関連する人間の名前もなかった。ただ、ケネバンクの上流社会に属する人や、他人の範となるべき立場の人間がかなりの数含まれていたことはわかった。サウスポートランド・ナザレ派教会の牧師、弁護士、高校のホッケーのコーチ、元町長、退職した学校教師とその妻。

リストに載った人たちは、公開羞恥刑の絶好の標的と言えた。これほどの標的もなかなかないだろう。羞恥刑を受けそうな人の数が多いことも重要だった。

私は、標的となる人の人間性によって、羞恥刑の影響にどれほどの差が出るのかが知りたかった。それを知るのにも絶好の機会だと言える。これほどの「標本」を一度に集められることはまずないだろう。

リストに名のあった人の何人かは、今回のことでまったく見知らぬ人間から激しい攻撃を受け、それまでの社会的地位や評価を大きく下げ、身の破滅ということになるかもしれない。もちろん、何とか攻撃を免れ、それまでの地位や評価を守ろうと必死になる人もいるだろう。

ジョナ・レーラーのように真面目に対処しようとして失敗する人、ジャスティン・サッコのようになすすべもなく、徹底的に攻撃される人もいるに違いない。一方で、マックス・モズレーのように攻撃を受けるどころか、スキャンダル以前よりも自分の立場を良くする人もいるかもしれない。

ケネバンクの一件は、私にとっては蔵書量の豊富な図書館のようだった。民衆の怒りを買うのは誰か、あるいは慈悲を受けるのは誰か、破滅するのは誰で、無傷のまま生き残るのは誰か。なぜそのような違いが生まれるのか。この件をよく観察すればわかるだろうと思った。

ビデフォード地区裁判所第一法廷には、アレクシス・ライトの顧客リストに名前の載った男性のうち六人の姿があった。全員が厳しい表情でまっすぐ前を見つめている。マスコミ各社のカメラが一斉に彼らに向けられていた。私も含め、報道関係者席にいた人間の目もすべて彼らに向いていた。目をそらすことなどできなかった。

私はその時、まさにナサニエル・ホーソーンの小説『緋文字』の一場面を思い出していた。姦通の罪を犯した主人公が晒し者になる場面だ。

「それは規律を保つための道具だった。人間の頭を一定の狭い場所に強く縛りつける力があった。世間の人の目に触れるためにそれだけの力を持ち得た。不名誉という概念が、木や鉄と同じように具体的な形を持って目に見えるようになった。罪人が顔を隠すことを禁じられる。おそらくそれに増して恐ろしく、屈辱的なことはないのではないかと思われる」

法廷にいた者は皆、沈黙し、誰もが少し落ち着かない様子だった。これからここで、少々変わった公開羞恥刑が始まるのだろうと皆思っていた。その場にいる誰にとってもはじめての体験だった。ケネバンクという小さな街で、これまでに同じようなことは一度もなかっただろう。この刑罰が苛酷なものになるのか、果たしてそうでないのか。それはすべてこれからわかる。私が座っていたのは下の階の席だった。

判事が入ってきて、いよいよ公判が始まった。ただ、することはさほど多くはない。集められた男たちが一人ずつ立たされ、順に有罪か無罪かを言われる。この時は結局、全員が有罪となった。そして、皆に罰金が科せられた。アレクシス・ライトのところへ一度行くごとに三〇〇ドルという罰金だ。合計額は一人ひとり違っていたが、その日の最高額は九〇〇ドルだった。

全員に有罪が告げられ、罰金額が伝えられると、それで公判は終了だった。帰宅が許可され、皆、即座に法廷をあとにした。

私は、最後に残った一人のあとを追った。彼以外はすべて姿を消していた。私は自己紹介をした。

「インタビューに応じるのは構いませんが、何か見返りが欲しいですね」彼はそう言った。

「といいますと？」私は言った。

「お金ですよ」彼はそう答えた。「たくさんじゃなくていいんですよ。ウォルマートで子供にプレゼントを買えるくらいあれば。ウォルマートのクーポンなんかでもいいですよ。それだけもらえれば、詳しいことを話しましょう。何でも話しますよ。私とアレクシスの間に何があったのか」

彼は陰気な印象の男だった。やけになっているようにも見えた。悲しげな顔だ。それでも、わざとらしく少しみだらな表情を作ってみせた。「自分なら、最高に面白いエロ小説にも匹敵する話ができる」と言わんばかりだ。「何もかも全部話しましょう」彼は言った。

私は「これも一応、犯罪なので、自分の犯罪について話をした人に報酬を支払うことはできない」と彼に告げた。彼は肩をすくめると、そのまま歩き去った。

仕方がないので、私はすぐ車でニューヨークに戻り、翌日、リストに名前の載った六八人の男性と一人の女性にインタビュー申し込みのメールを送った。あとは待つだけだ。

数日後、返信が一通あった。こんな文面だ。

いいですよ、話をしましょう。私は元ナザレ派教会の牧師ですが、運悪く、今回の騒動に巻き込まれてしまいました。

それではよろしくお願いいたします。

ジェームズ(・アンドリュー)・フェレイラ

＊

起きなかった炎上

「こんにちは」

アンドリュー・フェレイラの声は優しいが、疲れているのかとても小さく、かすれていた。かつてはコミュニティの指導者として、溌剌《はつらつ》と活動していたのだろうが、今は自分を指導者とはみなさなくなった新しい世界への適応に苦しんでいる状態だろう。

ジャーナリストの取材に応じたのはこれがはじめてだという。この数日は本当に大変だったと彼は言った。妻に去られ、仕事も解雇されてしまった。そこまでは当然なのかもしれない。だが、それ以外のことはまったく予想していなかった。地域の人たちからここまで冷たくされ、完全に社会から追放された状態になってしまうとは。予想をはるかに超える仕打ちで、とても対処ができなかった。

私は「なぜアレクシス・ライトのところへ行ったのか」とフェレイラに尋ねてみた。

「おそらく結婚生活に満足していなかったせいでしょう」彼はそう答えた。「ひどい生活とは言えないですが、ただ流されているような暮らしでした。ともかく一緒には暮らしてきたという感じです。

私は、ボストン・グローブ紙で、例の『クレイグズリスト・キラー』の記事を読みました。覚えていますか、あの事件。クレイグズリスト（訳注：求人、不要品の売買などの広告を個人が書き込めるコミュニティサイト）に広告を投稿した売春婦が、二〇人以上も殺された事件です。ボストン・グローブ紙によれば、問題の広告のほとんどは、クレイグズリストから backpage.com というサイトにも転送されていたらしいですね。売春婦や『性的なマッサージ』をしてくれる女性を探したい人は、backpage.com にアクセスすればいいというわけです。

その記事が妙に記憶に残ったんですよ。今にして思えば、忘れてしまえばよかったんですが。どうしても忘れることができませんでした」

フェレイラは合計で三回、ライトのところへ行ったという。

「三度目の時は、二人で一緒に笑ったんです。どちらも本当に心からの大笑いでした。思いがけないことでしたね。その途端に彼女が一人の人間に見えました。もう物ではなく人間になったんです。私の幻想は壊れました。あとはその場から外へ出るしかありません。私はあんまり感情を表に出す方ではないですが、その日は車の中で大きな声をあげて泣きました」

アレクシス・ライトのところへ行ったのはそれが最後だった。

「この数日間はどんなふうに過ごしていたんですか」私は尋ねた。

「一人ではとてもいられませんでした。孤独に耐えられないんです」彼はそう答えた。「それで、いわゆる『ミートアップ・グループ』に参加したりもしました。普段、面識のない人たちばかりの会合ですからね。そこなら完全に匿名の存在になれるんです。

会合に出てボードゲームをします。『リスク』とか、『アップルズ・トゥ・アップルズ』とか、それから『パンデミック』ですね。

人に会っていない時には、ひたすら文章を書いていました。ともかく色々なことが頭に渦巻いていますから。もうたくさん書きましたけど、どうしましょうかね。少し時間が経てば、そうですね、半年とか一年とか経てば、原稿をお送りすることもできると思いますよ。受け取っていただけますか」

「回顧録みたいなものですか」

「何とか別の場所でまた牧師の職を得たいので、そのきっかけになればと思います。そういうこと、できませんかね」フェレイラは言った。「どういう切り口で書くのが一番いいでしょうか。やはり宗教的倫理を基本にするのがいいでしょうかね。男性に私と同じことをしないよう警告するんです。あるいはもっと違う切り口にしてもいいですが。ただ、売春の合法化を支持したくはありません。自分に起きたことの意味をもう一度よく考えてみなくてはと思っています……」

しばらく沈黙があった。

「どうすればいいと思いますか」彼はまたそう尋ねてきた。「私にはまだわからないんです。私はもう四九歳です。残念ながら、この年齢になって人生が大きく変わってしまいました。他人の反面教師になるような人生になってしまったのです……」

「例の顧客リストには他にも大勢の名前が載っていますよね。その中の誰かに会ったことはありますか」私は尋ねた。

「ないですね」フェレイラはそう答えた。「私たちは、自分がどういうクラブに入っているか知ることがないんです。他にどういうメンバーがいるか知ることはなかったし、連絡を取ったり会ったりすることもありませんでした」

「今あなたはご自分から行動を起こす予定はなく、様子を見られているということですね」私はそう言った。

「まあそうですね」彼は言った。「最悪ですね。ただ待っているだけ。ひどいものです」

オンラインでも、リアルでも、自分への公開羞恥刑のようなことが始まれば、すぐに私に連絡をくれるとフェレイラは約束してくれた。そのちょっとした兆しでも見つかれば、私に電話をくれるという。その時はそれで別れ、何ヶ月か音沙汰がなかった。何も言ってこないので、私は自分から電話をしてみた。フェレイラは電話を喜んでいるようだった。

「連絡がなかったので」私はそう言った。「その後どうですか」

「何にも起きませんでした」彼は言う。

「公開羞恥刑はなかったということですか」

「まったくないです。色々と悪い想像をしていたんですが、実際にはそんなことはありませんでした」

「ジャスティン・サッコのようにはならずに済んだんですね。それから、ジョナ・レーラーのようにも。ところで、ジャスティン・サッコのことですけど、彼女は何も悪いことはしていないんですけどねえ。でも、あなたとは違って大変なことになった」

「その件に関して私には言葉がありません」フェレイラは言った。「私には何も理解ができないからです。今回のことでは、三人の娘たちとの絆が今まで以上に強く感じられました。一番下の娘は『お父さんのこと、これで改めてよく知ることができたと思う』と言ってくれたんです」

「落ち度があったことで、娘さんたちはあなたを一人の人間として見るようになったということですかね」私はそう言った。

「そうですね」フェレイラは言った。

「なるほど。サッコやレーラーの場合には、二人を人類の敵のように扱った人たちが大勢いたんですけどね」

でも結婚は破綻したのだと彼は言った。サウスポートランド・ナザレ派教会の牧師としての職だけでなく、彼は妻も失うことになった。どちらも戻ることはない。しかし、それ以外は、人の優しさ、寛容さを感じることばかりだという。また何より、離婚、失業の後は、ほとんど何も起きなかったというのが何より幸運ではないだろうか。

フェレイラは、私も見に行った裁判に関して、さらに詳しく話をしてくれた。アレクシス・ライトのビジネス・パートナー、マーク・ストロングは、売春宿経営のために資金提供をしていたということで裁判にかけられた。その裁判で、フェレイラは出廷を求められた。法廷で彼は証人と呼ばれることになる。まず彼は他から隔離された部屋に入るよう言われ、そこで待たされた。しばらくすると、その部屋には他に五人の男たちが入って来た。皆、互いに会釈はしたが、その後は黙って座っていた。

待たされるうちに誰ともなく、ぎこちない会話を始めたが、それでわかったのは、全員がアレクシス・ライトの客だったということだ。誰もがそうではないかと思っていたが、本当にそうだった。皆、リストに名前の載った人ばかりだった。誰もが、他の顧客とは会ったことがなく、その時はじめて顔を合わせたのだ。

事実がわかると急に会話が活発になった。とはいっても、アレクシス・ライトのところに行った時のことは話題にのぼらない。その話題は皆、慎重に避けているようだった。話の中心になったのは、自分が顧客リストに載っていると、発覚した後のことだ。発覚後、自分の身に何が起きたのかを彼らはそれぞれに話した。

「一人は、奥さんに新車のSUVを買わされたと言っていましたね」フェレイラはそう言った。「バハマへのクルーズと新しいキッチンをプレゼントさせられたという人もいました。その話を聞いて、皆、笑いましたね」

「公開羞恥刑のような目に遭った人はいませんでしたか」私は尋ねた。

「いえ、それはいないようでした。私と同じく」

しかし、よく考えてみれば一人例外はいた、とフェレイラは言った。六人の話題は、顧客リストに載っていた唯一の女性のことへと移った。

「彼女の話が出ると、笑いが起きました。でも、その笑いを聞いて、それまで静かだった年配の紳士が突然言ったんです。『あれは私の妻です』わかってもらえますか、その時の衝撃。空気が一変しましたね」

「紳士の奥さんについては、皆さん、どんなジョークを言って笑っていたんですか」

私は尋ねた。

「よく覚えていません」フェレイラは答えた。「ただ、嘲るような感じだったとは思います。男性の顧客とは違った見方をされてましたね。より恥ずかしいと思われていたようです」

皮肉だが、マックス・モズレーやアンドリュー・フェレイラの罪は、ピューリタンの時代であれば、きっとジョナ・レーラーの罪よりも重いとみなされたはずである。レーラーの罪は、嘘をついたこと、あるいは虚偽の情報を出版物に載せたことである。この罪は、罰金刑になるか、足かせをはめられるかで済んだだろう。しかもその時間は、デラウェア州の法律では四時間を超えることはない。人前でのむち打ちということもあり得るが、回数はデラウェア州の法律に従えば四〇回以内だろう。

しかし、モズレーやフェレイラの場合は、「夫婦の契《ちぎり》を破った」とみなされ、人前でのむち打ちが確実だ（最大回数が何回かは規定がない）。少なくとも一年間は刑務所に入り、重労働もしなくてはならない。その後もし再犯ということになれば、終身刑に処される。

しかし、時代は変わった。セックス・スキャンダルに対する世の中の態度が寛容になったのだ。ただし、男性の場合はだが。

今の時代は、セックス・スキャンダルよりも、仕事の上での不正や、人種差別的な発言の方が重く見られる。マックス・モズレーがなぜ、公開羞恥刑を免れたのか、その理由が突如としてわかった気がした。結局、誰も彼の行動を気にしなかったというだけだ。モズレーは男性であり、セックスも相手と合意済みのことだった。その場合、彼を晒し者にして罰しなくては、と思う人は少ないのだ。

私はモズレーにメールを出した。

「誰も気にしていなかったんですよ！」私はそう書いた。「スキャンダルにも色々あるけれど、男性が合意の上でセックスをしている限り、セックス・スキャンダルは攻撃されないんです。第一、自分も同じことをしたいと望んでいる人が多いでしょうからね」

モズレーは誰の標的にもならなかった。まず私のようなリベラルは攻撃しない。そして、ネットに多くいるミソジニスト（女性蔑視主義者）は、女性のセックス・スキャンダルなら攻撃しただろうが、当然、モズレーは標的外だ。従って、モズレーは無傷でいられる。

メールを出してから一時間ほど過ぎて、返事が来た。

「こんにちは、ロンさん、まったくあなたの言うとおりだと思います」

*

「恥」の概念が変わった

とはいえ、本当に「誰も」気にしないかと言えばそうではない。モズレーの妻はそうはいかないだろう。それから、デイリー・メールの編集者、ポール・ディカーにとっても、そうはいかなかった。

二〇〇八年、ソサエティ・オブ・エディターズの会合での講演で、ディカーは、モズレーのスキャンダルについて「変態、下劣、まったく文明社会の人間の行動とは思えない」と言っている。それは、現代社会における「羞恥心の死」を嘆き、悲しむような講演だった。

プライバシーに関する裁判で、モズレーに有利、ニュース・オブ・ザ・ワールド紙に不利な判断をしたイーディー判事のことを、ディカーは羞恥心の死を象徴するような存在と呼んだ。

判事は、マックス・モズレーに有利な判決を下した。彼は、ナチス風のパーティーをしていたとニュース・オブ・ザ・ワールド紙は主張したのに、それを認めなかったのだ。使用されていたのはドイツ軍の制服ではあるが、ナチスの制服ではなかった、という理由は、私にはとんでもない屁理屈としか思えない。モズレーはドイツ語で命令をしているし、売春婦の一人は、彼の頭からシラミを取るまねをしたりもしている。その時、もう一人の売春婦はフェラチオをしていて、さらにもう一人は血が出るまで彼の背中をむちで打っている。これほどの振る舞いをしているにもかかわらず、イーディー判事はただ「普通ではない」と言っただけだ。

何より不安なのは、イーディー判事の判決に道徳がまったく影響していないということである。私はそれを批判している。現在のイギリスの法律は、道徳に関しては実質的に中立であると言える。だが、その法律を運用する裁判官が不道徳であるというのは問題だ。

——ポール・ディカー、ソサエティ・オブ・エディターズの会合での講演、二〇〇八年一一月九日私は自分が「恥」に関する本を書いていることを色々な人に話していた。すると、ディカーのような人が、よく勘違いをして褒めてくれるようになった。皆、成功を収め、イギリス社会でも高い地位にある年配の男性だ。皆、「最近の若い者は恥を知らんからね」と言う。たとえば、あるパーティーで会った有名な建築家もそのようなことを言っていた。信仰心が厚いことで知られるアナウンサーは、宗教的な道徳の緩みを嘆いていた。道徳が緩み、恥知らずな社会になっている、実に嘆かわしいというわけだ。

恥知らずな社会、と言いたくなる気持ちは、私もわからなくはない。ナザレ派教会の牧師が買春をしていたにもかかわらず、誰もそれを特に問題にしない社会だからだ。アンドリュー・フェレイラやマックス・モズレーが名誉を失わずに済んだ背景には、プリンセス・ドナ・ドロレのような女性の存在もあると私は思う。彼女は、従来、異常とされていたようなセックスがごく普通のものとして受け入れられるよう、何年にもわたって努力をしてきた。フェレイラやモズレーがスキャンダルで破滅せずに済んだのは、彼女のような人たちの努力のおかげとも言えるだろう。

しかし、それで「恥」というものが死んだわけではない。これまで恥ずかしいとされてきたことは恥ずかしくなくなったが、代わりに別のことが恥とされるようになったのである。しかも、むしろ以前よりも強い攻撃を受けるようになった。

実のところ、ポール・ディカーの講演のような発言は、現代においてはほとんど影響力を持ち得ない。ディカーのように考える人は現代社会には多くないのだ。

今、どういう行為が恥とみなされ攻撃を受けるかは、ツイッターなどSNSのユーザーたちの考えに大きく左右される。SNSのユーザーの多くが「これは許せない」とみなし、排除に動けば、標的となった人間は破滅してしまう。何を許せないとするかには一定のコンセンサスがあるが、司法の判断やマスメディアの主張はそれにほとんど影響を与えない。だからこそ非常に恐ろしいとも言える。

スキャンダルがあっても、公開羞恥刑に遭って破滅する人と、攻撃を免れてほぼ無傷で終わる人がいる。その違いがどこにあるのかを探り、攻撃を免れるコツを知ろうと私は動き回ったが、どうやらその努力は失敗に終わったらしい。

ブラッド・ブラントンの提唱する「ラジカル・オネスティ（徹底的な正直さ）」という手法は有望に思えたが、結局、私にはただの怒鳴り合いにしか見えなかった。モズレーやフェレイラが攻撃を免れたこともヒントのように思えた。彼らの言動の中に、何か攻撃されない秘訣が隠されているのではと思ったのだ。しかし、そんなものはどこにもなかった。彼らが攻撃されなかったのは、単にその振る舞いを多くの人が恥とみなさなかったためだとわかった。

唯一、希望を感じたのは、映画『パブリック・ディスグレイス』の撮影現場だった。サンフェルナンド・バレーのスポーツ・バーである。今、振り返っても、あの日のことは良い記憶として残っている。この本を書き始めてから、私がリラックスして過ごせたのは、あの場所だけだったような気がする。

あの日、ドナと私が交わした会話の文字起こし原稿を再読してみた。すると、これまで気づいていなかったことに気づいた。

ドナ：サクラメントから帰ってきたばかりなんですよ。だからちょっと前まで空港にいたんです。そこでTMZを読んでました。私のことが書いてあったので。

TMZはセレブのゴシップが載っているウェブサイトだ。自分のことが書いてある記事を読んで、彼女は突然、自分が外の世界からどう見られているかを悟ったという。それで彼女は屈辱を感じたし、怒りも覚えた。

ドナ：私は普段サンフランシスコにいますが、それは泡の中にいて守られているようなものなんです。サンフランシスコという特別な街にいて、性に対して肯定的で、セックス・ワーカーやセックス・ビジネスにも理解がある人たちに囲まれていますから。他人のことをこうだと決めつけないところですからね、ここは。だから、その外の世界にいる人たちが私をどう見て、どう言っているかを急に知って戸惑ったわけです。外の世界から見れば、私は単なる愚かなポルノ製作者でしかないとわかって驚きました。それはとても辛いことでしたね。空港で泣いてしまいました。飛行機の中でも泣いていました……

その問題の記事を私も見てみることにした。彼女にとって具体的にどこがどう辛かったのか。いったい、どれほどひどいことが書かれているのか。引用してみる。

TMZの取材によれば、ジェームズ・フランコが現在、新進気鋭の女性ポルノ・ディレクターとの極秘プロジェクトに取り組んでいることが判明した。女性ディレクターは、その有能さから高い評価を得ているとのこと。彼女の名はプリンセス・ドナ・ドロレ。近日公開予定の映画『キンク』に出演することになっている。ただしフランコが彼女に直接会ったのは一度だけで、しかも会ったのは先週だというが、彼女がフランコのプロジェクトに関わるのは確実との情報も得られている。この初対面で、ドナはフランコに公式の「プリンセス・ドナ・ドロレ・シャツ」を進呈している。背中に彼女のトレードマークである拳がプリントされているシャツだ。フランコは受け取り、早速着て、誇らしげに見せびらかしていた。我々はこの件についてフランコにコメントを求めたが、今のところ彼からは一言も返って来てはいない。

——TMZスタッフ、二〇一二年一二月二六日

一見、何の変哲もない記事である。何年か前の私なら、こんな記事でここまで怒るドナの方こそおかしいのではないかと思っただろう。しかし、今の私にはわかる。他人にとっては取るに足りない些細なことが非常に気になる。誰であれ、そういうことはあるのだ。

私たちは日々、他人の何気ない言動に傷つき、屈辱を受けながら生きている。他人にとっては大して意味はなくても、傷ついてしまうことはある。人間は皆、「傷つきやすさ」が服を着て歩いているようなものだ。何がきっかけで傷つくかは誰にも予想ができない。

私はドナに同情した。とても悲しそうに見えたからだ。せっかくフェレイラやモズレーが、彼女のような人たちのおかげで救われたというのに。彼女自身は、ふと自分の姿を外の世界から見ただけで、自分のことを恥ずかしいと感じてしまった。恥の感情が不意に彼女の中に入り込んで来てしまい、逃げることができなかった。

この世界には「サイコパス」と呼ぶにふさわしい人が必ずいるとは思う。神経学的に恥を感じる能力が欠如している人たちだ。心が分厚い脱脂綿か何かで包まれていて、ダメージを受けにくくなっている。私がこの章で言及した取材で会った人たちの中にサイコパスはいなかった。

しかし、この本の執筆作業を開始してからたった一人だけ、サイコパスではないかと思える人物の存在を知った。たとえスキャンダルがあっても、何の努力もせずに公開羞恥刑を免れることができるし、たとえ公開羞恥刑に遭ってもまったく気にしないのではと思わせる。私は彼に取材申し込みのメールを出した。何度か断りのメール(「理解していただけるとありがたいですが、私は用心深いんです」などと書かれていた)をもらったが、粘ったのち、ついに昼食をともにする約束を取りつけることができた。彼の名はマイク・デイジーという。

第10章 独白劇の捏造

アップルの製品を作る中国、深圳《シンセン》の工場を題材とした一人芝居がラジオで放送され、大きな反響を呼んだ。それがきっかけで、アップル社は第三者による工場環境の監査を認めることになったが……。

存在しなかった健康被害

「彼らは謝罪を求めているのかと思いましたが、でもそうではありませんでした」

俳優でジャーナリストでもあるマイク・デイジーと私は、ブルックリンのレストランにいた。デイジーは大男で、顔に常に汗をかいているので、すぐに手の届くところに置いたハンカチで盛んに拭いている。

「嘘だったんです。そのようなことを言ってはいましたが、謝罪なんて求めてはいませんでした」デイジーはそう言った。

「謝罪も一つの交流です。それで両者の距離が近づくこともある。誰かが謝罪をするためには、その謝罪を聞いてくれる人が必要です。聞く人がいて、話す人がいて、互いに交換ということですね。謝罪にはそれだけの前提がいります。前提が整っていて、きちんと謝罪ができれば、そのやりとりから良いものが生まれます。ですが、今回の場合はそもそも相手が謝罪を求めていなかったのですから、前提は成り立ちません」

デイジーはそう言うと私の方を見た。

「彼らが求めていたのは、私の破滅です。私に死んで欲しいと思っていたのです。もちろん、口に出してそんなことは言いません。言えばあまりに非常識ということになりますからね。これから一生、私に何も言わせたくないと思っているのは確かです。私が何も言わなければ、彼らは私を自分の目的に適《かな》う時だけ自由に利用できます。私を一つの『話のネタ』として都合よく利用したいだけなのです。それが彼らの望みです。私にはもう一切しゃべらせたくないんですよ」デイジーは、ここで一度黙り、さらに続けて言った。

「私は今まで、こんなふうにして人の憎悪の標的になったことはありませんでした。ただ嫌われるというのではなく、標的にされるというのがとても辛いです」

マイク・デイジーは過ちを犯した。その過ちは、ジョナ・レーラーのものに非常によく似ている。ジョナ・レーラーの過ちは、すでに書いたとおり、ジャーナリストのマイケル・モイニハンがソファに横たわり、彼の著書を読むまで発覚することはなかった。

ディランの言葉の引用とされた「説明するのは難しいが、それは、自分には何か言うべきことがある、という感情、というしかない」という一節を読んだモイニハンが「あのボブ・ディランがこんなことを言うはずがない」と思ったのが発覚のきっかけだった。

そのレーラーや、スティーブン・グラスと同様、デイジーも捏造が発覚して窮地に追い込まれることになった。

問題とされたのは、アップルの製品を作る中国、深圳の工場を題材としたデイジーの一人芝居だ。劇では、デイジーがその工場で働く人たち何人かに会ったことになっている。しかし、実際には、劇の登場人物は彼の捏造だったのである。当然、その中の誰とも彼は会ったことがなかった。

デイジーの受けた恥辱はレーラーよりもはるかに大きなものだっただろう。一人芝居は、アメリカでも特に人気の高いラジオ番組『ディス・アメリカン・ライフ』で紹介されたからだ。嘘をついた時の彼自身の声が放送され、大勢の人々に聞かれることになった。息遣いの一つ一つまで、戸惑った様子を表現した時の長い沈黙まで、すべてそのまま放送された。

マイク・デイジーはおしゃれな人だ。身体も声も大きく、ニューヨークの演劇界でも一際目立つ存在になっていた。この一人芝居の放送が大きな話題になれば、さらに前進できると本人は思っていたはずだ。

デイジーには希望があった。たとえ小さな問題があったとしても、全体としては正しいことをしているという自負もあったのだ。しかし、時が経つにつれ、そんな希望はすべて崩れてしまったことが明らかになった。ついにはデイジーが自らの口で謝罪しなくてはならない状況に追い込まれた。彼の口ぶりからは絶望感が伝わってきた。疲れ切った虚《うつ》ろな様子だった。謝罪の言葉は本当に苦しそうに聞こえた。

私は聞いていて、ラジオのスタジオを出た後、彼は家に帰ってそのまま命を断ってしまうのではないかとまで思ったくらいだ。しかし、その心配はいらなかった。間もなく、デイジーは自らのウェブサイトに謝罪声明を載せ、翌日にはツイッターに復帰した。

その時から彼は、自分に向かって叫ぶ一万人に向かって一人で叫ぶ人になった。自分を攻撃してくる人たちを叱りつけ、罵倒し、偽善者と呼んだ。彼のその態度に、当然、攻撃はさらに激しさを増した。だがそれでもデイジーは揺るがなかった。彼はまったく疲れた様子も見せず、徹底して自分を擁護する姿勢を続けた。

そういうことが続き、デイジーを攻撃していた人たちも、いくら攻撃しても無駄だと感じるようになった。攻撃は次第に弱まり、やがて止んだ。

面目を失い、打ちのめされて、いまだにロサンゼルスの荒野をうろつく日々を送っているジョナ・レーラーとは対照的に、マイク・デイジーの生活は今では平和なものになっている。インスタグラムには、妻とマイアミのプールサイドで日光浴をしている写真を投稿している。また最近、公演旅行も終え、高い評価を得ている。

同じような不祥事を起こしたにもかかわらず、レーラーは公開羞恥刑によって破滅状態になり、一方のデイジーはほとんど無傷で立ち直れたのはなぜか。その差はどこから生じたのか。

レストランで会った時、私はデイジーにそのことを聞いてみた。彼は私の質問にすぐには答えなかった。その代わりにこんなことを言った。

「若い時、二一歳か二二歳の時です。私にはその頃大きな危機がありました。本当に二度と立ち直れないのではないかというくらいひどい状況でした」

デイジーはそう言ってしばらくうつむいていたが、やがて顔を上げてこう言った。

「当時、私にはつき合っていた女性がいたのですが、その彼女が突然、私のことを避けるようになったんです。私は納得がいかず繰り返し『会いたい』と言い続けたんですが、はぐらかされてばかりでした。そんなことが続いた後、ようやく電話をくれたんですが、その時、彼女が妊娠していると知らされました。八ヶ月だということでした。私はあと一ヶ月もすれば父親になるということです」

その頃、デイジーが住んでいたのはメイン州の北のはずれだった。その地で彼は当人の言葉によれば「罠にかかった」ように感じたという。やがて子供が生まれる。重圧に彼は押し潰され、そのせいで二人の関係は完全に壊れてしまった。

「私は父親としての自分の責任を放棄したのです。その時の私は人間としてまったくだめでしたね」

毎晩、デイジーは湖に泳ぎに行った。ある夜は、戻って来られる限界というところまで泳いだ。

「どこまでもどこまでも泳いで行きました。どんどん身体は冷えていきました。泳ぎ疲れた私はその場にとどまり、しばらくただ水に浮いていました。その時はよくわかっていませんでした。今、振り返ってみると、私は溺死しようとしていたのだと思います」

「自殺しようとしていたということですか」

デイジーはうなずいた。

「そうだったのだと今ならはっきりわかります」

彼はここで少し黙ってから、さらに続けた。

「それ以来、私は自分が確かにここに生きているという感じがしないんです。普通じゃないとは思います。あの後から、あり得ないほど長い余生がずっと続いている、そんな気がしています」デイジーは微笑んだ。「関係ないかもしれませんが、もしかすると何か参考になるかなと思って話してみました」

その後も私たちは食事を続けたが、話は停滞したまま進まなかった。デイジーは私を彼の芝居の観客のように思っていたのかもしれない。演じている彼は、観客である私に断片的な情報を少しずつ与える。私はその与えられた情報を基に自分で物語を組み立てなくてはならない。

結局、デイジーは毎晩、湖の岸へと戻って来た。死ぬことはなかったのだ。そして、高校で演劇を教えるようになった。大学も人より一年遅れたがともかく卒業し、メイン州を離れることになった。

「私は車でシアトルまで行きました。そこで一人で新しい生活を始めるつもりだったのです」

彼は実際にそうした。劇場で独白劇を演じる人になったのだ。デイジーの独白劇は情熱的で、熱烈なファンもつくようになったが、気軽に見られて誰でも楽しめるというものではなかったため、広く一般の人たちから人気を集めることはなかった。

たとえば、戦争によって彼の祖父の人間性が変わっていく様子を描いた作品。戦争の影響で彼の祖父はとても冷たい人になってしまった。さらに、その冷たさは、デイジーの父親にも受け継がれることになった。

しかし、二〇一〇年夏にデイジーが上演した独白劇『スティーブ・ジョブズの苦痛と快楽（The Agony and the Ecstasy of Steve Jobs）』は傑作と評価された。デイジー自身が中国へ行き、アップルの工場を取材して作ったという一人芝居だ。

中国で彼が会った工員たちは、ヘキサンの話をする。劇中でデイジーはこのように話す。

「ヘキサンは、ｉＰｈｏｎｅのスクリーンの洗浄剤として使われている物質である。この物質が素晴らしいのは、アルコールよりもさらに早く揮発するということである。つまりその分だけ生産ラインを速く動かし、生産量を高めることができる。ただ問題は、ヘキサンには強い神経毒性があるということだ。工場で働く人たちは皆、毒性のあるヘキサンに晒されていることになる。そのせいか、手の震えが止まらなくなり、コップを持つことすらできなくなった人もいる」

劇中では、デイジーが中国で会ったという一三歳の少女のことも語られる。彼女もアップルの工場で働いていた。誰も年齢の確認などしないから働けたのだという。また、工場での仕事で右手がねじ曲がり、まともに開かなくなった老人の話も語られる。

金属プレスの機械によって押し潰されてしまったのだ。デイジーは、その老人に自分の持っていたiPadを見せた。

「その老人は自分が作っているその製品、自分の手を壊した製品を一度も目にしたことがなかった。私がホームボタンを押すと、画面にアイコンが表示された。老人は潰れてしまった手で画面を触り、何か言った。『まるで魔法だね』と言ったらしい」

二〇一一年の終わりのある夜、ラジオ番組『ディス・アメリカン・ライフ』を製作していたアイラ・グラスが、ニューヨークのジョーズ・パブで上演されたデイジーの独白劇を見た。他の多くの人たちと同様、グラスもまた、デイジーの芝居に魅了され、自分の番組でこの劇を演じてみないかと話を持ちかけた。

ラジオ局の側は、放送を前に劇の内容が事実と合っているか確認をしようとした。そのため、デイジーには、中国で行動をともにした通訳者に連絡を取りたいと頼んだ。デイジーは通訳者の電話番号を伝えてきたが、その番号はもう使われていなかった。仕方がないので、可能な限りの方法で事実確認をし、局側としてはデイジーの劇の内容を信じることになった。

私は劇が放送された時、生で聴いていた。ちょうどフロリダ州内を車で移動しているところだったが、途中で車を道路脇に停め、最後まで動かずに聴き続けた。アメリカ中に同じような人が大勢いたはずである。デイジーの言葉の持つ力の強さに、知らず知らずのうちに心を動かされ、自分も何か行動を起こさねばという気持ちにさせられた。

ただ、言うまでもないが、聴取者の大半は、番組が終われば元の生活へと戻っていった。だいたい夕食の時間だったので、食事中だった人は再び普通に食事をし始めただろう。

しかし、中にはそうでない人もいた。聴取者の一人が、アップルの工場の労働条件を改善すべきと訴え、署名を集め始めたのだ。集まった署名は二五万人分にもなった。アップルにかかった圧力は過去に例がないほど強いものだった。ついには、同社の歴史上はじめて、第三者による工場環境の監査を認めるという発表をせざるを得なくなった。マイク・デイジーの独白劇を収めたポッドキャストは、番組史上最高の人気となった。

しかし、デイジーはまったく気づいていなかったが、ジョナ・レーラーにとってのマイケル・モイニハンのような人物が、水面下で静かに動き出していたのだ。

その人物の名はロブ・シュミッツ。『マーケットプレース』という公共ラジオ局の番組の上海特派員だ。デイジーの独白劇には、細部に疑わしいところがいくつかあると彼は感じていた。たとえば、デイジーはスターバックスにいた工場労働者にインタビューしたと言っている。だが、工場労働者にとってスターバックスは高すぎるのではないだろうか。欧米でも決して安い店ではないが、中国の所得水準からするとさらに高い。

シュミッツは、デイジーの通訳者を探すことにした。それが、デイジーの嘘が発覚するきっかけになった。結局、手の震えが止まらなくなった人も、手を潰された老人も実在しないことが明らかになった。

デイジーは中国で一〇ヶ所の工場を訪れたと言っていたが、実際に訪れたのは三ヶ所だけだった。しかも、デイジーが劇中で取りあげたような問題は、その三ヶ所ではまったく発生していなかった。

確かに、アップルの工場の労働者一三七人がヘキサンの中毒になったという事例はあったが、それは同じ二〇一〇年の話ではあっても、場所は一五〇〇キロほども離れた蘇州だった（アップルの二〇一一年二月の年次報告書では、ヘキサンのような有毒化学物質を使用するのは労働者の安全の重大な侵害であるとしている。そして、製造委託業者に対し、ヘキサンの使用を停止するよう指示したと同社は言っている)。

デイジーは蘇州の労働者たちには一切会っていない。蘇州で起きた問題について書かれた文章を読んだだけだ。読んだだけの話を、まるで自分が直接、当事者に話を聞いたようにして、人の心を惹きつけるような芝居に仕立てあげたわけである。

捏造が発覚したため、二〇一二年三月一六日、アイラ・グラスはマイク・デイジーを再び番組に出演させた。

グラス：あなたは我々が通訳の方と話すことを恐れていたのではありませんか。我々に隠しごとをしているのがわかってしまうと思ったのではないでしょうか。

デイジー：いえ、そんなことはありません。

グラス：本当ですか。私があなたの芝居を見た時には、まさかあれが全部嘘だとは思いもしませんでした。ヘキサンのことや、何もかもが嘘だなんて、見ていても絶対わかりません。でも、通訳の方に我々が話を聞けば、その嘘が発覚するとあなたにはわかっていたのではないですか。

デイジー：あの芝居の裏にはちょっと複雑な事情があったので、そのことがわかってしまうかなとは思っていました。
グラス：複雑な事情って何ですか。つまりヘキサン云々の話が嘘だってことじゃないですか。だとすれば、おっしゃることはよくわかります。
（中略）
デイジー：あれはあくまで演劇なんです。演劇における真実と、日常生活における真実とは意味が違います。
グラス：なるほど、あなたがそう思っているということはわかりました。でも、その考えは甘いと言わざるを得ません。普通の人は、語られていることがすべてそのまま本当のことだと思うはずですよ。私も、あの一人芝居を劇場で見た時、中で語られていることはすべて本当だと思っていました。私の知り合いには、あなたの別の芝居を見た人もいますが、どれも全部、本当のことが語られていると思っていましたよ。
デイジー：どうも、私たちの世界観には違いがあるようですね。
グラス：確かにそうですね。ただ、おそらく私の世界観の方が普通だと思います。普通の世界観の人は、誰かがステージに立って「これは私の体験したことです」と言えば、本当にその人の体験したことだと思いますよ。どこかではっきりと「これはフィクションです」と断ってあれば別ですけど。

（中略）

グラス：私はとても複雑な気持ちです。もちろん、あなたに対してとても怒っています。私自身も嘘に加担してしまった。あなたのために私は自分の身を危険に晒しました。結局、よく調べることができず、ただあなたの言葉を信じて放送したわけですから、私も一緒に聴取者を騙したことになるんです。

デイジー：申し訳ありません。

デイジーの「申し訳ありません」という言葉は、どこか子供のようだった。天賦の才があって、扱いが難しく、他の子供たちと群れることはない——彼には、そんな子供を連想させるところがある。自身のことを、自ら「学校」という枠には収まりきらない人間と思っているような子供だ。そういう子は、教室で皆の前で立たされることが多い。態度を改めるまで、罰として立たされるのだ。謝罪の言葉を聞いている限り、それまで反抗的だった彼はおとなしくなったように思えた。

鮮やかな復活

しかし、その後、ネット上に表れた彼はすっかり自尊心を取り戻した様子で、とても元気だった。

そのように復活できたことを彼自身、誇らしく思っているようだ。デイジーは私にこう話した。

「自分と同じようなスキャンダルに直面した人たちについて、あれこれと調べてみたんです。いくら調べても、こんなスキャンダルを乗り越えて復活した人はいませんでした。こういう規模も影響も大きいスキャンダルの場合は。誰も無傷で切り抜けることなんてできなかったんです」

「よく知っていますよ」私は言った。「ご自分は復活できると最初からわかっていたんですか」

「いやいや」デイジーは言った。「そんなことはないです。私は自殺も考えたんですから」

私は彼の顔を見て「本当ですか」と言った。

「はい、何もかも本当のことをお話ししています」デイジーはそう言った。「自殺することもかなり真剣に考えたし、演じることをやめるのも真剣に検討しました。劇場を去り、もう二度と演じないということです。妻とは離婚の話し合いもしました。二人で率直に話をしましたね」

「奥さんはどんな様子だったんですか」私は尋ねた。

「妻は私を絶対に一人にしないようにしていましたね」デイジーはそう答えた。

「それはいつ頃の話ですか」私は言った。

「最悪だったのは、スキャンダルが多くの人に知れ渡る前ですね」彼はそう言った。「一人芝居が放送されてから、アイラ・グラスのインタビューまでの間です。その間に私はステージから離れました。もう、ぼろぼろだったからです。仮にステージに上がっても途中で身体が固まって何もできなくなったでしょう。自分の心が壊れていくのを感じていました。あの時が最悪でした。本当にひどい気分でしたよ。怖かった。自分が壊れていくのを感じながら生きていたんですから」

「何が一番怖かったんですか」

「何より怖かったのは、今後、自分の体験を基にした独白劇が一切できなくなるんじゃないか、ということでしたね」デイジーはそう言った。「ステージに上がって演じる度に、『それも嘘なんじゃないか』という声が聞こえてくるような気がして。そうなると、自分が誰なのか、何者なのか、だんだん自分でもわからなくなってしまう」

「その後、何が変わったんですか」

デイジーはしばらく何も答えなかったが、その後にこう話した。

「アイラ・グラスから、『一人芝居をラジオで放送したい』という話があった時、私はこう思ったんです。『これはテストだ。自分がこの芝居が真実であると本当に信じているのであれば、ラジオで流すと言われて逃げるのはただの臆病だ。この芝居を多くの人に知られないままにしておいたら、何も変わらない』」

彼はここで一息ついてさらに続けた。

「私は、この芝居をラジオで流したら、きっと大変なことになるとはじめからわかっていました。そして、私の身にも大変なことが起こるだろうとは思っていました」

私は顔をしかめた。

「あらかじめ嘘が発覚するとわかっていたというんですか」

デイジーはうなずいた。

「昔、自ら命を絶とうと湖に行っていた時、目の前に扉が見えたんです。扉が少しだけ開いた気がしたんですよ。その時、わかったんです。死ぬのは簡単なことだと。わかりますかね。その事実を受け入れたら、見えてくるものがありました。自分はこの世に生きて、やりたいことがあるのだと思いました。そのことのために命を投げ出す覚悟はあるか、と自分に問うてみました。ある、と思ったんです。『いいぞ、喜んで自分の命を捨てよう、それで構わない』そう思いました」

「スキャンダルになってしまうとかえって良くない結果になる恐れがあるとは思いませんでしたか。中国で起きていることに注目を集めるのは大事ですが、芝居で語られることが嘘だとわかれば、逆に注目されなくなってしまう危険もあったと思いますが」

私はそう言った。

「それはとても気になっていたと思います」デイジーはそう答え、その後、言い直した。「いや、とても気になっていました。心配はしていましたね」

彼は、私がその言葉を信じていないことを表情から悟ったようだ。

「もちろん、私は自分のことを、我が身を犠牲にして世に尽くす英雄のように言うつもりはないですし、そんな言葉を誰も聞きたくはないでしょう」彼はそう言った。「そんな物語は誰も聞きたくない。でも実際にそういう物語なのです、これは。広く知られるようになって、詳しく調べられたらとてももたない。そういう欠点を持った物語であることは認めます。その点では失敗しています」

どうやら彼は、私の目の前で架空の物語を作っている最中のようだった。その新しい物語の中でデイジーは、自分の評判が地に落ちようとも中国の労働者を救おうとした勇敢な人物になっていた。自爆テロ犯に似ているかもしれない。だが、その場では私が見破ったことを彼には伝えない方がいいと思った。これも彼が自分の身を守るための手立てなのだろうと思ったのだ。

しかし、顔を見て私の考えていることが彼にはわかったらしく、突然、こんなことを言った。

「人間の意識というのは、自分で自分に物語を語ることで作られていくのですね。自分はこういう人間だという物語を、信じて自分に語っていれば、本当に自分の中ではそういう人間になっていく。誰かがSNSなどで公開羞恥刑に遭う時には、本人が書こうとする自分についての物語と、社会がその人について書こうとする物語の間に衝突が起きているのでしょう。どちらも相手の物語を上書きしようとする。その状況を生き延びるには、しっかりと自分自身の物語を書き切らないといけないです。あるいは」デイジーは私の顔を見た。「まったく別の第三の物語を書くかですね。他人から勝手に自分の物語を押しつけられても相手にしてはいけない。押しつけの物語はなんとしても無視するんです。少しでもそんな物語を信じたら、身の破滅になります」

ジャスティン・サッコとの再会

マイク・デイジーが自ら立ち直る方法を発見したのは嬉しかったが、同じ方法は、ジョナ・レーラーや、ジャスティン・サッコには使えないなと思った。

デイジーは物語を作ることを仕事にしており、それが得意だが、レーラーやサッコはそうではない。「第三の物語」など、二人には書けないだろう。どちらにとっても物語は一つだけだ。ジョナ・レーラーは、「捏造をしたポピュラーサイエンス・ライター」であり、ジャスティン・サッコは「エイズのツイートをした女」である。その物語があるだけで、他には何もない。

二人は汚れてしまった人間であり、その証拠はまったく苦労せず簡単に探すことができる。二人が何をしたかはグーグルで検索してみれば誰にでもすぐにわかる。

ジャスティン・サッコは、「五ヶ月後に再会する」という約束を守ってくれた。最初に会った時からちょうど五ヶ月後、私たちはニューヨークのロウワー・イースト・サイドで昼食をともにした。彼女は、会っていなかった間に何があったかを私に詳しく話してくれた。

前回、私と会った後、すぐに就職の話があったのだという。ただ、それはちょっと怪しい話だった。彼女を雇いたいと申し出たのは、フロリダのヨット会社のオーナーだった。オーナーは彼女にこう言った。

「君の身に何が起きたかは知っている。私は君の味方だ」

ただ、彼女はヨットについて何も知らなかった。それなのに、あえて雇いたいとはどういうことだろうか。「オーナーは、本気で白人がエイズにかからないと信じている頭のおかしい人なのでは？」そう思ったサッコは、断ることにし、ニューヨークから離れた。

「ニューヨークというところでは、仕事が自分のアイデンティティそのものになってしまうんです。その仕事がなくなってしまったのでは、ニューヨークにはいられないですよね」

彼女はできるだけ遠くに行こうと思った。たどり着いたのは、エチオピアのアジスアベバだ。そこで、産婦死亡率を下げるべく活動しているNGOでボランティアとして働き始めた。

「現地の環境は劣悪でした。でも、そういう環境に身を置くことで得られるものもあると思いました。ひどい環境で人助けをする、私はその体験を最大限に活かし、何かを学ばなくてはならないと思いました」

サッコはエチオピアには一人で行った。

「一応、決まった住まいはあったのですが、住所というのはありませんでした。通りに名前もついていないところなので。英語は公用語になっていません」

「エチオピアでの生活は気に入っていたんですね」私は尋ねた。

「ええ、とても充実していました」彼女はそう言った。

ジャスティン・サッコの物語はこういう結末になった。SNS上で彼女を攻撃した何十万という人たちにとっては、もしかすると望みどおりの結末だったかもしれない。アジスアベバの急場しのぎの粗末な産科病院で働く、そんな彼女の姿を見れば満足したかもしれない。

彼女は、これから子供を産む女性のそばで身を屈め、その女性の命を救うために働いていた。時には、命を救うためにとてつもない努力が必要になることもあっただろう。ふと顔を上げ、顔に流れる汗を拭う瞬間もあったはずだ。その時の彼女の表情は、以前とは違ったものになっていたと思う。強さと誇り、そして知恵を感じるような表情を見せていただろう。彼女が変わったのはすべて、攻撃を受けたおかげなのだ。公開差恥刑を受け、ＩＡＣを解雇されなければ、彼女は絶対にアジスアベバなどに行かなかったはずだ。

しかし、これで問題解決というわけにはいかなかった。アジスアベバに行くのも一ヶ月くらいの間ならいい。しかし、彼女はエチオピア人ではない。ニューヨークの人だ。礼儀正しく、洗練された、時に神経質にもなる都会の人である。長くエチオピアにいられるはずはない。実際に彼女は帰って来た。まだ自分にとって居心地が良いとは言えないニューヨークへと戻って来たのだ。そして、立ち上がったばかりの出会い系サイトで広報の仕事を始めた。社員ではなく、アルバイトの扱いで、経済的には厳しい状態が続いている。夢の仕事にはほど遠い。彼女はまだインターネットに翻弄され、悪魔に仕立て上げられたままなのだ。

「私は立ち直ったわけではありません」彼女はそう言った。「本当に苦しんできたし、今も苦しいです」

食欲がないのか、彼女は昼食を残していた。ジャスティン・サッコのことを思う度、私は暴動で略奪に遭った商店のようだと思う。確かに彼女には隙があったのかもしれないが、それにしても、完全に破滅させるまで攻撃することはなかったのではないかと思う。

ただ彼女の中に良い方向への変化が生じているのも私は感じていた。はじめて会った時の彼女は、自分を恥じていた。愚かなツイートをして、一家の名誉を汚したという罪の意識に押し潰されそうになっているようだった。自分を恥じる気持ちはまだあるようだが、前ほど強くはないと思った。その代わりに、自分は大勢の人間に攻撃された被害者なのだという気持ちが強くなっているように感じた。

忘れられる権利

私がサッコと会ったのとちょうど同じ週に、欧州人権裁判所が予想外の判決を出した。いわゆる「忘れられる権利」に関する判決である。

グーグルのヨーロッパ・サイト（Google.comではない）は、ブログ記事やツイート等の情報が不適切なものであったり、事実とは合わないものである場合（以前には合っていたこともあるが、すでに合わなくなったものも含む）、要請があればその情報を検索結果から削除しなくてはならない、という判断が下された。

即座に万単位の人々が、自らに関する情報の削除を要請した。それだけの人たちが

「忘れられたい」と願い出たのだ。三ヶ月間に、七万人を超える申請者がいた。グーグルの対応は非常に積極的に見えた。ほぼすべての申請に応えているように見えたのだ。

ただ、グーグルの対応は積極的すぎた。たとえば、ガーディアン紙やデイリー・メール紙の記事をいくつか検索結果から削除し、その後に削除の旨を知らせる通知を新聞社に送るといったことをしていたのだ。どうやら判決に不服の同社が、意図的に混乱を引き起こしたらしい。

それをきっかけに、忘れられる権利に批判的な意見を主張するサイトも多く現れた。少し前のスキャンダルにわざわざ言及する者もいた。サッカーの審判が虚偽の理由で選手にペナルティを科した事件、列車内でカップルがセックスをした事件（こんな事件があったのを、私はこの時まですっかり忘れていた）、キャセイパシフィック航空がイスラム教徒の求職者から「人種差別があった」として訴えられた事件などだ。ニューヨークでこのニュースに接したジャスティン・サッコは、「とても複雑な気持ちになった」と私に話してくれた。

忘れられる権利の行使は、彼女には検閲のように感じられたが、同時に非常に好ましいものにも思えた。もちろん、何もかも忘れられず、過去の事件がいつまでも記憶されるのは困る。ジャスティン・サッコのような人にはとても困ったことだろう。彼女自身もそれはわかっていた。

忘れられる権利が認められれば、過去に犯罪や不祥事を起こした人間にとってはありがたいことだろう。永遠に忘れられないよりも生きやすくなるからだ。ヨーロッパには実際に、詐欺行為で公開羞恥刑に遭いそうになったが、忘れられる権利のおかげで結局は免れることができたという例もある。それならば、ジャスティン・サッコの場合は何も罪を犯したわけではないのだから、救われて当然と考えることもできる。

最悪なのは、そして何より自分の無力を痛感するのは、グーグルの検索結果を自分で一切、コントロールできないことだ、とサッコは言う。その情報は永遠にそこに存在し、ずっと同じだけの破壊力を持ち続ける。

「グーグルで私を検索した時の結果が変化するまでには、長い長い時間がかかるのでしょうね」彼女はそう言った。

第11章　グーグルの検索結果を操作する男

ジョーク写真をSNSに上げた女性が大炎上。グーグルで彼女の名前を検索すると、表示されるのはそのジョーク写真ばかり。そんな中、著者はグーグルの検索結果を変える男の存在を知る。

軍や兵士に対する冒瀆

二〇一二年一〇月、学習困難を抱える成人のためのワシントンDC旅行が企画、実施された。参加者は、ナショナル・モール、ホロコースト記念博物館、スミソニアン博物館、アーリントン国立墓地、アメリカ造幣局などを訪れた。無名戦士の墓も見た。夜には、ホテルのバーでカラオケを楽しんだ。同行した介護士の一人、リンゼー・ストーンも、友人のジェイミーとボニー・タイラーの「愛のかげり (Total Eclipse of the Heart)」をデュエットした。

「実に楽しい旅でした」ストーンは私にそう話した。「バスの中でもずっと笑っていましたし、夜も皆、笑いながら街を歩いていました。参加者全員が、これは楽しくて素晴らしい旅行だと思っていたはずです」

ストーンと私が話をしたのは、旅行の一八ヶ月後だ。私は彼女の自宅を訪ね、キッチンのテーブルで向かい合って話をした。ストーンの自宅はアメリカ東海岸の海辺の街にあった。美しい湖のそばを走る長い道沿いの家だ。

「ダンスもカラオケも、私はとても楽しみました」ストーンはそう言った。「でも、旅の後、私は長い間、家から出ていません。毎日、ただここに座って何もせずに過ごしているんです。誰にも見られたくない。誰も私の姿を見て欲しくないんです」

「最後に外に出たのはいつ頃ですか」私は尋ねた。

「もう一年近く前ですね」彼女はそう答えた。

いったいワシントンDCへの旅で何が起きたのか、はじめのうち、ストーンは私に話したがらなかった。私は彼女に手紙を三通出したが、どれも無視された。しかし、その後、状況が少し変わり、ようやく彼女は話す気持ちになってくれた。

*

ストーンとジェイミーは、旅行までの一年半の間、ＬＩＦＥ（Living Independently Forever ＝生涯自立して生きる）という非営利団体の活動に参加していた。ストーン本人によれば「高機能学習障害を抱えた人たちの支援に熱心に取り組んでいた」という。

「ジェイミーは宝石の販売を始め、女性に人気を博していました。そのジェイミーとともに、学習障害者たちを映画、ボウリングに連れて行くなどしました。また、団体にはたらきかけてカラオケの機械を購入することもできました。障害者の家族から『これまで受けた中で最高の支援』との声もたくさんいただきました」

世界中に拡散されてしまった、アーリントン国立墓地前でのリンゼー・ストーンのジョーク写真

二人にはLIFEの仕事とは別に趣味があった。それは、ジョーク写真を撮ることだ。「禁煙」の表示の前でタバコを吸っている写真、銅像の前で同じポーズを取っている写真など、ふざけた写真を頻繁に撮っていた。

アーリントン国立墓地でも、「静寂と敬意を(Silence and Respect)」という表示を見てひらめいた。彼女は、表示の前で中指を立てて叫んでいる自分の写真をジェイミーに撮らせたのだ。

ストーンはこう話す。

「ジェイミーは、その写真をフェイスブックに投稿し、私にタグづけしました。私も同意の上です。私はきっと大受けだろうと思っていたので反対するわけはありません」

投稿の後も特に大したことは起きなかった。何人かの友人たちが気のないコメントをしていたくらいだ。

「そのうちの一人は軍にいたこともある人だったのですが、彼は『あんまり気分の良いジョークじゃないね。僕は君たちのことをよく知っているから、悪気がないのはわかるけど、悪趣味であることは確かだ』と書いていました。他には『静かにって書いてあるだろ』というコメントをした友人が何人かいました。それに対して私は『いやいやいや、私たちは悪い子だから、そんなの無視無視！』と返しました」

いやいやいや……これが私たちだから、悪い子だから。いつも権威に楯突いている。昨日も「禁煙」の表示の前でタバコを吸っている写真を上げたし。もちろん、軍で国のために働く人たち、働いてきた人たちに対する敬意はあります。それは別の話。

——ストーンのフェイスブックへの投稿から。二〇一二年一〇月二〇日

ジェイミーは少し心配になったのか、ストーンに尋ねている。

「やっぱり、削除した方がいいかな」

「そんなことない！」ストーンはそう答えた。「大したことじゃないし、誰も特に気にしないと思うよ」

彼女たちは、フェイスブックの設定をどうしたか自分でもよくわかっていなかった。プライバシーに関する設定のほとんどは「オン」にしていたが、一部「オフ」にしているものもあった。中には、自分では「オン」にしたつもりでそうなっていない設定もあった。万全の対策をしていたとは言えない。問題が起きるかどうかは賭けのようなところがあった。ストーンにしてみれば、一八ヶ月間、賭けに勝ち続けてきたということになる。これだけ勝ち続けるのだからもう大丈夫だろうと思ってしまっていた。

フェイスブックは、投稿が多くの人に共有され、数多くの「いいね！」をつけられてこそ力を発揮する。フェイスブックという企業自体も、その方が多くの広告収入を得られるだろう。しかし、そこにいるのが自分の味方ばかりでないのは事実だ。

この一八ヶ月はたまたま投稿が自分たちの敵の目に触れなかっただけかもしれない。たまたま抜け道を通っていただけかもしれない。確かな根拠などはない。ただ、ともかく、アーリントン国立墓地で撮った写真が、たとえば確実に知り合いだけに見られる設定になっていたとは言えないようだ。

設定がどうだったかは定かではないが、結果を見れば、知り合い以外の目に触れたのは間違いない。

ワシントンDCへの旅行から四週間後、二人はレストランで互いの誕生日を祝っていた。二人の誕生日はわずか一週間しか離れていない。彼女たちは、自分の携帯が頻繁に震えるのに気づき、フェイスブックにアクセスした。見ると、例の写真に大量のコメントがつけられていた。こんな具合だ。

「リンゼー・ストーンは、軍や、戦場で亡くなった兵士を侮辱している。けしからん」「死ねこのブス」「地獄へ落ちろ」「人間として最低」「フェミニストによくいるタイプ、太りすぎ。ソーセージみたいな腕と豚みたいな指を見ればわかる」「国のために犠牲になった人たちに敬意がないとは」「とんでもないバカ女。長く苦しみを味わって、のたうち回って死ぬといい」「レイプされて、その後、刺し殺されろ」「知り合いにLIFEの職員がいるから、この件を通報した。理事会には退役軍人もいて、こいつはすぐにクビになると言っているそうだ。共犯がまだいるかもしれない。情報求む」「LIFEをクビになったら、今度はLIFEに支援される立場になるんじゃないか。女は助けがないと生きられないからな」「このばかなフェミニストを刑務所へ送れ」

非難のコメントに対し、「この程度のジョーク投稿で、一人の人間の将来が台無しになるようなことがあってはならない」という擁護のコメントもあるにはあったが、ごくわずかな数にとどまった。「誰にも将来があるのですから、あまり悪質な書き込みはやめましょう！　半年も経てば、彼女たちが何者だったか誰も思い出せなくなるはずです」

「コメントを見て叫び声を上げそうになりましたが、これはまだ前兆にすぎませんでした」ストーンはそう言った。

投稿がなぜ多くの人の目に触れたのか、ストーンにはわからなかった。

「これからもわからないと思います」彼女はそう言う。「でも、団体の中の誰かが見つけて広めたのではないかとは思っています。LIFEの中で私たちは、新しいことに取り組んでいましたから。なので、それを快く思わない人もいたと思います。私たちのことを無礼で愚かな若者だと思っていた人もいたはずです」

彼女が床に就いた頃、本人によれば午前四時頃だったらしいが、その時には、リンゼー・ストーンのフェイスブック・ページは完全に炎上していた。「いいね！」の数は一万二〇〇〇に達した。ストーンはいつもの習慣で、つけられたコメントをすべて読んだ。

「自分について何か書かれていると全部読んでしまう癖がついていたんです」

翌日には、彼女の自宅にマスコミが取材に来た。テレビカメラも来ていた。父親が応対に出た。その時、手にはタバコを持っていて、家で飼っている犬もあとについて外に出た。父親は、ストーンが決して悪い人間でないことを話した。話しながらカメラが自分の顔から手に持ったタバコ、そして犬へと移動していくのに気づいた。視聴者には、自分たち家族がとても田舎者のように見えただろうと思った。人里離れた場所で番犬を飼って、他人との接触を断って暮らしている変わり者の家族、しかも今時、喫煙もしている、そういう印象になったはずだ。

ＬＩＦＥには、二人を解雇するよう要求するメールが殺到した。ＬＩＦＥは彼女を呼び出した。ストーンは出向いたが、建物の中に入ることは許されなかった。上司は駐車場で彼女に会い、事務所の鍵を返すよう告げた。

「本当に一夜にして、知人も友人も全部いなくなりました」ストーンはそう言った。

それ以来、彼女は鬱になり、不眠症にもなった。そして、一年もほとんど家から出ない生活を続けることになったのである。

＊

戦士の墓を冒瀆する写真を撮った女性、勤務先の団体が解雇し称賛される

戦死者が埋葬された墓地のそばで無作法なポーズを取った写真を投稿した女性は、全米の人たちを激怒させたが、勤務先の団体は彼女を解雇し、称賛されている。ただし、この女性、リンゼー・ストーンを非難する声は、失職後も静まる気配がない。「銃殺刑にすべき」「アメリカから国外退去にすべき」との意見も出ている。ストーンは謝罪声明を出してはいるが、反発の強さから、顔を出しての発言は拒否している。代わりに彼女の両親がCBSボストンの取材に応えた。

――リーナ・マレー、ニューヨーク・デイリー・ニューズ、二〇一二年一一月二二日("Lindsey Stone"のキーワードでグーグル検索した際にヒットした記事)

ワシントンDCに旅行した翌年、ストーンはクレイグズリストで介護の仕事を探した。しかし、いくら求職をしても、どこからも返答はなかった。彼女はインターネットで自分の名前を検索し、全米各地のリンゼー・ストーンが、同姓同名の他人にもかかわらずひどい目に遭っていることを知った。

「私はジャスティン・サッコにとても同情しています。ストーンは言う。それから、ハロウィーンでボストン・マラソン・テロの被害者のコスプレをした女性にも」

ただ、しばらくすると、ストーンの生活は突然、好転した。自閉症の子供を介護する職を得ることができたのである。

「でも心配なんです」彼女はそう言った。

「上司がいずれ気づくんじゃないかということですか」

「はい」

「もし○○だったらどうしよう」と心配になることは、誰にでもあるが、心理学者は、その心配を「不合理なもの」と一蹴する。たとえば、「人種差別主義者だと思われたらどうしよう」と心配になったとする。心配を抱えていることは確かに辛い。しかし、「もし○○だったらどうしよう」と心配になるということは、その時点ではまだ悪いことは何も起きていないという証拠でもある。現実には何も起きていないのに思考だ

ストーンの写真にコラージュを施したものまで出回ることに

けが駆け巡っているわけだ。

しかし、ストーンの「もし新しい勤務先の上司が私の名前をグーグルで検索したら」というのは、いかにもありそうなので、不合理で片づけるのは難しい。海の上で大嵐に遭っても、そばに流木があればすがりつくことができる。だが、ストーンの場合は、すがりつく流木すら見当たらなかったのだ。

投稿した問題の写真はあちこちに広まっていた。アメリカの退役軍人や右派、アンチフェミニストたちにとっては、一種の象徴とも言える写真となっていた。自分の愛国心を示すために、彼女が墓地の表示の前で中指を立てて叫んでいる写真を、コンピュータやスマートフォンの壁紙として使う人まで現れた。棺《ひつぎ》に国旗がかけられた軍の葬儀の写真と、彼女の写真を合成したものも出回っている。

ストーンは職を得ようとあまりに必死だったため、求人に応募するだけで異常に緊張していた。履歴書をどう書いていいのかもわからない。LIFEを突然離れたことをどう説明すればいいのか。いっそのこと自分から「ご存知かもしれませんが、私があのリンゼー・ストーンです」と名乗ってしまった方がいいのかもしれない。どうせちょっと検索すればわかることなら、最初に自分から言ってしまうのだ。

面接を受ける前から、その問題は彼女を悩ませた。言うべきか黙っているべきか。とても重要な決断だ。ここで判断を誤るのではないかと心配でたまらなかった。結局、事前に決断はせず、面接の時、その場で決めることにした。そして、何も向こうに告げないまま面接は終了した。

「やはり、いきなり言わない方がいいと思ったんです」ストーンは言った。「私という人間をよく知ってからなら、アーリントンでの件は大した問題ではないと思ってくれるかもしれません。なので、ともかくまずは私がどういう人間かを知ってもらおうと思いました。よく知ってもらった後に、もしかしたら『グーグルで私の名前を検索したらこういうのが出てくる』と教えるかもしれないし、そうしないかもしれない」

新しい職に就いて四ヶ月になるが、まだ誰にも例の件は話していないという。

「尋ねるわけにもいかないですよね。自分があのリンゼー・ストーンだと気づいているのか、そうだとしたら問題と思っているのかどうか」

「そうなんです」ストーンはそう答えた。

「どうすることもできず、不安を抱えながらただ黙っているという状況ですね」私は言った。

「今の仕事はとても気に入っているんです。子供たちはかわいいですし」ストーンはそう言った。

「子供たちの親から褒め言葉をもらうこともあります。先日も、まだ世話して一ヶ月ほどの男の子の母親からこんなことを言ってもらいました。『あなたに会ってすぐ、息子をきっと大切にしてくれる人だとわかりました。人との接し方が素晴らしい方だと思いました。この仕事をするために生まれたような方ですね』嬉しいですが、私は重い気持ちでその言葉を聞いていました。いつ追い出されるかわからないと怯えていますから」

今の職場で写真の件が発覚したらどうなるのだろうか。その心配はずっと消えない。ストーンはこの先、もうくつろいだ気持ちになることはないのだろうか。決して幸せにはなれないのか。恐怖はいつもそばにある。

「あの一件で、私のものの見方は大きく変わりました。あれ以来、私は誰ともデートをしていません。新しい人と知り合いたいと思えないんです。あのことを知っているんじゃないか、知ってしまうんじゃないかと心配になるからです。今の職場ではまだ誰も知らないようですが、でも、つい最近、気になることを言っている人がいました。その人は知っているかもしれません」

「なんて言っていたんですか」

「別の話をしていた時、急に『それはインターネットで見つけても、攻撃はしませんね』と言い出したのです。それから彼は慌てて『いやいや、冗談ですよ。攻撃なんてしたことないし、絶対にしませんよ。あなたにだってすることはないです』と言いました」

「でも、それだけだと、知っているかどうか確かではないですね」

「そのとおりです」ストーンは言った。「でも、あんまり慌ててつけ加えたように見えたのでそれが気になって……わかりませんけど」彼女は少し黙ってから「とにかく怖いんですよ。それだけショックが大きかったということです」

しかし、その後、ストーンの抱えていた問題をすべて消し去るような出来事が起きた。それは不思議な出来事で、私も関わることになった。彼女にとっては、おとぎ話のようにも思えることだっただろう。私はこれまでの人生で、それに似たような経験をしたことは一度もない。私にとってもストーンにとっても、まったくはじめてという体験だった。良い方に物事が運んだのは何よりだったが、そうならない可能性もあった。

*

グーグルの検索結果を変えた男

事の発端は、グレイム・ウッドとフィネアス・アップハムの間に起きた事件について、私が偶然知ったことだった。

二人はかつてハーバード大学でともに哲学を学んだクラスメートだった。この事件には、マイケル・モイニハン、ジョナ・レーラーの一件に似たところがある。グレイム・ウッドは、フィネアス・アップハムについて後にこう書いている。

「いかにもプレッピーという外見のアップハムは、ハーバードには少なくないアイン・ランドの熱烈な信奉者だった。私は決して貧しくはないが、三〇万ドルの入ったカバンの重さがどのくらいかは知らない。私の家族の誰もわからないだろう」

ウッドが言及したのは、二〇一〇年に起きた事件のことである。ハーバードを出てから一二年後だ。その年、フィネアス・アップハムと彼の母親ナンシーは、脱税の罪で逮捕された。起訴状によれば、二人はスイス銀行の口座に一一〇〇万ドルを隠した後、その現金をこっそりアメリカに戻そうとしていたという。この件に関心を持ったウッドは、何か進展があればすぐに通知されるよう、グーグル・アラートを設定した。

進展は早かった。母親のナンシーはすぐに罪を認め、五五〇万ドルの罰金を科された上に、執行猶予つきだが懲役三年の刑を言い渡された。その直後、グーグル・アラートを設定していたおかげで、ウッドは次のニュース記事の存在を知ることができた。

母親の脱税を幇助《ほうじょ》しようとした男性への起訴が取り下げられる

連邦検事プリート・ブハララは、サミュエル・フィネアス・アップハムに対する二〇一〇年一〇月の起訴状を取り下げた。アップハムは、一件の税金詐欺、そして虚偽の納税申告三件に関与したとして、起訴されていた。

検察官は五月一八日、ニューヨークの連邦裁判所で次のように発言した。

「政府は、同被告に関して今後、さらに訴追がなされたとしても、審議の対象とはしないと判断を下した」

——デヴィッド・ヴォレアコス、ブルームバーグ・ビジネス・ウィーク、二〇一二年五月二三日

フィネアスに対する起訴は取り下げられた。つまり、この件はこれで終了ということである。

ただ、ウッドは、グーグル・アラートの設定をわざわざ変更することはせず、そのままにしていた。おかげで、彼は奇妙な現象が起きているのに気づくことができた。起訴が取り下げられた後から、急にフィネアスが称賛されているというニュースがインターネット上に数多く現れるようになったのである。

まず、彼は「ベンチャー・キャップ・マンスリー」というブログで「ヘッド・ファイナンス・キュレーター」というものに選ばれた。それにどういう意味があるのかはわからないが、ともかく何かで評価されたのは確かだろう。また、ニュース・アグリゲーター・サイトの「チャリティ・ニュース・フォーラム」は、彼を「フィランソロピスト・オブ・ザ・マンス」に選出した。

さらに、フィネアスは、雑誌への寄稿も始めている。『フィランソロピー・クロニ

クル』という、名前を聞いたこともないような雑誌だが、ともかく彼はその雑誌に何本かのエッセイを書いた。また彼は自分で雑誌を創刊している。恵まれない若者に哲学関係の文章を読んでもらうための雑誌だ。発展途上国での非営利の教育プログラムの一環だという。

ウッドはこの時のことを次のように書いている。

「確かにフィネアスは称賛されているようだったが、なぜか違和感があった。彼についての情報を載せているサイトがどれも急ごしらえの偽物に見えたのだ。トップページはまだまともだったが、それ以外のページはどれも怪しかった」

雑誌『フィランソロピー・クロニクル』のオフィスの住所が載っていたので、実際にその場所に行ってみたのだが、記載されていた「プリンス・ストリート六四」にあたる場所は存在しないことがわかった。無理に「存在する」と言えなくもないが、そこはインディアン・レストランの勝手口である。

正直なところ他人の不幸を喜ぶ気持ちから設定したグーグル・アラートだが、そのおかげでウッドは、奇妙な世界へと連れて行かれることになった。

フィアネスが、自分の評判が良く見えるよう、インターネット上の情報を裏で操作していることは間違いなかった。怪しげなサイトは捏造に違いない。捏造の目的は明らかである。彼にとって都合の良いことが書かれているサイトが、検索結果の上位を占めるようにすることだ。そうすれば、脱税関連の情報がインターネット上から消滅したのに近い状態になる。

まだ、欧州人権裁判所が将来、「忘れられる権利」を認める判決を下すことになることなど、誰も予測していない頃だ。それまでには、あと二年待たねばならない。そういう公的な判断が出る前にアメリカでは、フィネアス・アップハムがさほど上手とは言えないやり方ながら、自らの力で忘れられる権利を行使していたわけだ。

ウッドは、HTMLコードを解析する優れた技術を持っていた。その技術を使い、問題のサイトが捏造である証拠を見つけようとした。怪しいと感じたサイトがいずれも捏造ならば、作者はすべて同じではないかと思ったのだ。案の定、どのサイトの作者名も同じ「ブライス・トム」であることがわかった。ブライス・トムは、「メタル・ラビット・メディア」という企業の経営者で、カリフォルニア州出身、ニューヨーク在住の若者だということだった。

ウッドはカフェでブライスと会った。陰謀の首謀者を突き止め、実際に顔を合わせることになり、ウッドは興奮していた。一方のブライス・トムは、不安でたまらないという様子だった。

「ちょっと私にとってはまずいことになるかもしれません」彼はそう言った。明らかに身体が震えている。「今後、私に仕事を頼む人がいなくなる恐れがある」私たちはしばらくの間、無言で向き合っていた。気まずい沈黙が続いた。落ち着いてもらおうと、私はノンアルコールのサングリアを彼のために取りに行った。戻って来ると、彼は紙ナプキンを細かく引き裂いていた。

――グレイム・ウッド「洗浄」ニューヨーク・マガジン、二〇一三年六月一六日

私はウッドの話は珍しいものだし、面白いと思ったが、紙ナプキンを引き裂いていたという結末だけは面白いとは思えなかった。自分の存在が発覚したことで、ブライス・トムは相当うろたえていたのだろう。彼の心境を思うと気の毒になってしまった。

私は、グレイム・ウッドとニューヨークのカフェで会った。私はウッドに「ブライス・トムのような人間がいるとはまったく思いも寄らなかったので、これから自分で

も詳しく調べてみたいと思う」と告げた。すると、ウッドは私にアドバイスをくれた。怪しいな、情報を捏造しているんじゃないかな、と疑って調べてみたら、やはりフィネアス・アップハムと同様、メタル・ラビット・メディアの顧客だった、という人が何人かいるという。その人たちの名前も教えてくれた。その中の一人は、「国連の平和維持部隊に参加し、自爆テロの被害に二度遭った」などと紹介されているが、その経歴は実際よりかなり脚色されているという。

家に戻ってから、自分でも調べてみた。ウィキペディアには確かに「爆弾で受けたらしき傷を負ったが、血を流しながらもその場にとどまり、他の負傷者や、死にそうな仲間たちを助けた」とある。そこには、彼の勇気を称える言葉に溢れている。しかし、ウッドは「ウィキペディアのページは、メタル・ラビットの社員が書いている。どの社員かも知っている」と私に話した。

グーグルの検索結果を下の方まで詳しく見ていくと、その国連平和維持部隊にいたという男を「遊び人」と非難するサイトが見つかった。何と三人もの女性を同時に騙していたというのだ。「手が早く、病的なほどの嘘つきで、悪魔のようなことをする男」だという。

私は本人にメールを出し、「メタル・ラビット・メディアに情報の操作を依頼したのか」と尋ねた。すると歯切れの悪い言い方ながら「依頼はしていない」という意味の返答が得られた。だが、ウッドは「間違いなく依頼しているし、情報捏造の作業をした人間も知っている」と言っている。

グレイム・ウッドと同じく、グーグルの検索結果を下の方まで丹念に見ていく作業は面白かった。世界のほとんど誰も知らない秘密を発見するのは楽しいものだ。だが、ジャスティン・サッコやリンゼー・ストーンなどの件があってからグレイム・ウッドの書いた記事を読むと、まったく感じ方が違ってくる。何か著しく評判を落とすような事件があった時、メタル・ラビット・メディアのような業者に頼めば、その情報を見つかりにくくすることはできる。問題は、世の中の大半の人には、そんな業者を雇うだけの資金がないということだ。

ブライス・トムのような人間は、人の弱みにつけ込んで大金を稼いでいるとも言えるので、その存在を暴露することに意味はあるだろう。ただ、フィネアス・アップハムは、そのおかげでインターネット上から過去の悪い経歴をほぼ消すことができた。彼にも「忘れられる権利」はあるはずなので、それ自体は良いことだろう。

私はブライス・トムにメールを出し「メタル・ラビット・メディアは現在も活動を継続しているのですか」と尋ねてみた。

トムからは「私に何の御用ですか」という返事が来た。

「私はジャーナリストなのですが……」そう返事をした。

その後、トムからは一切、連絡がない。

＊

ジョーク写真を検索結果から消せるか

シリコンバレーの「ヴィレッジ・パブ」は、メンローパークそばのウッドサイド地区にある。外から見ると特に変わったところのない普通の店に見えるが、中に入ると、大変な高級店であることがわかる。客はＩＴ業界の億万長者ばかりだ。ＩＴ業界では、億万長者も服装は簡素な場合が多いが、この店もそれと同様、外見と中身がまったく違うということだ。

その店で私が食事をともにしたのは、マイケル・ファーティックだ。私はブライス・トムのようにインターネット上での「評判管理」を請け負う業者に取材申し込みのメールを何通か送ったが、返答があったのがファーティックだけだったのだ。

「正直に言って、あまり綺麗とは言えない仕事ですし、魅力には乏しいでしょうね。

なので、競争は少なくて楽とも言えます」ファーティックはそう言った。

「綺麗でない、というのは？」

「依頼人の中には、本当にどうしようもない悪人もいますし。たとえば、我々の世界では有名な顧客が一人いて、今は会社の経営者となっているのですが、彼はレイプで有罪判決を受け、四年間、刑務所に入っていました。会社を始めたのは、過去の犯罪を隠すのが主な目的だったのだと思います」ファーティックはその会社の名前を私に教えてくれた。「我々は、彼について新たな情報をインターネット上に大量に上げ、過去の経歴の隠蔽に協力しています」

この業界には競合する会社がいくつかあるが、いかがわしいところが少なくないし、顧客も同様だという。

「この仕事を始めて、ウェブサイト（ファーティックの会社のサイトはreputation.com）を立ち上げたのは二〇〇六年で、その時はまだ一人で営業していましたが、すぐに何人かから依頼がありました。依頼者の名前をグーグルで検索してみたら、皆、小児性愛者だったんですよ」

「その小児性愛者たちの名前は覚えていますか」私は彼に尋ねた。

「いえ、覚えていません。なぜ、その質問を？」ファーティックはそう答えた。

「わかりません。単なる好奇心ですね」私はそう言った。

「良くないですね。あなたが書かれる本では、そういう好奇心を批判するんじゃないですか」ファーティックは言った。

ファーティックはその店の他の客とは異質に見えた。その時の客の中に、私が顔を見て誰かわかる人はいなかったが、ともかく皆、とてつもないお金持ちであることはわかった。上品で、いかにも自家用クルーザーを持っていそうな、夏にはマーサズ・ヴィニヤードあたりの別荘で過ごしていそうな雰囲気だった。見た目から明らかにWASPで、苦労なく世の中を渡っているという印象。そのレストランの中でも、慣れた様子で優雅に振る舞っていた。

ファーティックはまず大柄で、態度が暑苦しいところが他の客と違っていた。ユダヤ人らしい巻き毛も目立っていた。彼はニューヨークの生まれで、ハーバード・ロースクールで学位を取得した。そして、ケンタッキー州ルイビルの連邦控訴裁判所第六法廷で事務官として働いている時に、「オンライン評判管理」という新しいビジネスが成り立つのではないかと思いついた。二〇〇〇年代半ばのことだ。ちょうど、「サイバーいじめ」や「リベンジ・ポルノ」などが話題になり始めた頃で、そこにヒントを得た。

ファーティック本人の話によれば、小児性愛者からの依頼はすべて断ったようだ。その後には、ネオナチからの依頼が何件かあった。ただし、「元ネオナチ」で、その過去を悔いている人たちだ。

「一七歳の頃、私はネオナチでした。当時はまだ子供で愚かだったんです。すでに四〇歳となり、別人のように変わったのですが、インターネットで名前を検索すると、私がネオナチだったという情報がたくさん出てくるので、今もまだ変わっていないと思われてしまいます」というような訴えがいくつも来た。

小児性愛者に比べれば同情できたが、ファーティックはユダヤ人なので、どうしても顧客にする気持ちにはなれなかった。

そういうことが続いたので、行動規範を明確に定めることにした。まず、警察等の捜査対象になっている人や、暴力犯罪、悪質な詐欺、性犯罪の犯人だと断定できる人の依頼は受けない。また、子供に対する性犯罪の場合は、それが疑われるというだけでも依頼に応じない。

彼の会社と他の競合企業の間には、その他にも道徳面において違いがあるという。

大きいのは、彼が情報の捏造をしないということだ。彼が利用するのは、あくまで本物の情報だけだ。

「すでに存在する大量の情報すべてについて、事実かどうかを確認する義務があるとは思いませんが、ともかく自分から捏造はしません」

私はファーティックと会う前に電話で一度話したが、その時に「あなたの仕事ぶりがどうにも想像できないですね」と言った。「いったいどういう方法でグーグルの検索結果を操作しているのか、私には見当もつかないです」

彼がしていることは、欧州人権裁判所が認めた「忘れられる権利」の行使なのだということはわかる。しかもそれを密かに行使しているのだろう。また彼の場合、ヨーロッパ限定ではなく全世界的に権利を行使するという特徴がある。

欧州人権裁判所の判決が出ても、望みどおり忘れられることのできない人が大勢いる。たとえ大勢のジャーナリストやブロガーが協力してくれたとしても、それで十分に効果があるとは限らない。そこで評判管理を請け負う業者に依頼する人もいるわけだ。業者の顧客リストを詳しく調べる人などまずいない。業者を利用したことが発覚するのは、フィネアス・アップハムのような、ごくわずかの不運な人だけである。

「あなたの仕事は私にはまったくの謎です」私はファーティックにそう言った。「特に技術的な面ですね。良ければ、誰かを例に、具体的な仕事の進め方を見せてもらえませんか」

「いいですよ」ファーティックはそう答えた。

どのように実演をしてもらうのか、私たちは細かく計画を立てた。まず必要なのは、私が作業を見ることを承知してくれる顧客を見つけることだ。顧客としては必死になって隠したいと思っていることを見せてくれと頼むのだから、それは簡単ではないだろう。まともにそう頼んで、はいわかりましたと言ってくれる人がいるとも思えない。

果たして誰なら可能性があるのか、私たちは話し合った。

ファーティックの提案は、リベンジ・ポルノの被害者はどうか、ということだ。一般には、恋人を拒絶したことで恨みを買い、裸の写真をインターネットに上げられた女性のことを指す。あるいは、問題発言をした政治家がいいかもしれないという提案もあった。問題発言をしてしまったので、それが原因で失脚する前に情報を隠蔽したい政治家が結構いるらしい。その他、ファーティックに提案されたのは、ある宗教団体の指導者だった。その人はつい最近、無実にもかかわらず自分の兄弟を殺害したという疑いをかけられ、インターネット上で非難されたという。

私は少し咳込んでから言った。

「ああ、その人にしてもらえますか」

　その宗教団体の指導者を仮にここでは「グレゴリー」と呼ぶことにしよう。もちろん本名ではない。人物が特定されると困るので、話の細かい部分は変えている。

　やはり宗教団体の信徒だったグレゴリーの兄(もしくは弟)がある日、ホテルの部屋で遺体となって発見された。信徒の一人が、殺人の疑いで逮捕された。捜査官は、グレゴリーが教唆《きょうさ》して殺害させたのではないかと疑っていたようだ。もちろん、疑われただけなので何も確証はない。にもかかわらず、いくつもの掲示板に、まるでグレゴリーが教唆したのは確実と言わんばかりの書き込みが数多くなされた。グレゴリーは、あのチャールズ・マンソンのような人間だというのだ。

　そこで、ファーティックの出番となった。グレゴリー自身が依頼してきたわけではなく、団体でアウトリーチ活動を行なっているチームがネット上の悪い噂に気づき、代わりに依頼したのだ。どういう話し合いをしたのか、細かいところまでは知らないが、私が一部始終を見るという条件で、今回は無料で作業を引き受けるということになったらしい。

グレゴリーは私にメールを送ってきた。私のおかげで無料になったということで、感謝してくれているようだった。また私のインタビューに応じてくれることにもなった。それもメールの文面からすれば、渋々応じるというのではなく、「ありがたく応じさせていただく」という雰囲気だった。

だが、彼はやはり戸惑っていたようだ。何しろ私がこれまで出してきた本のテーマが「サイコパス」や「陰謀論」など、一見、怪しげなものだったから無理もない。なぜ自分にインタビューしたがるのか、と思うだろう。公開羞恥刑をテーマにした今回の本は意外に思われるかもしれない。

グレゴリーは実際、私にそのとおりのことを言ってきた。そして「失礼なことを言います。もし気分を害したとしたらすみません」と謝罪した。彼は、怪しげな本を書いてきた私がこういう本を書くことが意外だという。この私が、公開羞恥刑という深刻な問題をテーマに本を書いて、果たして世間に真剣に受け止められるのかと思ったらしい。真剣に受け止められる自信が私にあったことも不思議だと言われた。

「確かに失礼だ」と私は思った。

グレゴリーはまた、私の本当の興味が殺人事件の方にあるのではと疑ってもいた。本を書くための取材というより、彼が殺人事件に関与していたかどうかに関心があると思われたのだ。果たして私の本音はどうだったか。

確かに彼は正しい。これからインターネットからはグレゴリーの名前が消されていく。つまり、一般の人が彼のことについて調べるのは困難になる。にもかかわらず私だけは彼本人から詳しい話を聞くことができる。それは正直に言って嬉しいことだった。

私は、オスカー・ワイルドの描いた「わがままな大男」のようなものだった。綺麗な庭の周りに高い壁を築き、私と私の読者以外、誰も中に入れず見ることすらできないようにする。そういうことを望んでいた。

グレゴリーと私は、それからの数日間で合わせて三〇通ほどのメールをやりとりした。私は終始、軽く陽気な文面になるよう心がけていたが、グレゴリーからのメールは少し暗い調子で、インタビューにあたっての「条件」がどうなるかをとても気にしているようだった。私は「条件」という言葉は無視して、軽い調子を続けた。

そしてついにグレゴリーは、私に独占インタビューの権限を与えてもよい、という通知をしてきた。ただし、弁護士に依頼し、契約書を作りたいという。私が彼のことを必ず肯定的に書くという条件を定めた契約書だ。もし、それに反して少しでも否定的なことを書いた場合、私は罰金を支払わねばならないという。

私とグレゴリーとの関係はそれで終わりだった。

もはや彼に対して愛想良くメールを書く必要はどこにもなくなったので、私は言いたいことを全部言った。

「絶対に良いことを書くと約束しろ、さもなければ罰金を支払え、などという契約にサインをすることは、どんな理由があろうと私には絶対にできません」私はメールにそう書いた。

「そんな契約は聞いたことがありません。これがジャーナリストにとってどれほどひどい契約であるか、いくら強調してもしすぎではないでしょう。サインをする者など決していないでしょう。もしサインをしたら、何をもって『否定的』とするかはあなたの判断になります。私が何を書いても、あなたが否定的と判断すればお金を取られてしまいます。まさかそんなことはないと思いますが、あなたが起訴されるようなことがあったらどうするんですか。私たちが途中で仲違いをしたとしたらどうですか?」

グレゴリーは私の本が成功するよう祈ってくれた。

なんとも腹立たしい結末だった。マイケル・ファーティックは、私の方で取材相手を選んでもいいと言ってくれた。結局、私に対して威圧的な態度に出ない相手を見つけるのは難しいことがわかった。グレゴリーは確かに起訴されたわけではないので、公式にはまったく犯罪者ではないが、彼からのメールの異常さ、常に自分を優位にしようとする態度を見ると、評判管理という仕事自体にどうしても疑いの気持ちを抱いてしまう。守ってはいけない人を守っているのではないか、という考えは捨てられない。

ファーティックには、私の下品な好奇心が良くないのだと言われた。それは私が自分の本でまさに糾弾しようとしている類の好奇心ではないのか、というのだ。彼の初期の依頼者に小児性愛者が多かったという話を聞いた時に名前を尋ねたが、そういう態度が問題だとも言われた。

彼の批判に私は困惑した。私は何も、皆が好奇心を持たない社会を望んでいるわけではないし、そのために本を書くわけでもない。下品な好奇心は褒められたものではないかもしれない。だが、好奇心はそれ自体、悪くないし、重要である。

人間には欠点がある。そして中には、多くの人に知らせるべき欠点もある。他人に恐怖を与え、害となる可能性のある欠点ならば、事前に知らせることも必要だろう。また反対に、その人の輝きを増すような欠点もある。完全無欠で冷たく見えていた人でも、思いがけない欠点があると知ることで、人間味を感じ、好感を持つことはある。ファーティックの仕事にはもちろん良いところもある。大して悪いことはしていないにもかかわらず過剰な攻撃を受け、名誉を失ってしまった人を救うことはできる。たとえば、ジャスティン・サッコのような人も救えるということだ。

私が「グレゴリーの代わりにジャスティン・サッコはどうか」と提案するメールをファーティックの会社の広報、レスリー・ホッブズに送ったのはそのためだ。

「彼女ならこの件にちょうど合うと思います」私はメールにそう書いた。「本人が嫌がるかもしれませんが、その可能性があるということだけでも彼女に言ってみていいですか」

レスリーからは返事がなかった。私はなぜジャスティン・サッコではだめなのか理由を問うメールも出してみたが、やはり返信がない。私としては彼らの意向を察するしかなかった。ただ、せっかくできたつながりは何とか活かしたいと思ったので、ジャスティン・サッコはあきらめ、別の候補を考えた。そして新たな候補となる人物にメールを三通送ったが、返信はなかった。その候補とは、リンゼー・ストーンだった。

乗り気でない相手に報酬を支払ってまで取材をさせてくれと頼む、などということは今まで一度もなかった。だが今回、無料のサービスを提供して、その代わりに取材を許可してもらう、というのは報酬を支払っていることになるだろう。他のジャーナリストが金の力で取材をするのを見たことは何度かあった。私はそんなジャーナリストを、敵意を込めて遠くから睨みつけているだけだった。

二〇年前、私は、イギリスのテレビ司会者がレイプの疑いで裁判にかけられた時、取材をしたことがある。裁判を傍聴していたジャーナリストたちは皆、無罪が確定した場合には独占インタビューをしたいと願い、彼に対して愛想の良い笑顔を向けていた。見ていて恥ずかしくなるような光景だった。

だが、その努力は無駄になってしまう。無罪判決が出た日、毛皮のコートを着た女性がどこからともなく法廷に現れ、彼を連れ去ってしまったからだ。あとでわかったのは、その女性が『ニュース・オブ・ザ・ワールド』紙の人間だったということだ。他の愛想笑いを浮かべたジャーナリストたちにはまったく可能性がなかった。その女性には報酬の用意があったからだ。

私には潤沢な資金などないので、ともかくファーティックの協力を得て、無料でのサービスを提供してもらわねば、ストーンを説得することはできないだろう。情報操作が無料ということになれば、彼女を前向きにする上で大きな力になるはずだ。

「彼女についての情報を操作するのには、おそらく何十万ドルという費用がかかります」ファーティックはそう言った。「最低でも一〇万ドルというところでしょうか。その何倍にもなることは十分にあり得ます」

「数十万ドル、ですか」私は言った。

「彼女の場合、状況が深刻ですからね」彼はそう答えた。

「どうしてそこまで高くなるんですか」私は尋ねた。

「グーグルに動いてもらわねばならないのでね」ファーティックは肩をすくめた。「リンゼー・ストーンのようになると特に大変ですよ」

私はファーティックの気前の良さに驚いていた。

実は、殺人の疑いをかけられた宗教団体の指導者や、ジャスティン・サッコが先に候補にあがっていて、それがうまくいかなかったので彼女になったのだ、ということはストーンには言わなかった。

グレゴリーには騙されたという思いがあり、気分が良くなかったが、ストーンはこの場合の取材対象として完璧だった。ストーンが相手であれば、奇妙な抗議を受けることもないし、こちらに圧倒的に不利な契約を結ばされそうになることもないだろう。

彼女の望みは、自閉症の子供の世話をする仕事を続けること、不安を感じずに日々暮らすことだけなので、そんなことをする必要はない。

「ファーティックに頼めば、例の写真はインターネット上から事実上、消滅します」

私は彼女にそう言った。

「それはすごいですね。信じられない」ストーンはそう答えた。「でも仮に完全に消滅はしなくても、グーグルの検索結果で三ページ目まで出てこない、というくらいで随分助かります。普通の人が見るのは最初の二ページくらいですから」

ストーンは、対策が決して完全なものでないことを理解してくれていた。私の本が出てしまうと、いったん忘れられた話を蒸し返すことにもなりかねないが、ストーンとしては今より悪い状況はないので、少しでも変わるのなら何でもしたいという気持ちのようだった。

しかも、本来、何十万ドルにもなるというサービスを無料で受けられる。これほど高額になるのは、完全に顧客ごとの個別対応になるからだろう。おかげで、相当のお金持ちでないと普通は依頼することができない。

私がストーンの家を出た後、彼女とファーティックは電話で話した。その後、ファーティックは私に電話をしてきた。

「とても丁寧に応対してもらえましたし、こちらにも協力的だと思いましたから、このまま進めていけると思います」彼はそう言った。

＊

法廷での公開羞恥刑

スケジュールの都合で、ファーティックはストーンに関する作業を数ヶ月間、始めることができなかった。私はその間、ただ待っているしかない。

私がこれまでに取材してきた中には、暗い事件がいくつもあった。たとえば、ＦＢＩの捜査が原因で無実の人たちが命を落とした事件、あるいは、銀行が債務者を厳しく追い詰めた結果、債務者が自殺してしまった事件などだ。どれも非常に辛い事件である。

そういう経験を数々してきた私でも、公開羞恥刑に遭い、破滅した人たちを見ていると、また違った辛さ、怖さを感じてしまった。ジョナ・レーラーとマイケル・モイニハンの間に起きた事件、あるいはジャスティン・サッコに起きた事件に対して、私は不安に陥ったし、憂鬱な気分にもなった。

そんな時に、リチャード・ブランソンの妹、ヴァネッサ・ブランソンからメールをもらったのは嬉しい驚きだった。マラケシュに彼女が所有する「リアド・アル・フェン」というホテルで開かれる座談会への招待状だった。リアド・アル・フェンは宮殿を改造したホテルで、ヴァネッサの別荘ともなっている。

メールによれば、参加者には他に、人権弁護士のクライブ・スタッフォード・スミス、建築家のデイヴィッド・チッパーフィールド、アート・キュレーターのハンス・ウルリッヒ・オブリスト、そしてアート・ビジネスで無一文から大富豪になったアルジェリアのレドハ・モアリなどがいるという。

私は「リアド・アル・フェン」をグーグルで検索してみた。「壮麗な歴史的建造物、外の喧騒とは別世界のような静けさ、眺めの良いテラスと美しい庭園。世界的に有名なジャマ・エル・フナ広場に近く、青空市場の開かれる賑やかな、迷路のような通りも歩いてすぐ」などと紹介されている。

四週間後、私はマラケシュにいた。ヴァネッサ・ブランソンの別荘の中庭に植えられたオレンジの木の下で読書をしていた。ヴァネッサは、中庭の隅に置かれたベルベットのベッドに仰向けに寝ていた。彼女の友人たちも大勢周りにいて、ハーブティーを飲みながらそれぞれにくつろいでいる。ソニー・ドイツのCEOもいれば、南アフリカのダイヤモンド鉱山のオーナーもいる。

そんな人たちに囲まれて、私は落ち着かない気分でいた。絶えず緊張して神経が疲れてしまう。皆、白い亜麻布の服を着て気楽に過ごしているようだったが、私はとてもそんなふうにはなれなかった。

突然、大きな音がした。私は本から顔を上げた。ヴァネッサ・ブランソンが中庭を走って、新たな訪問者を出迎える。彼もまた亜麻布の服を着ている。背が高く、痩せていて、いかにもイギリスの特権階級の人間という雰囲気だ。

外交官かもしれない、と私は思った。彼はすぐに私の方に歩み寄って、「クライブ・スタッフォード・スミスです」と自己紹介した。

私は一応、彼のことを知ってはいた。BBCラジオ4の「デザート・アイランド・ディスクス」という番組でインタビューを受けているのを聴いたからだ。そのインタビューの中で彼は、自分の人生の転機について語っていた。

ある時まで彼は、イギリスの既存の体制に順応して生きる人間になるべく育っていたという。ところが寄宿学校の生徒だった頃に、ジャンヌ・ダルクが火あぶりにされる絵を見てから自分の中で何かが変わった。その絵のジャンヌ・ダルクの顔は彼の姉によく似ていたらしい。二〇代の頃には、アメリカ、ミシシッピ州で死刑囚監房を担当する弁護士となり、その後、キューバのグアンタナモ収容所で囚人の弁護をしている。

デザート・アイランド・ディスクスの司会者、スー・ローリーは、スタッフォード・スミスという人間に驚き、戸惑っていたようだ。アフリカの最奥地を探検した貴族に相対した時のビクトリア女王も、同じような態度だったのではないかと思えた。

会ってすぐ、彼は別荘の迷路のような回廊を歩きながら、刑務所という施設は廃止すべきだと語り、その理由も話してくれた。

「三つほど質問をしてもいいですか」スタッフォード・スミスはそう言った。「それで私の言いたいことがわかってもらえるのではないかと思います。

まず、あなたがこれまで誰かにしたことで、最もひどかったと思えるのはどういうことですか、という質問です。いや、いいです。ここで大声で答えてもらわなくてもいいです。二つ目は、あなたが誰かにされたことで、最もひどく犯罪的と思えることは何ですか、ということ。三つ目は、最初の二つのうち、被害者にとって損害が大きかったのはどちらですか、という質問です」

二つ目の質問の答えは、「強盗」である。では損害はどのくらいだったか。ほとんどなかった。見知らぬ人間が自分の家の中を勝手に歩き回ったという事実に気分を害されはしたが、ほぼそれだけだった。しかも保険金まで手に入った。

一八歳の時には、街で突然襲われたこともあった。私を襲ったのはアルコール中毒の男だった。スーパーマーケットから出て来た私に近づき「何かアルコールをくれ」と叫んだ。そして私の顔を殴り、買った物を奪い取って走り去った。買い物袋の中には、アルコール類は何も入ってなかった。その後、何週間かは動揺が続いたが、それもやがて薄れ、消えていった。

私が誰かにした最悪のことは何だろうか。それはとてもひどいことだったし、された相手もひどい目に遭ったと思っているだろう。ただし、法に触れるようなことではない。

スタッフォード・スミスが言いたいのはこういうことだ。

刑事司法制度の目的は、罪を償わせること、犯罪者を更生させることだ。だが、囚人、特に若い黒人の囚人たちが収監される原因になった犯罪には、被害者からすれば、精神的な痛手の大きくないものが多い。それよりは、犯罪としては扱われなかった行為によって怪我をするなどして、誰かが精神的な痛手を被っていることが多いのだ。

配偶者や上司、街のごろつき、銀行員などに身体的、精神的な暴力を受けて痛手を被ったが、犯罪扱いにはなっていない、そういうケースが少なくないのだ。

私はジャスティン・サッコのことを考えた。彼女を攻撃した人は大勢いたが、彼女のツイートによって精神的に強い苦痛を受けた人はそのうち何人いただろう。私の知る限り、本当に強い苦痛を受けたのは、たった一人、彼女本人だけだ。

「私は今、公開羞恥刑についての本を書いているんです」私はスタッフォード・スミスにそう言った。「公的にはすでになくなったはずの公開羞恥刑ですが、最近は一般の市民がインターネット上などで特定の個人に一斉に攻撃を加えて罰するということが多くなっているんです。あなたは長い年月を法廷で過ごして来られた方です。法廷ではそういうことってありますか。晒し者にして屈辱を与えるという方法で、誰か特定の個人を攻撃することって法廷でも行なわれているんでしょうか」

「ああ、はい」彼はとても嬉しそうにそう答えた。「私はいつもやっていますね。これまで、相当な数の人にそういう攻撃をしました。標的にすることが多いのは、何かの専門家ですね」

「具体的にはどういうことをするのですか」私は尋ねた。

「方法はとても単純です。何か難しいことを言うんです。その専門家がおそらく知らないであろうことを。裁判に直接、関係のないことでもいいんです。ともかく、専門家が何も発言できなくなるようなことであるのが大事です。知らないのだけれど、立場上、知らないとは言えない、そういう状況に追い込みます。その状況で悪あがきをすればするほど、愚かな人間に見えてしまうんです」

「知らないと言えないのはなぜでしょうか」

「そういう商売なんです」スタッフォード・スミスはそう答えた。

「人の知らないことを知っている、それで尊敬されることで成り立っている商売ですからね。専門家でいるというのは大変なことですよ。普通の食事の席で、退屈な人たちと食卓を囲んでいる時ならば、さほど緊張をする必要はないでしょう。しかし、たとえば、殺人鬼として知られたテッド・バンディの裁判で何か証言をしなければならないとしたらどうでしょう。その場で愚かな人間だと思われるわけにはいかない。愚か者に見せないためなら、何だってするでしょう。そこが付け目なんですよ。そういう人を愚か者に見せることができれば、こちらにとっては非常に有利になります」

彼の話を聞いていると、法廷において誰かに恥をかかせることは、呼吸をするのと同じくらい自然なことのようだ。おそらくいつになってもそうなのだろう。証人への尋問が厳しいのは当然だとも思う。絶対に嘘をつかせてはならないのだから、厳しくする必要がある。

しかし、一般の社会は法廷とは違う。いくら自由な社会だとはいっても、正義を盾に何をしてもいいというのはおかしい。

ソーシャル・メディアはまだ歴史が浅いため、羞恥刑に関する議論もまだまだこれからである。スタッフォード・スミスによれば、公式な裁判ではむしろ、優れた戦術として積極的に用いられているようだ。それは私にも理解できるが、裁判所のような権威ある場で長年にわたりそうした戦術が珍重されていれば、一般の社会にも影響はあるのではないだろうか。少なくとも、法廷で実際に恥をかかされた人への影響は小さくないはずだ。

第12章 法廷での羞恥

著者は、法廷で証言をする専門家のための講座に参加する。法廷での「羞恥」の重要性を確かめるためだ。そこで、人前で恥をかかされた人は、うろたえ、別人のように見えることを発見する。

羞恥は人を弱く見せる

場所はマンチェスターのピカデリー・ホテル。会議用テーブルの周りには一〇人以上の人が座っていた。その中には海洋冶金学者もいれば、小児科の看護師、脳損傷を専門とする作業療法士、ロンドン警視庁の麻薬捜査班で働く検査技師、タバコ会社勤務の会社員、主に子供の虐待やネグレクトが疑われる家庭の訪問を仕事にしているソーシャルワーカーなどもいた。

彼らの共通点はただ一つ、これからはじめて法廷で専門家として証言をする人たちだった。皆、今後、何度も呼ばれて裁判でも報酬を得られるようになりたいと望んでいた。ただ、もちろん、私もそうだが、その場の誰も裁判というものがどのように進んでいくのか、細かいことを具体的には何も知らなかった。一度も法廷に呼ばれたことがないのだから当たり前だ。そこで、それを教えてくれるこの講座に申し込み、集まって来ていた。

講座を企画したのはボンド・ソロンという、司法関係の研究を専門とする企業だった。私は、前章で触れた弁護士のクライブ・スタッフォード・スミスと話をした後、講座への申し込みを決めた。私が講座を受けることにしたのは、その種の講座でわざわざ取りあげられるほど、「羞恥」という要素が法廷での証人にとって本当に重要なのかを確かめたかったからだ。

その点に関しては、講座が始まって間もなく言及があった。会場にはホワイトボードが一つあり、その日のトレーナーであるジョンが、ホワイトボードの横に立った。ジョンは自己紹介をすると私たちにこう言った。

「あなた方は、言ってみれば、二匹の犬が引っ張り合う骨です。どちらも、骨を自分のものにして、裁判に勝ちたいと思っている。弁護士は自分の目的のためにあなた方を利用します。その時、気をつけていないとあなた方は怪我をすることになります」

ジョンはそう言って、教室を見回した。

「弁護士が何をしようとしているのか、常に注意して見ていてください。弁護士は何とかあなた方の足を引っ張ろうとします。あなた方がいかに無能で未熟であるかを証明したがります。そんなことをされれば、当然、いらだち、怒りも感じるでしょう。弁護士はそのために、あなた方を専門分野から、よく知る世界から、できるだけ引き離そうとするのです。どうやって？　彼らは具体的にどういうことをするのでしょうか」

沈黙があった。ジョンが大げさなことを言って脅しているのではないとわかったので、皆、真剣に考えているようだった。

「顔の表情でしょうか」海洋冶金学者が言った。

「どういう意味ですか」ジョンは言った。

「絶対に笑わない、とか」海洋冶金学者はそう言った。「たとえば、何を言われても笑わず、真顔で聞いていれば、話している側はそれだけで不安になると思うんです。つまらない話をしているのかなと感じてしまう」

ジョンは、その意見をホワイトボードに書き留めた。

「何を言われても信用せず、見下したような、嫌味な態度を取り続けて、自信をなくさせる、ということでしょうか」ソーシャルワーカーが言った。

「ずっと薄笑いを浮かべている、というのはどうでしょうか」検査技師は言った。

「それは違いますね。さすがにそれはプロとしてどうでしょうか」ジョンは言った。「不信感を露わにするというのはあるでしょう。すぐに『本当ですか』と問いかけてきます」

「不安のあまり、私が思わず苦笑いをしてしまったらどうなりますか」検査技師はそう言った。「プレッシャーがかかると私はつい苦笑いをする癖があって」

「それは絶対にだめです」ジョンはそう注意した。「あなたが笑えば弁護士はこう言うでしょう。『何が面白いんですか。私の依頼人は少しも面白くないですよ』」

「向こうのやり口があまりにひどく、とても対応ができないと思ったら、途中で止めさせることはできないんですか」海洋冶金学者は言った。

「無理ですね」ジョンは言った。「そういうことは認められていません。他に何か思いつきますか」

「わざと名前を間違えるとか」誰かが言った。

「ただ黙っているというのは？」また別の誰かが言った。皆、弁護士がただ黙ったままでいる状況を想像して、恐ろしくなったようだった。

「着る服の色にも注意した方がいいんでしょうか」ソーシャルワーカーが尋ねた。「茶色を着ていると信用されにくいという話を聞いたことがあるんですが」

「それは難しい話で、私には答えられませんね」ジョンは言った。

私は昼食の前までには、羞恥から離れ、他の技術の話へと講座が進んで行くものだとばかり思っていた。ところが実際にはそうではなかった。法廷に出る証人にとって、羞恥が非常に重要な問題であり、一日を費やすほどの価値があるのだということが私にもわかってきた。

午後は、法廷で恥をかかされずに済むためのテクニックを教わった。

はじめて証言台に立つ時、必ずすべきなのは、法廷付添人に水を持って来てくれるよう頼むことだとジョンは私たちに言った。そうすることで気持ちを落ち着かせる時間を稼ぐことができる。水は自分でグラスに注いではいけない。付添人に注いでもらう。弁護士が質問をしてきた時には、弁護士に向かってではなく、腰を回転させて、裁判官の方を向いて答えるべきだ。

「そうすると、弁護士の側は、あなたを攻撃しにくくなります」ジョンは言った。「不思議なのですが、気をつけてないと、どうしてもこちらを攻撃してくる当の弁護士の方を見てしまいます。これはいわゆる『ストックホルム症候群』に関係があるかもしれません」

その日の最後には、模擬裁判が行なわれた。受講者が学んだことをそこで実践するわけだ。最初に証人役をしたのは海洋冶金学者のマシューだった。ジョンは私に裁判官の役をするよう言った。

誰もがマシューに協力的で皆、笑顔だった。彼は若く、ピンクのシャツを着てピンクのネクタイをしていた。緊張しているのか少し震えている。自分でグラスに水を注いだ。グラスの中の水は、小さな地震の時の池のように揺れていた。

「付添人に注いでもらうように言われたのに」私はそう思っていた。

「あなたがお持ちの資格を教えてください」模擬裁判で弁護士の役をするジョンがそう言った。

「私は上位第一級、そして第二級の冶金学の学位を持っています」マシューはジョンの目を見て言った。そして、日本の芸者のようにおじぎをした。

「こちらを見て話すように言われたのに」私はそう思っていた。

マシューは一五分ほど、そのまま証人を演じ続けた。腐食コイルについての話を小声でしていたが、その時の顔色はまるで錆びついた貨物コンテナのような赤だった。唇は乾き、声は震えていた。まったくひどい状態だったと言えるだろう。

「弱いな」私は心の中でそう思っていた。「ちょっと弱すぎる」

だが、やがて我に返った。自分がいかに人を表面的なことで判断しているかに気づいて驚いてしまった。その人が何を言っているのか、何を知っているかで判断せず、ただうろたえて見えるというだけで、勝手に「この人はだめだ」と決めてしまっていたのだ。

*

ソーシャル・メディアの方がまだまし？

私は、スコットランドのニューカムノックという街に住む女性と、手紙のやりとりをするようになった。彼女の名前はリンダ・アームストロング。

ある九月の夜、彼女の一六歳の娘、リンジーが近所のボウリング場から帰る途中、同じ街に住む一四歳の少年にレイプされた。少年はバスから降りたリンジーのあとをつけ、公園に連れて行って地面に押し倒し、レイプした。

少年の裁判で、リンジーは少年を担当した弁護士、ジョン・カラザーズに尋問された。リンダは、尋問を文字に起こしたものを私に送ってくれた。「私は読んでいません」リンダは手紙にそう書いていた。「向き合うことができないんです」

リンジー・アームストロング：彼は私のあとをついてきて、一緒に行こうとしつこく誘ってきたんです。私は嫌だと何度も言って、彼から離れて歩いて行ったんですけど、それでもあとをついて来られてしまって。とうとう、こんなふうに私の腕をつかんできて、キスをしてきました。私は彼を突き飛ばそうとしました。その間ずっと「離して」と言い続けてました。でも、彼は私を押し倒しました……。

ジョン・カラザーズ：七番のラベルが見えますか。これは何でしょうか。

リンジー・アームストロング：ええと。

ジョン・カラザーズ：何ですか。

リンジー・アームストロング：私のパンツです。

ジョン・カラザーズ：あなたがあの日にはいておられたパンツですね。

リンジー・アームストロング：ええまあ。

ジョン・カラザーズ：皆さんによく見えるよう、そのパンツを持ち上げてもらってもいいですか。それも大事な証拠の品ですからね、皆さんに見せるのが当然だと思いますが。

リンジー・アームストロング：私がどういうパンツをはいていたかは、事件には何も関係ないと思いますが……。

ジョン・カラザーズ：もう一度持ち上げてください。パンツにも種類があります。色々なデザインがありますよね。これは何という種類ですか。ソング(Tバック)

ではないですか。

リンジー・アームストロング：そうです。ソングです。

ジョン・カラザーズ：すみません。ミス・アームストロング。持ち上げてもらっていいですか。

リンジー・アームストロング：ごめんなさい。

ジョン・カラザーズ：これであなたにもパンツがよく見えるはずです。違いますか。

リンジー・アームストロング：はあ。

ジョン・カラザーズ：前に何かプリントされていますね。読んでください。

リンジー・アームストロング：リトルデビル。

ジョン・カラザーズ：何ですって？

リンジー・アームストロング：リトルデビルです。


「下着を持ち上げさせられたのはすごく嫌だったし、恥ずかしかったとリンジーは言っていました」リンダは私へのメールにそう書いた。

「持ち上げてすぐに下ろしたら、弁護士が再度持ち上げるよう指示してきたそうです。

娘がどういうパンツをはいていたか、陪審員に見せるためだけに、そんなことをさせたんです。多分、それが尋問の中でも娘にとって一番ストレスになったと思います。その後、娘はその下着を決して見ようとしませんでした。下着の前に何がプリントされているか言わせるなんて、必要だとはどうしても思えません」

少年は有罪になり、青少年犯罪者収容所に四年入るよう言い渡された（ただし、実際には二年で出てきた）。尋問の三週間後、午前二時に、両親は娘が寝室で死亡しているのを発見した。彼女はクイーンの『ボヘミアン・ラプソディ』を流しながら、致死量の抗鬱薬を服用した。

羞恥は、遊園地によくある、物が歪んで映る鏡に似ている。公衆の面前で誰かにわざと恥をかかせれば、その人を本来とは違う姿に見せることができる。ジョン・カラザーズの例などを見ると、ソーシャル・メディアでの公開羞恥刑はまだましのような気もする。

ただ、本質は同じなのではないだろうか。恥をかき、うろたえている人を見ると、やはりその人に何か非があるように見えてしまうのが人間である。そんな事態を何とか避ける努力をすれば何かが変わるのではないかとも思う。人前で誰かに恥をかかせるようなことは断固としてしない、というのが大事なのではないか。司法の場でも、そういう試みはなされていないのか、と私は思った。

実は、それがなされていることが後でわかった。しかも、最もしそうもない人の手によって。

第13章　恥なき世界

恥の感情が凶悪犯罪の原因だと考え、刑務所改革を行なってきた著名な精神科医。彼の方法論を引き継ぎ、虐待などを受けてきた人の治療に関わる元州知事。恥をかかせる刑罰に意味はあるのか？

同性愛を告白し、辞任した州知事

ニューヨーク、マンハッタンのミートパッキング地区のレストランで、幼い男の子とその父親が朝食をとっていた。ほとんど客のいないレストランである。やがて二人は、一人の男が自分たちに向かって走って来るのに気づいた。とにかく何か急いで伝えたいことがあるらしい。いったい何事が起きるのかと少年は心配そうにしている。男はそばまで来ると呼吸を整えてからこう大声で言った。

「算数、がんばって勉強しろよ！」

しばらく沈黙があり、少年は答えた。

「うん、わかった」

男は私のいる方に歩いて来て、座った。子供を励ました自分に満足げな様子だ。男の電話が鳴った。「失礼」彼はそう言うと、電話に出た。「ゆうべはどうだった。ばっちりか？」彼は電話に向かってそうわめいた。「誓えるか？ 絶対だな。よしわかった！ 元気で。じゃあな！」彼はそう言って電話を切ると、嬉しそうに笑った。きっと良い知らせだったのだろう。素晴らしい朝になったことを喜んでいる笑顔だ。

男の名前はジム・マッグリービー。以前、ニュージャージー州知事だったが、自ら同性愛者であることを告白し、辞任している。

「私は誰に対しても一度も減刑などしていませんよ」彼は私にそう言った。

「減刑には具体的にどういう手続きが必要なのですか」私はそう尋ねた。

「検事当局が推薦をします。検事当局は該当地域の検察官に連絡を取り、検察官は、減刑対象となる人間の保護観察官に連絡を取ります。そして、保護観察官が、公式に知事に対して減刑の推薦をします。私がその知事だったわけです」

私は刑務所にいる囚人の姿を思い浮かべた。マッグリービーに宛てた手紙を書いている姿を。何をどう書けば少しでも刑を軽くしてもらえるか、必死で考えながら書いている姿だ。どうすれば知事の注意を引き、自分のことを考えてもらえるのか。

「推薦された囚人からの手紙の中で、印象に残っているものってありますか」私はマッグリービーに尋ねた。

「実は、どれも読んだことないんですよ」彼はそう答えた。

「まったく読まないんですか?」

マッグリービーは首を横に振った。

「あなたは厳しい裁判官のようですね」私は言った。

「私は法と秩序を重んじる民主党員ですよ」

マッグリービーは、二〇〇一年にビル・クリントン、ヒラリー・クリントン夫妻にも応援を受け、州知事に当選した。若くハンサムな彼は結婚していて、二人の美しい娘もいた。知事選は地滑り的な勝利だった。ニュージャージー州のパワーエリートの中核を占める地位にまで上り詰めたわけだ。

マッグリービー本人が後に回想しているが、そこは、マキャベリの生きた時代のヴェネツィアを思わせるような権力闘争の激しい場所だった。政治家どうしが顔を合わせる時には、まず盛大にハグをするような土地柄なのだが、皆、ハグをしながら相手が武器を隠し持っていないか密かに確かめている。たとえ二人が友人であっても同じことだ。

＊

ただ、ともかくマッグリービーは知事となり、ビーチハウスやヘリコプター、何人もの一流料理人を自由に使えるようになった。知事官邸である「ドラムスワケット」の住人となることができた。

マッグリービーは自分のことを成功者だと思った。もはや誰も奪えない確固たる地位を築いたと感じていた。9・11の少し後のことだ。

彼は、州北部の地域紙『バーゲン・レコード』のオフィスに顔を出した。そこでジャーナリストたちと話をした。

彼の態度は大きく、大威張りでこんなことを言った。

「安全保障のためには惜しまず金を使うつもりだ。イスラエル国防軍の安全保障アドバイザーだった人間も雇った。最高の人材だ」

そういう発言の後、「今日も言ってやった」とばかりに知事は満足げに立ち去ったのだが、バーゲン・レコード側の人間が、自身の発言に疑問を持っているということには気づいていなかった。「いったいなぜ、一地域の安全保障のために、ニュージャージー州知事はイスラエル国防軍の人間を雇わなくてはならなかったのか」と皆、思っていたのだが、それには気づかなかった。

*

少年時代、マッグリービーがサマーキャンプのテントで寝ていた時、別のテントから話し声が聞こえてきた。どうやらマッグリービーのことをゲイだと言っているらしい。そして、話している当人たちも、どうやらゲイなのだということがわかった。マッグリービーは私にそう話しながら、コーヒーをかき混ぜていた。

「不思議なんですが、この時のことがずっと忘れられないんですよね」
「わかりますよ」私も言った。「一五歳、一六歳の頃のことって私もよく覚えています」私たちはお互いを見合った。ニューヨークのコーヒーショップで二人の中年男がお互いを見合っていた。

マッグリービーは成長しコロンビア大学へと進学した。夜になると、一一六丁目から南へと延々歩き、ミートパッキング地区まで行ってゲイバーを窓から覗いたりもした。だが、中に入ることはできず、そのまま一一六丁目へと帰った。

大学卒業後、彼は副検事になり（検事の検事と言ってもいい仕事だ）、さらに町長になった。その間に、自分が同性愛者でなくなるためにどうしたらいいか考え、そのための方法を書いた本も読んでいた。州議会の下院議員だった時には、同性愛者の結婚を認める法案に反対票を投じている。

マッグリービーは最初の州知事選で、二万七〇〇〇票というわずかな差で敗れた。二度目の選挙運動中、彼はイスラエルへの視察旅行に出ている。支持者との関係で、どうしても行かざるを得なかったのだ。旅行中、彼は、ある田舎町で昼食をとった。そこで隣に座った男が自己紹介をした。ゴーランと名乗ったその男は、地方自治体の首長の下で働いているという。

「前回の選挙のことは私もよく知っていますよ」ゴーランはそう言った。

「二万七〇〇〇票差とは、また本当に僅差でしたね」

マッグリービーは後にこう書いている。

「あれほど嬉しい言葉をかけてもらった経験は今までなかった。地球の裏側と言ってもいいほど離れた国の一地方政治家のことを、ここまで知ってくれていることはまずあり得ない」

マッグリービーは、ゴーランと恋に落ちた。彼はゴーランに、ニュージャージーに来て欲しいと言った。そうすれば、知事の「特別顧問」など適当な役職を作って、そばで働いてもらえるようにするから、というのだ。ゴーランはその申し出を受け入れ、アメリカへとやって来た。アメリカに着いたゴーランは、マッグリービーのスタッフが使っていた豪華なオフィスを自分のものにしたいと言い出した。マッグリービーは彼の言うとおりにした。

＊

マッグリービーがバーゲン・レコード紙のオフィスを訪れてから数週間後、同紙は、知事の不思議なイスラエル人スタッフについて紹介する記事を載せた。

それによると、ゴーランは元水兵（イスラエル海軍に属していたことがある）で、詩人（高校時代にいくつか詩を書いていた）だという。

マッグリービーは、ゴーランに関して彼自身もよく知らないことが報じられるのを恐れた。尋ねられても答えることができないからだ。この報道の後も、スタッフはいつもと変わらず、何事もなかったかのように振る舞っていた。だが、それ自体が、いつもとは違うということを意味した。

「皆、知事が耳にしたくない言葉は言わないように気をつけていました。それがわかるんです」マッグリービーは私にそう言った。

マッグリービーはゴーランから距離を置くようになった。そして、政権を守るために、今の仕事を辞めてもらう必要があるとゴーランに告げた。その宣告はゴーランにとっては大変な打撃だった。アメリカの政治の世界で出世をしようと目論んでいたのに、それができなくなってしまう。マッグリービーは自分の政治生命を守るために彼を放り出すという。

数週間後、一通の手紙が知事のもとに届いた。ゴーランの弁護士からの手紙だ。セクシャル・ハラスメント、性的暴行を受けたとして訴えるという脅しの手紙だ。

「それですべてはおしまいってわけです」マッグリービーは私にそう言った。

三年間、州知事の地位にいたが、それも終わる日が来た。マッグリービーは記者会見を開き、自分は同性愛者だと告白した。

そして、ゴーランが自分の愛人だったことも認め、知事を辞任すると発表した。記者会見を終えた彼は、「メドウズ」というアリゾナ州の診療所に入ってしまった。そして、心的外傷後ストレス障害（PTSD）という診断を受けた。

＊

恥の感情が凶悪犯罪の原因

「ジェームズ・ギリガンにお会いになったんですよね」マッグリービーはレストランで私にそう言った。

「はい、会いました。ジェームズ・ギリガンは素晴らしい人ですね」

実際、私はこの本のための取材を始めて間もない頃に、ジェームズ・ギリガンに会っている。あの悲惨な結果に終わった、ナイト財団主催のカンファレンスでジョナ・レーラーが行なった謝罪講演の直後だ。

ギリガンは今、中年期の後半というくらいの年齢で、憂いのある顔に、薄い髪、いかにもアメリカ東海岸の精神分析医というメタルフレームの眼鏡をかけている。彼はニューヨーク、ウェストヴィレッジのアパートに住んでいたが、私はその共用の中庭でギリガンと顔を合わせた。

公開羞恥刑が人間の内面に与える影響について、ギリガンほど詳しく調査、研究した人は、世界中探してもほぼいないと思われる。だからこそ、ソーシャル・メディアでの公開羞恥刑の復活に強い危惧を抱き、その防止のために動いていた。彼にとっては、それが一つのライフワークになっていたのだ。私は彼が具体的にどういう活動をしてきたのかを詳しく聞きたいと思った。

本人の話によると、一九七〇年代、ギリガンはハーバード・メディカル・スクールに在籍する若き精神分析学者だったという。その頃は「毎日、あなたや私のような中年の神経症患者の治療にあたっていました」と言っている。

ギリガンはまったくの無関心だったが、当時は不思議にも、マサチューセッツ州の刑務所や精神科病院などで、自殺者が出る、殺人や暴動、誘拐、放火などの危険な事件が起きる、といったことが相次いでいた。囚人や看守、訪問者などに次々に死亡者が出ていた。七〇年代の間は、そうした事件の発生を抑えることができなかった。一つの刑務所で、月に一人は殺される、六週間に一人は自殺するという状況だったのだ。囚人たちは、自らカミソリの刃を飲み込むこともあれば、他の囚人を失明させる、去勢するということもあった。

連邦地方裁判所の判事だったW・アーサー・ギャリティは、矯正局に対し原因の究明を命じた。精神分析学者のチームを派遣して、調査にあたらせろというのだ。この時、チームのリーダーとして招かれたのがギリガンだった。彼はリーダーとなることは承諾したものの、あまり熱意はなかった。刑務所で暴力事件を起こす人間はきっと、サイコパスなのだろうと彼は思っていた。

「サイコパスとはそういうふうに生まれついている人だと、私はずっと教わってきましたから」ギリガンはそう言った。「そして彼らは、少しでも刑を軽くするためなら、他人を利用するなど、できることは何でもすると思っていました」

ギリガンにとって、サイコパスは人類ではない別の生物のようなものだった。ブリッジウォーター州立触法精神障害者病院に最初に足を踏み入れた時、彼は自分の想像していたとおりのものを見た、と感じた。

「私がそこで最初に会ったのは、ボストンのスラム街でいわゆる『ポン引き』をしていた男でした」ギリガンはそう話した。「彼は自分の抱えていた売春婦を何人か殺し、その他にも地域の人間を数人殺した後、ついに逮捕されました。逮捕後は、裁判を待つ間、チャールズ・ストリート刑務所に入れられていました」

刑務所に入ると、彼は即座に他の囚人を一人殺してしまった。

「あまりに危険なので、他の囚人と同じ場所には入れておけないということになりました。結局、彼は重警備の刑務所であるウォルポールに送られることになったのです。ところが、そこでも殺人事件を起こしてしまいます。私が彼に会ったのはその頃です。

その姿はゾンビのようでした。物静かではありました。見るからに精神障害者という印象ではないですが、決して普通ではないことはすぐにわかります。誰もが次に殺されるのは自分ではないかと恐れていました。『この男は治療不可能だ』と思いましたが、ともかく周囲の人間の安全は確保しなくてはいけません。そこで、ある寮の建物に彼を入れることにしました。建物の扉に鍵をかけて外へ出られないようにし、職員には絶えず建物の周囲を取り囲んで壁になるよう言いました。そして、たとえ何があっても彼には二メートル以内の距離に近づくなと指示したんです。手の届く距離にいてはいけない。近づけば怪我をすることになると言いました」

しばらくは無事に過ぎた。だが、ギリガンは驚くべき話を聞くことになる。実際に刑務所内で殺人をした人間が何人か、ギリガンに話をしてくれたのだ。

「皆が口を揃えて言ったのが、自分たちはもうすでに死んでいるということです」ギリガンは私にそう言った。

「いずれも、手がつけられないほど暴力的になってしまった者たちです。彼らは、他人を殺し始める前に、すでに自分自身を殺してしまっているということです。すでに人格が死んでいる、ということでしょうか。彼らは自分の内面が死んでいると感じていた。内面が死んでいるから感情を持つことはない。また、身体的な感覚も麻痺してしまっている。自分自身を傷つける者がいるのはそのためです。自分自身の身体をひどく傷つけて平気でいるのです。自分を傷つけるのは、罪の意識があるからではありません。罪の意識を感じ、自らを罰して罪を償おうとしているわけではないのです。自分に感覚があるかどうか、確かめようとして、そういうことをするのです。彼らにとっては、自分が無感覚だと知る方が、身体的な苦痛を感じるよりも辛いのだと思います」

ギリガンは、囚人たちにインタビューをして、その時に知ったこと、感じたことをメモ帳にぎっしりと書き込んでいた。メモ帳にはたとえばこんなことが書かれている。

「自分がロボットかゾンビのように感じられると私に話した者がいた。自分の身体は空っぽ、あるいは、ただ藁《わら》が詰め込まれているだけ、肉もなく血もない、血管や神経はなく、紐や糸が入っているだけ、そう感じる者もいるらしい。囚人の中には、自分のことを腐敗していく食べ物のように感じる、と言っていた者もいた」

こういう人間の魂は、ただ単に死んでいるのではない。死んでいるのは何者かに殺されたからだ。いったい、なぜ、どのようにして殺されたのか。

ギリガンは、まさにそれがマサチューセッツ州の刑務所や精神科病院が自分を招いた理由だと感じていた。

ある日、ギリガンの頭に一つの考えがひらめいた。

「暴力犯罪の多くには共通点がある、皆が、ある秘密を抱えているということだ」ギリガンはそう書いている。「それは、彼らが実は自分の存在を恥じている、という秘密である。深く、強く恥じており、恥の感情は絶えずつきまとい、消えることはない」

犯罪者たちは、自分のことをいつも恥じているというのだ。

「私が確認した範囲では、重大な暴力犯罪の背後には、必ず恥の感情がある。恥をかかされた、屈辱を与えられた、軽蔑された、嘲笑われた、そういう経験が背後に必ずある。この種の犯罪者は、子供の頃に、銃で撃たれる、刃物で切られる、殴られる、首を締められるなどして窒息させられそうになる、むちで打たれる、ドラッグを投与される、飢えさせられる、火をつけられる、窓から放り投げられる、レイプされる、親に売春を強制される、などの経験をしている。普通の人間であれば、単に言葉によって恥をかかされ、拒絶され、侮辱され、軽蔑されるだけでも、自尊心を破壊され、魂が死んでしまうことがあるだろう。だが、凶悪犯罪者たちの場合は、言葉だけではない。もっとひどく、極端で、おぞましい仕打ちを繰り返し、頻繁に受けたのだ。大人になってから頻繁に凶暴な振る舞いをした者たちは、ほぼ例外なく、子供の頃に絶え間なく暴力的な虐待を受けていた者たちである」

「あらゆる暴力は、その被害者から自尊心を奪い、代わりに恥の感情を植えつける。それは事実上、その人を殺すのと同じだ」

ある囚人がギリガンにこう言ったという。

「誰かに銃口を向けると、その相手から尊敬されているように感じるんだ、信じてはもらえないだろうが」

子供の頃から、侮辱され、軽蔑されることしか経験してこなかった人間にとっては、このようなひどいかたちであれ、わずかな間でも尊敬されるのは価値があることなのだ。その価値に比べれば、刑務所に入るかもしれない、自分の命が失われるかもしれないという危険など、大したことではない。

そして、刑務所に入れられると、状況はさらに悪化する。一九七〇年代には特に暴動の起きやすい刑務所だったウォルポールでは、看守が監房をわざと水浸しにする、囚人の食事の中に虫を入れるといったことが行なわれていた。囚人たちは毎回、食事の前に、うつぶせに寝るよう強制された。

時には看守が囚人に対し、「面会者が来ているぞ」と告げることがあった。そこの囚人たちに面会者が来ることなどないので、言われた方は当然、喜ぶ。だが、喜んでいると、看守は「本当は面会者などいない」と言うのだ。ただからかっただけというわけだ。そういうことが度々あった。

「看守の側では、どれも囚人たちを自分に服従させるための手段と思ってしていたことです」ギリガンは私にそう話した。「しかし、まったくの逆効果でした。彼らのしたことは囚人の暴力を助長することになりました」

「本当に凶悪犯罪者すべてがそうなんですか」私はそう尋ねた。「恥の感情が凶悪犯罪の原因になっているということですか」

「あまりに普遍的なので、私自身も驚きました」ギリガンはそう答えた。「何十年にもわたって調べましたが、やはりそうでした」

「例のボストンのポン引きはどうでしたか」私はそう言った。「彼にはどういう事情があったんですか」

「母親が、彼には悪魔が取り憑いていると信じていたらしいです」ギリガンはそう答えた。

「それで、母親はすべてを真っ黒にした地下室でブードゥー教の悪魔祓いの儀式をしました。その儀式はとても恐ろしく、自分は死んでしまうのではと思ったそうです。恐怖のあまり失禁もしました。普通の子と同じような愛情はまったく受けることができませんでした。母親は彼に悪いアイデンティティを与えてしまいました。心の中に悪魔がいるというのですから。ずっとそう言われていれば、彼もそれなりの振る舞いをするようになります」

ギリガンは少し間を置いてから話を続けた。

「私に話をするまでしばらく時間のかかった者もいました。自分は自らを恥じていると認めるのは恥ずかしいことですからね。

ところで、私たちは『感じる』という言葉を使いますよね。『恥を感じる』とか。

でも、この『感じる』という言葉は誤りなんじゃないかと思うんですよ」

「恥」を感情と呼ぶのは、矛盾したことかもしれない。恥は苦痛を呼ぶ。そして、自分を絶えず恥じていると、その人の感情は死んでしまう。恥が感情を殺すのだ。その恥を感情と呼ぶのは奇妙だ。恥は「寒さ」に似ているかもしれない。寒さとはつまり「暖かさの欠如」だからだ。とてつもなくひどい恥を経験すると、人は感情の欠如した状態になってしまう。感情の死だ。(ダンテ『神曲』の「地獄篇」では)地獄の最下層は、炎燃え盛る地獄ではなく、氷地獄だとされている。完全に寒さに支配された地獄だ。

——ジェームズ・ギリガン『暴力:人類の恐ろしい疫病の兆候(James Gilligan, Violence: Reflections on our Deadliest Epidemic 一九九九年刊)』

「私は悟りました」ギリガンは私にそう言った。「正しい言葉を使う必要があると。とてつもなくひどい恥に適切な言葉は、『感じる』ではなく、『苦しむ』でしょう。私たちは恥を感じるのではなく、恥を苦しむのです」

「自分の身体は空っぽ、あるいは、ただ藁が詰め込まれているだけ、肉もなく血もない、血管や神経はなく、紐や糸が入っているだけ――そう感じる者もいる」

＊

ギリガンのこの言葉に、私はジョナ・レーラーのあの悲惨な謝罪講演を思い出していた。あの時、レーラーは、ツイートが映し出された緑の巨大スクリーンの前に立ち、謝罪をしようとしていたのだ。あの時の彼はとても落ち着きがなかった。自分の感情を表に出すことを極端に恥ずかしがっている人のようにも見えた。

「いつの日か、私は今日と同じことを娘に話したいと思っています。この経験があったからより良い人間になれた、と言えるようでありたいです……」レーラーは講演でそう言った。

するとツイッターには、それに反応して次々にコメントが書き込まれた。「こいつはもうライターとして終わっている」「まったく恥ずかしいという気持ちがあるのかね」「ジョナ・レーラーはひどいソシオパスだ」などなど。

私はこの時のことを後になってレーラーと話したが、彼は私に「自分の中の感情のスイッチを切りました。切らないとだめだと思ったんです」と言っていた。

レーラーはハリウッド・ヒルズに家を持ち、自分のことを愛してくれる妻もいる。自尊心は十分に持っていたはずだ。その自尊心があれば、苦境を乗り越えることもできたのではとも思える。

だが、あの巨大なスクリーンの前ではそうもいかなかったかもしれない。ギリガンが調査した囚人たちと同じように、レーラーも自分の内面が死ぬのを感じたのではないか。私にもそれは想像できた。レーラー、ギリガンの二人と話をした私には、「あまりの苦痛に感情が死ぬ」という状況がよく理解できるようになった。

*

ジェームズ・ギリガンは華々しい人生を送ってきた。クリントン大統領、国連のコフィー・アナン事務総長は、暴力の要因に関する諮問委員会を立ち上げた時、ギリガンに参加を求めた。マーティン・スコセッシ監督の映画『シャッター アイランド』でベン・キングスレーが演じたジョン・コーリー医師のモデルとなったのもギリガンだ。

しかし、ギリガンの住むアパートを立ち去る時、私が思ったのは「いくら他人から称賛されていても、ギリガン本人は自身のライフワークを成功とは考えていないのではないか」ということだった。自分の研究によって、アメリカでの犯罪者の扱いが根本から変わることをギリガンは期待していたのだと思う。だが、実際にはそんなことは起きなかった。

ギリガンがこれまでしてきた仕事を調べていくとよくわかる。

一九八〇年代、ギリガンはマサチューセッツ州内の刑務所向けに、実験的な治療チームを作って活動していた。チームは、特に変わったことをしたわけではない。

「ただ、囚人たちを、敬意をもって扱っただけです」ギリガンは私にそう言った。「彼らが内に抱えている気持ちを表に出せる状況を作ろうとしました。不満や希望、あるいは不安なこと、恐れていることなどがあれば、それを口にできるようにしました」

大事なのは、囚人たちが自分を恥じる気持ちを一切持たずに済むようにすることだ。

「チームの中には、囚人たちを人間の屑《くず》呼ばわりする精神分析医もいました。私はその医師に、二度とこの仕事に関わらないでくれと言いました。治療の妨げになるだけでなく、私たちチームにとって危険でもあるからです」

はじめのうち、看守たちは懐疑的だったという。

だが「そのうちに何人かは囚人を羨むようになりました」とギリガンは言う。「看守にも、精神科医の助けが必要な者が多かったんです。彼らは薄給で働かされている上、教育もない。私たちは看守の一部も治療の対象に加えることにしました。すると、囚人を侮辱することや、高圧的な態度を取ることが少なくなったのです。暴力も驚くほど減りました」

絶望的と思われた者にも明らかな改善が見られたという。例のボストンのポン引きもそうだった。

「治療が始まってから、彼は囚人の中に、発達のひどく遅れた一八歳の少年がいるのに気づきました。自分で靴紐を結ぶことすらできない少年です。彼は少年を世話し、守るようになりました。食堂への行き帰りには必ず付き添い、他の囚人たちから少年が危害を加えられないようにしました。嬉しかったですね。『このままいけば人間性を取り戻していってくれるかもしれない』私はそう思い、スタッフには干渉しないように言いました。

時間が経つにつれ、二人の信頼関係は次第に深くなっていきました。今も彼は生きていますが、もう二五年間、一切誰にも暴力を振るうことはありません。普通の人と同じように振る舞うことができます。もう刑務所から出ることはないでしょうし、外の社会で問題なく生活できるほど普通の人間になれるわけではないとは思います。本人もそれは望んでいません。無理だと自分でわかっているからです。外の社会に適応できるだけの精神を持てていないのです。自制心が十分ではありません。

ただ、私が予想もしなかったほどの人間性を持つようになったことも事実です。彼は刑務所内の精神科病院で働くようになりました。他人の役に立つ人間になったということです。私が刑務所を訪ねると、笑顔で『こんにちは、ギリガン先生、元気ですか』と言ってくれます。そういう話はいくらでもあります。壁に当たって前が見えなくなっている人たちは大勢います。私はその壁を取り去りたいと思ってきたのです」

一九九一年、ギリガンは、刑務所内で、無償で囚人の教育にあたってくれる人材をハーバード大学の中で募るようになった。その教育で特に重要なのは、囚人たちから自分を恥じる気持ちを取り除くことだ。そのために何ができるかを考えなくてはならない。

ただ、ちょうどギリガンがこの計画を実行に移した頃、選挙があり、マサチューセッツ州知事がウィリアム・ウェルドに替わった。ウェルド知事は当選直後の記者会見でギリガンの計画についてどう思うか尋ねられ、こう答えている。

「囚人に無償で大学教育を受けさせるなどという計画は、絶対に阻止しなくてはならない。さもなければ、貧しくて大学に行けない人間が、無償で教育を受けようとして犯罪に走る恐れがある」

結局、計画は中止に追い込まれることになった。

「新知事にまさに息の根を止められてしまいました」ギリガンは言った。「すべては終わりです。確かに、あえて犯罪をという人間も皆無ではないでしょうが、そういう極端な例を根拠にして欲しくなかったですね」

そして、ギリガンはハーバード大学の職も辞することになった。最近では、刑務所改革を目指す人たちが、昔を懐かしむ時に名前をあげるだけの存在になっている。現在、アメリカの精神科医の中に、マサチューセッツ州でのギリガンの業績を受け継ごうとしている人たちはごくわずかしかいない。

だが、その少数の中の一人が、たまたまではあるがニュージャージー州ケアニーの、ハドソン郡矯正センターの最上階にいた。また、元州知事のジム・マッグリービーも密かにその動きに関わっていた。

＊

ハドソン郡矯正センター

同じ矯正センターでも、下の階には精神科に関わりのある人間はおらず、現状を変えていこうという活気もなかった。いかにもお役所的で、事なかれ主義的な空気が蔓延していた。決められた仕事をこなすだけで、あとのことには関心がない職員が大半だった。下の階は、不法移民が疑われる者たちが集められる場所でもある。

勾留監視ネットワーク（DWN）によれば、二〇一二年の時点では、全米の移民勾留施設の中でもワースト10に入るひどい環境だったという。

警備員の一部は、勾留者たちを「動物」と呼び、嘲笑い、無意味に服を脱がせて身体検査をしていると伝えられた。また、勾留者の話によれば、職員たちの中には、自分の個人的な問題で抱えた鬱憤を仕事に持ち込んでいる者もいるという。いらだち、勾留者たちに怒りをぶちまけるようなことが多いというのだ。

「今日も良い一日にしましょう！」

マッグリービーは、施設の床をモップがけしていた勾留者に向かって大声でそう言った。言われた側はとても驚き、不安そうに微笑んだ。元知事は少しでも状況の改善に向かって進もうとしていたのだ。

囚人と言えば、過去には、ただ座って壁を見つめているしかない存在だった。「刑務所に監禁するというのは、人間に与え得る罰の中でも最もひどい部類に属するものでしょう」マッグリービーは私にそう話した。「心の中で血を流し続けているようなものです。日々、劣悪な環境に置かれ、そこでほとんど何もせずに過ごさなくてはならない」

私はリンゼー・ストーンのことを思い出した。彼女は一年近くもの間、一日中、ただキッチンのテーブルに向かって座り、自分と同じようにネット上で公開羞恥刑に遭う人たちを見つめていた。

「その状況だと人間は自分の中から抜け出してしまいます」マッグリービーはそう言った。「囚人たちから私は何度も同じことを言われました。自分は扉を閉ざしている、自分の周りに壁を作っているように感じると」

矯正センターにいたマッグリービーと私は、ともにエレベーターに乗り込んだ。その中には、すでに一人、勾留者がいた。しばらくは皆、無言だった。

「今日も良い一日にしましょう」マッグリービーは突然、そう言った。

再び沈黙。

「言動に気をつけましょう。それがあなたの運命を決めます」マッグリービーはさらにそう言った。

最上階に着き、エレベーターのドアが開いた。「お先にどうぞ」とマッグリービーは勾留者に向かって言った。

「いえいえ、あなたがお先に」勾留者はそう答えた。

「いえいえ、どうぞ」マッグリービーはそう言った。

皆、しばらくは立ったままだったが、結局、勾留者が先に降りた。マッグリービーは私に向かって嬉しそうに微笑んだ。

はじめて顔を合わせた時（「算数、がんばって勉強しろよ！」と彼が見知らぬ少年に叫び、驚かせた時だ）には、この人は少しおかしいのではないかと思ったが、いつからか、彼は私にとって英雄のような存在になっていた。

私は、ジョナ・レーラーのことを考えた。ツイートの流れる巨大スクリーンの前で講演をした時、作家としてのレーラーの名誉は、永遠に元に戻らないほどに汚されてしまった。

ジャスティン・サッコに向けられたツイートのことも思い出した。一度書き込まれたツイートは、永遠に残るのだ。少なくとも、私が公開羞恥刑について調査、取材をしていた二年間は、消えるどころか、頻繁に人々の目に触れることになった。

レーラーやサッコのような人たちは、「どこにも出口はない。後戻りもできない。我々は決して許さない」と社会から告げられてしまっているようなものだ。

しかし、誰もが知っているとおり、完璧な人間などいない。人間は複雑で、長所もあれば短所もある。素晴らしい能力を持っている一方で過ちも犯すのが人間だ。それを知っているのに、知らないふりをするのはなぜだろうか。

自身が辛い思いをしている状況で、ジム・マッグリービーは、なかなか他の人間にはまねのできない仕事に取り組んでいた。

私たちの目の前には、鍵のかかる大きな部屋があった。この中で四〇人の女性が寝泊まりをしている。皆、マッグリービーの進めている治療活動の対象となっている人たちだ。

私たちは、誰かが部屋の中に入れてくれるのを外で待っていた。マッグリービーの話では、下の階とは違い、ここの女性たちは必ず毎朝八時半に一斉に起床するのだという。全員が仕事をしている。また、生活上の細かい雑用も全員で分担している。全員が肉体労働もする。それから、全員がワークショップを受ける。

ワークショップでは、まず午前中に性的虐待、家庭内暴力、アンガーマネジメントなどについて学ぶ。昼食後には、職業訓練と、家事についての訓練がある。図書館があって本を読むこともでき、ケーキなどお菓子を食べることもできる。子供のいる女性は、スカイプを使って、寝る前に子守唄を歌うこともできる。

矯正官が私たちを部屋の中に入れてくれた時、窓から夏の日差しが入り込んでいるのが見えた。こういう暑い日は緊張が高まるのだという。中の人間が「自分たちは監禁されているのだ」と特に強く感じるらしい。

マッグリービーは、グループ・ミーティングのため、女性たちを集め、輪になって座るよう指示した。私も立ち会っていたが、録音や録画は許可されなかった。何とか会話の断片を走り書きでメモできただけだ。残っているメモには、たとえばこんなことが書かれている。

「私は小さな街の出身で、誰がどこで何をしているかを周囲の皆が知っていました。私はそういう環境で精神的に追い詰められてしまったのです」「たとえばラクエルがなぜここにいるのか、街のほとんどの人が知っています」

何人かが一人の女性の方を見たので、この人がラクエルなのだろうと私にもわかった。皆、警戒しているのか、遠慮がちな態度に見えた。ここにいる女性たちは、大半がドラッグか売春が原因で入所してきた。ただ、彼女たちのラクエルに向けられる眼差しには、どこか敬意が感じられたので、ラクエルだけは違う理由なのかもしれないと思った。

ラクエルは視線をあちこちにめぐらせ、落ち着かない様子だった。他の女性たちは黙ったまま動かない。ラクエルがいったい何をしたのか知りたかったけれど、どうすれば失礼にならずに尋ねることができるのかわからなかった。

しばらくして、ミーティングは終わった。すると、ラクエルは小走りに私の方にやって来て、すべてを話してくれた。その話はどうにかすべて書き留めた。テレビドラマ『マッドメン』に出てくる秘書のように、必死になってメモを取ったのだ。

「私はプエルトリコの生まれです」彼女は言った。

「四歳の時から性的虐待を受けていました。ニュージャージーに来たのは六歳の時です。子供の頃の思い出と言えば、顔を殴られ、お前はいらない子だと罵られたことばかりです。一五歳の時には、兄に鼻を折られました。

一六歳の時、最初の彼ができました。三ヶ月後には結婚していました。マリファナを吸い始め、お酒も飲むようになりました。私は夫を裏切り、彼のもとを去りました。一八歳、一九歳の頃は何をしていたのか記憶が曖昧です。ヘロインを試したりもしました。私は薬物依存症になりにくい性格だったようで、それは幸いでした。ただ、お酒は浴びるように飲んでいました。仲間と連れ立ってバーに行き、店の前で出て来る客を待ち受け、お金を奪い取るんです。相手が助けを求めて叫ぶのを面白がっていましたね。

ところが、なんてことでしょう。突然、状況が変わります。妊娠したんですよ。私をこの世で唯一愛してくれそうな我が子を身ごもりました。息子が生まれたのは、一九九六年一月二五日です。私はビジネススクールに行っていたのですが、結局、中退しました。その後、娘も生まれ、フロリダに移住しました。

フロリダでは、子供たちと水遊びの毎日でした。夜は映画を見て。好きな食べ物を買えるだけ買って、ベッドの上に並べて、延々、食べ続けながら、眠ってしまうまで映画を見続けるんです。毎日毎日、同じでしたね。

息子はコメディやドラマが好きでした。歌が上手です。一四歳の時には、テレビの新人発掘番組で勝ったこともあります。勉強は好きではなく、宿題をさせるのには苦労しました。自分の見たものを五枚にまとめるレポートを書かせたり、百科事典を読ませたりもしましたね。なかなか起きないのにいらだって、顔を平手打ちにしたこともありました。女の子から、『あんた童貞なの?』というメールをもらっているのを見つけた時には激怒し、私の爪の跡が残るくらいの体罰を与えてしまいました」

一〇ヶ月前、ラクエルは、二人の子供たちを父親のところへと送り出した。休みの間、父親と過ごさせるためだ。ラクエルが、飛行機に乗り込むため通路を歩いている二人を見ていると、突然、息子が振り返って、彼女にこう言った。

「僕は帰って来ると思う？　帰って来る方と来ない方、どっちに賭ける？」そして、すぐにこうつけ加えた。「冗談だよ」

ラクエルは大声でこう返事をした。「飛行機に乗らずにそのまま戻って来る、に賭けようかな」

息子はさらに何歩か進んでから、また言った。「それでもいいね」

「それが、息子が私にかけてくれた最後の言葉でした」ラクエルは私にそう言った。その週の金曜日、州の子供家庭局の職員がラクエルの家に来た。息子が彼女を児童虐待で訴えたのだという。

「うちの門限は夜九時だったのですが、もっと遅くして欲しいと息子は私に頼んだのです」ラクエルはそう言った。

「私はだめだと言いました。なぜだめなのかと息子が尋ねるので、私は『怖い人がたくさんいるんだから、遅くなると何をされるかわからないよ』と答えました。でも、本当は息子にとっては私が誰よりも怖い人だったんですね。誰よりも息子を傷つけた。神様が息子を私から引き離したんです。感謝しています。私がいなければ息子は安全ですから。これで普通のティーンエージャーになれる可能性が生まれたのです。

息子はとても怒りっぽい少年でした。私がそうしてしまったのです。娘はとても内気で引っ込み思案です。私がそうさせてしまったからです。私は二人が普通になれるようただ祈っています」


矯正センターに入って最初の数ヶ月、ラクエルは、精神科医の関与のない下の階にいた。

「そこでの暮らしはどうでしたか」私はそう尋ねた。

「下は秩序のないところですね」彼女は答えた。「野蛮で、犯罪に近い行為が横行しています。下の階にいる女性たちはよく、食事用のトレーで叩かれています。気に入らない人間がいると、どこかの部屋に入れ、鍵をかけて閉じ込める、ということをする者もいます。出ようとしても絶対に出られないように必死で妨害するのです。

でも、上の階はいいですね。コーヒーも飲めるし、ケーキも食べられる。テレビを見ることも、テーブルに本を広げて読むこともできる。大学のカフェテリアでコーヒーを飲んでいるような気分になれます。素晴らしいですね」

私がラクエルの話を聞いていた時に騒ぎが起きた。近くにいた女性が一人、突然倒れたのだ。何かの発作を起こしたらしい。彼女は担架で運ばれて行った。

「大丈夫！」運ばれていく彼女を見ながら、何人かが口を揃えてそう叫んだ。

「薬の時間が来たみたいだな」職員の一人が大声で言った。


マッグリービーと私は矯正センターを出て、停めてある車に向かって歩き出した。

「ラクエルはどのくらい勾留されることになるんですか」私はそう尋ねた。

「二週間くらいで、もっとはっきりしたことがわかると思います」マッグリービーはそう答えた。「そのくらいで検察官から何かしらの連絡があるはずなんです。私は、勾留はあと数ヶ月ではないかと思っています」

何かわかれば知らせると彼は言ってくれた。私は車で駅まで送ってもらった。

二週間経ってもマッグリービーからの連絡はなかったので、私はメールで「ラクエルの件はその後どうなりましたか」と尋ねた。

マッグリービーからは「彼女には、昨日、厳しい知らせが届いたのです。八つの訴因により起訴されてしまいました。彼女は非常に大きな精神的ショックを受けています」という返信が来た。

私は彼に電話をかけ「どのくらいの刑になりそうなんですか」と尋ねた。

「第一級殺人未遂罪の疑いがかけられていますからね」マッグリービーはそう答えた。声が震えていた。「彼女は息子に向かってナイフを投げたということでした。二〇年くらいの刑になる恐れがあります」

*

六ヶ月後、ニューアーク市庁舎の会議室に三人の人間が集まっていた。マッグリービー、ラクエル、私の三人である。

マッグリービーはこの一件に介入し、検察官を説得した。ラクエル自身もいわゆる「虐待連鎖」の被害者なので、情状酌量をして欲しいと訴えたのだ。その結果、最悪で二〇年の刑になるところを、起訴後からさらに四ヶ月間の勾留で済むことになった。そしていよいよ彼女は釈放された。

「恥をかかせるという刑罰が本当に有効なら、刑務所が本当に有効なら、それでいいんです」マッグリービーはそう言った。「でも実際には有効とは言えません。確かに、中にはずっと刑務所に入れておくべき人間もいるでしょう。社会にまったく適応が不可能という人間も中にはいるかもしれない……でも大半はそうではない……」

「刑務所もところによって大きく違っていて、方針が一定していませんね」私は言った。「この世の地獄としか言えないところもあれば、罪を贖う場と呼ぶにふさわしいところもあります。両者の差はとてもはっきりしています」

「問題は国選弁護人に力がないことですね。そして、検察官が既存のガイドラインに縛られすぎていること」マッグリービーは言った。

この本に書いてきた人たちは、皆、そう悪いことをした人たちではない。良いこととは言えないが、本当にひどいことをしたとも言えない。ジャスティン・サッコとリンゼー・ストーンは、確かに悪いジョークを言ったが、それだけだ。だが、ただそれだけのことで身の破滅になってしまった。

世間一般は、他人に対して寛容になることを頑なに拒否する人ばかりだが、その状況下でジム・マッグリービーは、静かに、もっと重大な罪を犯した人たちを救済すべく動いている。マッグリービーは、罪を犯して刑務所に入った人たちから、自分を恥じる気持ちを取り除き、自尊心を取り戻させようとしている。それがもし、ラクエルのような深刻な問題を抱えた人にも有効なのだとしたら、彼女のような人の精神を健全な状態にできるのだとしたら、私たちは根本的に考え方を変えなくてはならない。それは私には大きな発見だった。この人間が「悪い」となったら、ひたすら怒りを向け、ひどい目に遭わせて報いを受けさせる、それで当然、それ以外にすべきことはない、という考えは改めるべきかもしれないのだ。

ラクエルは一応、釈放とはなったが、行動に制限はかけられている。自分の子供たちに接触することは五年間禁じられることになった。五年経つと、息子は二二歳、娘は一七歳になる。

「たとえ娘が一七歳になっても、彼女の父親が許可しない限り、私は接触できません。親権が剝奪されているからです」ラクエルは私にそう話した。ただ、それでも我が子の近況を知ることはできているらしい。

「フロリダにはまだ変わらず友人でいてくれる人がいるのですが、その人が昨日、電話をくれたんです。友人は『フェイスブックで、ある人と連絡が取れたんだけど、誰だかわかる？』と言いました。私が『誰？』ときくと、彼女は『あなたの娘さんよ！』と答えました。『まさか！』と私は言いました。娘はフェイスブックで友人にメッセージを送ったのです。友人はメッセージを読んでくれました。娘にはどうやら今、好きな人がいるらしいです。彼は顎が割れていて、茶色の髪をしているそうです……」

私がラクエルに「良い知らせを聞けて私も嬉しい」と言うと、彼女は自分自身の近況も教えてくれた。

「昨日、更生訓練施設でのトレーニングが終わった後、ブレークさんにオフィスに来るよう言われたんです」

ブレークさんというのは、ラクエルが行っている更生訓練施設の所長だ。

「オフィスに行くと、ブレークさんにこう言われました。『ラクエルさん、がんばっていますね。周りの人たちの反応を見ても、あなたの態度が立派だとわかります。そろそろお仕事を紹介したいと思います。履歴書をもらうことはできますか』」

「はい、本当にたまたまですが、履歴書なら今、持っています」ラクエルはそう答えた。「『こんな偶然ってなかなかないですよね？』私がそう言うと、ブレークさんは黙ってうなずいてくれました」

＊

それからしばらくして、私のところに、マイケル・ファーティックの関係者から電話があった。彼らがリンゼー・ストーンの救済に向けて動き出すという連絡だった。

第14章　猫とアイスクリームと音楽と

グーグルの検索結果から、女性のジョーク写真を消す作業が始まった。そのためには、グーグルのアルゴリズムを逆手に取る必要がある。果たしてうまくいくのか。

検索結果の一ページ目で世間の印象は決まる

「今、特にこれに凝っているという趣味は何かありますか。たとえばマラソンとか、写真とか、何でもいいのですが」

ファルク・ラシードは、リンゼー・ストーンにそう言った。ラシードはサンフランシスコにいて、会議用のテレビ電話を使ってストーンに話しかけている。私は、その会話の音だけをニューヨークでソファに座って聴いていた。

私がラシードにはじめて会ったのは、マイケル・ファーティックの会社、reputation.comのオフィスを訪ねた時だ。その日は、広報担当のレスリー・ホッブズがオフィスを案内してくれた。オフィスは二フロアで、どちらのフロアも、重要な顧客に連絡を取る際に使用する防音のブース以外は、間仕切りがなく広々としている。

ホッブズは私をラシードに紹介してくれた。主にVIP顧客への対応がラシードの仕事だという。VIP顧客は、たいていが企業のCEOか有名人だ。

「リンゼー・ストーン氏のために特別サービスをしてくださるそうでありがとうございます」私は言った。

「必要とされていますからね」ホッブズはそう答えてくれた。

確かに、ストーンにはそのサービスが必要だった。ストーンは、すでに書いたとおり、アーリントン国立墓地でふざけた写真を撮り、フェイスブックに投稿したことで身の破滅を招いた。ファーティックの部下が調査したところ、インターネット上で見つかるストーンの情報は、ほぼその事件に関するものばかりだとわかった。

「結局、その写真を撮って投稿したわずか五秒ほどの時間が、インターネット上での彼女の存在のすべてを決めたということですか」私は言った。

ラシードはうなずいた。

「ただそれは、彼女本人だけの話ではありません。同姓同名の別人がいれば、全員に影響が及ぶのです。アメリカ国内には、私たちが把握しているだけで六〇人のリンゼー・ストーンさんがいます。たとえば、テキサス州オースティンにはデザイナーのリンゼー・ストーンがいますし、他には、写真家、体操選手などもいます。でも、別人にもかかわらず全員の人となりが、あの一枚の写真で判断されてしまうのです」

「難しい仕事を押しつけてしまったようで、大変申し訳ありません」私はそう言いながらも少し誇らしい気持ちだった。大きな問題の解決に少し役立つことができると思ったからだ。

「いえ、とんでもない。やりがいを感じます」ラシードは言った。「簡単ではありませせんが、これは意義の大きい仕事です。これで、リンゼー・ストーン『たち』の本当の姿を皆に伝えることができます」

「猫がお好きなんですよね」ラシードはテレビ電話でストーンにそう尋ねた。

「はい、とても」ストーンはそう答えた。

ラシードがどうやら「猫が好き」とコンピュータに入力しているらしい音が聞こえた。

ラシードは若く、とにかく元気な人だ。陽気で明るく、ひねくれたところや、意地の悪いところがまったくない。あるいは、努めてそう見えるようにしているのかもしれない。ツイッターのプロフィールを見ると「趣味はバイクとハイキング。家族との時間を大切にしている」とある。

ラシードは、ストーンの問題の写真が検索しても出て来ないようにするため、彼女のタンブラーやリンクトインのページを作り、ワードプレスでブログも作る計画にしていた。また、その他にインスタグラムやユーチューブのアカウントも作るつもりだった。

彼女に関する肯定的な情報を大量に作り、グーグルの検索では問題の写真が表示されないようにしてしまうのだ。少なくとも、検索結果の一ページ目には決して表示されないようにする。

グーグルがユーザーの視点の移動を調査した結果によると、五三パーセントのユーザーは検索結果のうち上位二つだけを見ているという。そして、八九パーセントのユーザーは、検索結果の二ページ目以降を見ないという。

「検索結果の一ページ目がどうなっているかで、その人に対する世間の人々の印象がほぼ決まってしまうということです」

ジェレッド・ヒギンズは、オフィスを訪問した私にそう教えてくれた。ヒギンズはreputation.comのストラテジストだ。

自分が世間でどう見られるかが、今はそんなことでほとんど決まってしまう。恐ろしいことだと思った。たとえば私という人間には色々な顔がある。私はライターでありジャーナリストであるが、同時に人の親でもある。そして何よりその前に一人の人間である。簡単にこうだと決められるわけはない。だが、世間の目はそうではないのだ。

「私は音楽が好きなんです」ストーンはラシードに言った。「ヒットチャートも好きですね。トップ40ってあるでしょう」

「それはいい」ラシードは言った。「是非、それは活かしましょう。何か楽器はされますか」

「前はやってました」ストーンは答えた。「独学ですね。ちょっと触ってみたという感じです。だから、胸を張って楽器が弾けますとは……」

彼女の声は小さくなった。最初は楽しそうだったのだが、話しているうちに我に返ったのか。あれこれと思い出し、考えているうちに、本質的な疑問に突き当たってしまったのかもしれない。「自分とは何者か」「これまで何をして生きてきたのか」といった問いを突きつけられた気分だったのかもしれない。

「なかなか難しいですね」彼女は言った。「やっぱり私のようなごく普通の人間には、自分のブランドイメージを操作するというのは簡単ではないです。いったいどうすればいいのか……どういう情報をインターネットに上げてもらうべきか、あれこれ考えているのですが、なかなか思いつかないです」

「楽器はピアノですか、ギターですか、ドラムですか」ラシードは言った。「なら、旅行はどうでしょう。旅行はされますか。どこか旅行に行かれたところがあれば」

「そうですね。旅行、あまりしないですけど。洞窟を見に行くのは好きですね。海に行ったりはします。それでアイスクリームを食べたり」

ラシードの求めに応じ、ストーンは自分の写っている写真を送った。当然、問題になったアーリントン国立墓地での写真はなしだ。

詳しいプロフィールもラシードに知らせた。好きなテレビ番組は「パークス・アンド・レクリエーション」だという。職歴の中には、五年間のウォルマート勤務も含まれている。この五年の体験は彼女自身によれば「とんでもなくひどい」ものだったらしい。

「ウォルマートがひどかったということは広く訴えたいですか」ラシードは言った。

「あ、いえ、どうですかね」ストーンは困ったように笑った。「いえいえ、とんでもない。ウォルマートのことは私がわざわざ言わなくても皆、知っているでしょう!」とでも言いたげだった。ただ、少し迷っているようでもあった。

ストーンについて肯定的な情報をインターネットに上げようという趣旨のテレビ会議だったのだが、思いがけず、彼女の辛い体験が話題にのぼってしまった。だが、ラシードは特に気にしていなかった。彼はともかく彼女のことを思いやっていて、彼女のために良い仕事をしたいと考えていただけだ。

ストーンが大勢の怒りを買い、苦境に陥ったのは、少し悪ふざけがすぎたからであり、その悪ふざけを向こう見ずにも、大勢の人の目に触れさせてしまったからである。さすがに今は慎重になっている。穏当なことしか言わない。猫とアイスクリームが好き、ヒットチャートのトップ40に入る音楽が好き、無難なことばかりだ。私たちがインターネットの出現以後、作り上げた世界は、ただ愛想良く無難に振舞っているのが一番賢い——そういう世界のようである。

*

グーグルのアルゴリズム

もちろん、過去にはそうではない時代もあった。検索エンジンはすでに一九九〇年代の半ばには存在した。だが、当時の検索エンジンは、特定のページに特定のキーワードが何度出てくるか、に注目した作りになっていた。たとえば、「ジョン・ロンソン」をアルタビスタやホットボットで検索した時、あるページが結果の最上位に表示されるようにしようとすれば、ただ「ジョン・ロンソン」という言葉を繰り返し繰り返し書き込んでおけばいい。そのページは、ジョン・ロンソン本人である私にとっては夢のようなページかもしれないが、その他のすべての人にとってはそうではないだろう。

ところが、スタンフォード大学の二人の学生、ラリー・ペイジとセルゲイ・ブリンは、独自のアイデアを持っていた。ウェブサイトを人気で順位づけできる検索エンジンを作ればいいのではないか、と二人は考えたのだ。

人気の度合いは、リンクの数で測る。あるページに誰かが一つリンクを張れば、一票入ったと考える。リンクは、論文などの「引用」と同じで敬意の表れだろうと彼らは考えた。リンクの多く張られたページにリンクを張られると、張られた方のページにも多くのリンクが張られる可能性がある。

現実の社会でも同じようなことはあるだろう。多くの人から尊敬されている人に褒められれば、そうでもない人に褒められるよりも、世間からの評価は高まることになる。

グーグルの基本にあるのはただこれだけの論理である。彼らはこれを、ラリー・ペイジの名前にちなみ「ペイジランク」と名づけた。ペイジランクのアルゴリズムが組み込まれた検索エンジンが世に出ると、当時のネットユーザーは皆、すぐに魅了された。

ラシードがストーンを救う対策を立てる上で、リンクトインやタンブラー、ツイッターを重視したのは、このアルゴリズムのせいである。こうしたSNSの情報は、グーグルのアルゴリズムによって「人気がある」とみなされやすいのだ。ただ、問題はグーグルが常に進化しているということだ。アルゴリズムには絶えず修正が加えられており、具体的にどう修正されたかは秘密である。

「グーグルはずる賢い獣のようです。あるいは動き回る標的と言うべきか」マイケル・ファーティックは私にそう言った。「私たちは、実際の検索結果を基に、どういう修正が加えられているのか推測するしかありません」

ファーティックは今のところ、こんなふうに推測していると言っている。

「グーグルは、どうやら古い情報を好む傾向がありますね。古くから存在するのは、ある程度、信用できる証拠だと見ているのかもしれません。ただ、一方でグーグルは新しい情報も好みます。古い情報と新しい情報の中間に、最も評価の低い情報が存在するようです。発生して六週間、あるいは一二週間目あたりがおそらく最も評価が低いでしょう」

そのため、たとえば、「ストーンは猫好き」という情報をインターネットに上げたとすると、最初のうちは優先されるが、しばらくするといったん優先度が一気に下げられる時期が来るだろうと、ファーティックは予測した。そして、その後また優先度が復活するというのだ。

ファーティックの顧客の中には、この「復活」を恐れる人もいる。良くない情報についても、同じような経緯をたどることになるからだ。せっかく、一度良い情報が優勢になっても、しばらくすると悪い情報が復活してしまうのでは何にもならないというわけだ。

だが、ジェレッド・ヒギンズによれば、この復活こそがreputation.comのような企業にとっては重要なのだという。グーグルが一度、ある情報の優先度をいったん下げて、しばらく後にまた上げるというのは、一度死んだと思われた人間が、再び蘇るようなものだ。その場合、一度死にかけたにもかかわらず、変わらず元気ということはあまりない。情報も、一度死にかけて復活した場合には、おそらく前より傷つき弱っているはずだ。

「復活の様子を見ると、アルゴリズムに不確定な部分があるとわかります」ヒギンズは言う。「復活のタイミングは揺れ動いており、一定していないのです。これは、同じ人でも、その時々のアルゴリズムによって、世間からの見え方が変わってくるということです」

この一定しない「復活までの潜伏期間」が、彼らの対策にとってポイントになるとヒギンズは言っている。

ストーンの名前を検索しても、問題の写真が決して結果の上位に出ないようにしなくてはならない。そのためには、それ以外の情報を次々にインターネットに上げる必要がある。ある情報を上げると、グーグルはしばらく新しいその情報を優先的に表示する。だが、やがて表示の優先度が下げられる時が来る。そのタイミングを狙って、また新たな情報を上げるのだ。

たとえば、ストーンが海に行って楽しく過ごしたことなどをタンブラーに投稿すれば、新しい情報としてははじめは優先される。その後、時間が経つと優先度が低くなるので、そこを狙ってまた新たな情報を提供する。彼女の平和な日常をうかがわせるような情報をそうして次々に増やしていく。

ただ、この作業はできる限り、不自然にならないよう、注意しなくてはならない。グーグルは故意の情報操作に非常に敏感だからだ。

「だから、新たなコンテンツの作成、公表に関しては、私たちは慎重にスケジュールを立てています」ヒギンズはそう言った。「オンラインでの活動を自然に見せる必要がある。だから私たちは、そのための知恵をたくさん蓄えています」

*

マイケル・ファーティックはその後、私を夕食に連れ出した。そこで話してくれたのは、ファーティックを批判する人たちのことだ。

「検索結果を少しでも操作することは、真実を歪めることになるし、言論の自由の侵害にもなる、と言うんですよ」彼はそう言った。ワインを飲んで少し酔ったようだった。「でも、ネット上でのリンチは恐ろしいものですからね。人生を改善する権利は誰にでもあると思うんです」

「わかりますよ」私は言った。「何しろ、リンゼー・ストーンは、あまりに痛めつけられたために、何年もカラオケに行くことすらできなかったんですから」

カラオケは個室で、しかも自分と親しい友人以外はいない状況で楽しめるものなのに、それすら行けなくなったというのだ。

「全然、珍しくないですね」ファーティックは言った。「皆、電話番号を変えますし、家から一歩も出ない人も多いです。そして心理療法を受けます。PTSDの兆候を示す人がいますから。シュタージ（訳注：旧東ドイツの秘密警察）みたいになっています。誰もが常に監視されているような気持ちで暮らしている。自分らしく自然に振る舞うことが怖くなるような社会になっています」

「NSA（アメリカ国家安全保障局）の諜報員がそこら中にいるようなものですかね」私は言った。

「NSAより恐ろしいと思いますよ」ファーティックは言った。「NSAが捜すのは主にテロリストです。彼らは、単に他人の粗探しをしているわけでも、他人の不幸を喜んでいるわけでもありません。そういう陰険な楽しみに浸っているわけではないのです」

シュタージ——人はなぜ密告者になりたがるのか

ファーティックが現在のインターネットの状況をシュタージにたとえたのが、果たして適切なのかどうか、私にはわからなかった。インターネットの世界では以前から「何かをナチスにたとえ始めたら、その人はもう議論に勝てない」と言われている。ナチスをシュタージに替えても多分、同じだろう。

シュタージは、冷戦時代の旧東ドイツの秘密警察である。シュタージは、国家の敵ではないかと疑われた人間の家に忍び込み、眠っている間に放射線を浴びせかける。この放射線を、容疑者の行動追跡に利用するのだ。シュタージの諜報員は、ガイガーカウンターを利用することで、人混みの中でも放射線を手がかりに容疑者を見つけ出す。そのせいで、シュタージが活動した時期、国家の敵と疑われた人たちの中には、癌で亡くなる人が異常に多かった。

ただし、シュタージは国民に恐怖を与えようとしていたわけではない。身体的、精神的な苦痛を与えることが目的だったわけでもない。ただ、国民の動向を正確に詳しく知るための努力をしただけだ。それが世界史上でも他に例のないほどの努力だったというだけである。シュタージのことをいくら詳しく調べても、現在のSNSで行なわれているリンチの問題を解決するのにはあまり役立たないだろう。

アナ・ファンダーは著書『監視国家—東ドイツ秘密警察（シュタージ）に引き裂かれた絆（Stasiland 伊達淳訳、白水社、二〇〇五年刊）』のために、ジュリアという女性にインタビューしている。ジュリアは実際にシュタージの調査対象となったことがある。シュタージは、彼女が西側の恋人との間でやりとりしていた手紙を奪っていた。それらの手紙は、彼女が連れて行かれた取調室の机に置かれていた。

イタリア人の恋人に宛てられた手紙の束があった。そして、恋人から彼女に宛てられた手紙の束もあった。この男は何もかも知っているのだろう。彼女が恋人に疑いを抱いた日のことも知っているし、どのような言葉で彼女が宥められたのかも知っている。イタリア人の恋人の彼女への激しい思いも手に取るようによくわかっているのだ。

――アナ・ファンダー『監視国家――東ドイツ秘密警察（シュタージ）に引き裂かれた絆』

ジュリアはこの出来事によって精神的に大きな傷を負ったという。取調官は、彼女を目の前にしてその手紙をすべて読み、少し読むごとにコメントを加えたという。

「このせいで、その後、私は男性がそばに近づくだけで冷静ではいられなくなりました。普通は他人の目には決して触れさせない個人的な領域に土足で踏み込まれたようなものです」

アナ・ファンダーが『監視国家』を書いたのは二〇〇三年だった。シュタージ解散の一四年後、ツイッター誕生の三年前だ。

ジャスティン・サッコを痛めつけたのは、もちろん、ジュリアとは違い、下品な好奇心むき出しの役人ではない。サッコが一人密かに考えていたことを、役人たちが勝手に暴いたというわけではないのだ。サッコはあくまで自分の意志でツイートをした。そのツイートが彼女自身を苦しめることになった。それは彼女がツイッターというものを根本的に誤解していたからでもある。

私も以前は同じような誤解をしていた。「ツイッターは、見知らぬ人たちに向かって本音を安心して言うことができる場である」という誤解だ。彼女のツイートは、その考えが誤っていることを証明するための理想的な実験になってしまったわけである。

アナ・ファンダーは、かつてのシュタージ職員にも会って取材をしている。密告者の選出を仕事にしていた職員だ。密告者の報酬は安かった。しかも、「国家に敵対的である」とみなされる行為の種類も年々、増えていた。つまり、密告者の仕事量も増えたということだ。その状況で、どうして密告者になる人が途切れなかったのかを彼女は知りたかった。

「ほとんどの人は迷うことなく引き受けましたよ」元職員はファンダーにそう話した。

「なぜですか」

「中には大義のために引き受けた、という人もいたでしょう。でも、ほとんどの人は、どうせ自分も誰かに見張られている、だったら自分も密告者になって他人を見張ってやればいい、と考えたんだと思います」

元シュタージの職員が密告者についてそんな話をしたということが、私には驚きだった。あまりにも国民を見下した物言いのように思える。もしツイッターのユーザーについて同じことを言えば、やはりそれも「見下している」ということになるのではないだろうか。

SNSは誰もが発言できる場である。以前であれば「声なき人々」であった人たちも意見を表明できる。誰もが平等ということは素晴らしい。

ただ、アナ・ファンダーが発見した、シュタージの心理学者の報告書に私は衝撃を受けた。その心理学者は、国民の中に自ら進んで密告者になりたがる者が多い理由を報告書にまとめていた。彼の結論は「自分の隣人が誤ったことをしていないか確かめたい、という強い気持ちが人間にはある」ということだった。

*

すべてが作戦どおり

二〇一四年一〇月、私はリンゼー・ストーンを訪ねた。今のところ、彼女に会ったのはそれが最後である。ファルク・ラシードと彼女のテレビ会議を聴いてから四ヶ月が経過していた。その後は、ラシードからもストーンからも私には連絡がなかったのだ。

ファーティックの会社は元々、私の取材がきっかけでストーンへのサービスをすることになったので、私への連絡がないのは、動きが止まっているからではないかと少し心配にはなっていた。

「いえ、そんなことはないですよ」ストーンは私にそう言った。私たちはキッチンのテーブルを挟んで向かい合っていた。「会社の方からは毎週、連絡がありますよ。本当に毎週。ご存知なかったんですか」

「はい」私は言った。

「そちらはそちらで頻繁に連絡を取り合っておられるのだと思っていました」彼女は言った。

ストーンは自分のスマートフォンを取り出して、ラシードから届いたメールを見せてくれた。確かに大変な数のメールが届いている。彼女は、情報操作のために作成されたブログの文章を声に出して読んでくれた。

「旅をする時は、ホテルで安全に過ごすことが重要」と書いた文章だ。「旅行者の皆さん、油断は大敵です！」と呼びかけ、スペインに行った時には是非、タパスを食べるようにと勧めてもいた。

ブログの内容は、公開前に必ずストーン自身が確認していた。ただ、これまで作成してもらった記事に「ノー」と言ったことは二度しかないという。

一度目は、「もうすぐ発売されるレディー・ガガのジャズ・アルバムが楽しみです」と書かれた時だった。「レディー・ガガは確かに好きだけれど、ジャズ・アルバムにはあまり心惹かれなかった」ということらしい。二度目は、ディズニーランド開園五〇周年に際してお祝いの言葉を述べるという記事だった。「ハッピーバースデー、ディズニーランド！　地上で一番幸せな場所！」と書かれていた。

「ディズニーランド五〇周年は確かにおめでたいです」彼女は少し顔を赤らめながら言った。「でも私は……私もディズニーランドで楽しく過ごしたことはありますけどね……」

「それは皆、楽しいでしょう」私は言った。

「ええ、ただ……」ストーンの声はだんだん小さくなった。

ディズニーランドについてはそれ以上、詳しい話が聞けなかった。ストーンの話はその後も続いたが、次第に彼女から笑顔が消え、暗い表情になっていった。

「とにかく、熱心に取り組んでくれているんです。ちょっと熱心すぎるんじゃないかというくらい」ストーンは私にそう言った。

「それが仕事なのだから当然ではないでしょうか」私は言った。

「まあ、そうですけど」ストーンは言った。「高校の頃からの友人はこう言ってくれました。『ちゃんとあなたの本当の姿を知らせることができるのならいいと思う。あなたは面白い人だし、それを皆に知ってもらいたい』。でも怖いんです。こういうことを続けていると、だんだん妙な気分になってきて……越えてはいけない線があると思います。私はその線に近づくこともしたくありません。それで私はこう言い続けています。『私にはよくわかりません、ラシードさん、あなたはどう思いますか』」

「この本の企画は、私になりすましたスパムボットが作られたことをきっかけに始まったんです。私の人格がスパムボットに乗っ取られたんですよ」私は言った。「あなたは言わば、人格を二度、乗っ取られたということになりますが、二度目の乗っ取りは悪い乗っ取りではないと私は思いますね」

ストーンは自分の名前をグーグルで検索するということを、一ヶ月の間、一度もしなかった。最後に検索した時には大変なショックを受けた。その日はちょうど「退役軍人の日（ベテランズ・デー）」で、何人かの退役軍人たちが、ストーンの居所を突き止めてひどい目に遭わせるなどと書き込んでいるのが目に入ったのだ。

「ただでさえ弱っているあなたを、さらに痛めつけようとしていたということですかね」私は尋ねた。

「そうみたいです」彼女は答えた。

それ以降、本当に一度も自分の名前を検索していなかった。そして、今まさに再び検索をしようとしている。彼女はつばを飲み込んで、〝L…I…N…〟と打ち込み始めた。


ストーンは首を横に振った。唖然としているようだった。「これはすごいです」彼女は言った。

二年前には、彼女の名前をグーグルで検索し、「画像」をクリックすると、どこまでも途切れなく、例の写真が表示されていた。ページを切り替えても切り替えても、同じ写真ばかりが続けて表示されたのだ。そこでも公開羞恥刑が行なわれていた。

ストーンは言った。

「とにかく延々続いていたんです。大変な影響力だったでしょう。辛かったですね」

しかし、何と問題の写真はまったく表示されなくなった。

厳密には本当にどこにも表示されないわけではない。しかし、その数はごくわずかで、連続で表示されることもない。間には、ストーンに関する無害な写真が大量に挟まるので、まず印象には残らない。笑っている写真がほとんどになった。

また、良かったのは、別人のリンゼー・ストーンの写真も数多く表示されるようになったことだ。バレーボール選手のリンゼー・ストーンもいれば、競泳選手のリンゼー・ストーンもいる。競泳のリンゼー・ストーン選手は、ちょうど泳いでいるところをとらえた写真が見つかった。ニューヨーク州の五〇〇ヤード自由形選手権で優勝した時の写真だ。写真にはこんなコメントがつけられている。

「リンゼー・ストーンには勝つための作戦があった。そして、すべてが作戦どおりに運んだ」

このように、誰が見ても称賛せざるを得ない素晴らしい成果をあげた人の情報を、是非、多くの人に届けたい。それができたのが、何より良いことではないだろうか。

第15章　あなたの現在の速度

一見、自由なネットの世界だが、情報の流れは一部の企業によって支配されている。著者は炎上でグーグルがどれだけ儲けたかを試算。一方で、ある標識をヒントに公開羞恥刑のメカニズムに迫る。

炎上でグーグルはどのくらい儲かるのか

国民がその国の司法に影響を与えるのは、特に珍しいことではない。厳密には常に何かしらの影響を与えていると言えるだろう。

しかし今は、少し以前なら考えられなかったようなことが起きている。ある人間に対する刑罰の重さを、普通の国民が勝手に決定することがあるのだ。過去には、犯罪者に手かせ足かせをして晒し者にする、という公開羞恥刑が各国に存在したが、およそ一八〇年前に廃止された。ところが今、ごく普通の市民が、過ちを犯した人間を公開羞恥刑にするということが起きている。しかも刑の重さを、裁判所など公的な機関の関与なしに市民が自由に決めてしまっている。なろうと思えばどれだけ冷酷にもなれる。ともかく自分の気の済むまで「犯人」を痛めつけることができるのだ。

私もかつては、そういう公開羞恥刑に参加したことがあったし、素晴らしいことを成し遂げたと思い込み、いい気になったこともある。だがもう私は手を引いている。「犯人」の行為によって大きな被害を受けた人がいれば別かもしれないが、その場合でも私はおそらく参加しないと思う。

参加した際の充実感は少し懐かしい。だが、それは、ベジタリアンになった時の気持ちに近いと思う。ベジタリアンになったばかりの頃は、確かにステーキが恋しくなった。でも、その気持ちの強さは予想の範囲内だったのだ。私はもはや肉を食べる罪悪感を知ってしまっており、それを忘れることはできない。マイケル・ファーティックが、ヴィレッジ・パブで話してくれたことを私は何度も思い出した。

「『インターネットでは何もかもが自由だ』と言う人がいますが、大嘘ですね。私たちには皆、選択の自由があり、それぞれの嗜好に合わせ、自由に満足を追求できる。誰もがそう思いたがっている。しかし、実際にはそうではない。私たち個人の自由にはまったくならないのです。インターネット上での情報の流れを支配しているのは、わずかな数の大企業です」

また私が気にしているのは、たとえばジャスティン・サッコが破滅に追い込まれた時、それによってグーグルはどのくらい儲かったのかということだ。その数字を計算することは可能なのだろうか。

そこで私は、ソルベイ・クラウスという数字に強い研究者の手を借りることにした。また、経済学者や経済アナリスト、あるいはIT関連企業の財務担当者など、計算に協力してくれそうな人に目星をつけて接触を試みた。

すでにわかっていることもあった。二〇一三年一二月、ジャスティン・サッコが破滅に追い込まれた月に、グーグルによる検索は合計で一二二億回行なわれたということである。その数字を見て私は少し安心した。それだけの数になると、さすがにグーグルの本社の人間が、たとえば私一人の検索歴を詳しく分析したりするようなことはできないと思ったからだ。

その一ヶ月間のグーグルの広告収入は、四六億九〇〇〇万ドルだった。これは、検索一回あたり、平均で〇・三八ドルの収入ということだ。私たちが何かを検索する度に、グーグルには三八セントが入るという計算になる。

その一二月の一二二億回の検索のうち、ジャスティン・サッコという名前が検索されたのは、一二〇万回である。つまり、ジャスティン・サッコが追い込まれていた時、グーグルは四五万六〇〇〇ドルほど稼いでいたということである。

ただ、これは単純計算であり、まったく正確とは言えない。どの検索も同じ価値というわけではなく、どの言葉が検索されるかで、グーグルにとっての一回の検索の価値は大きく変化するからだ。価値が高いのは広告主が高いお金を払ってくれる言葉だ。たとえば、「コールドプレイ」「ジュエリー」「ケニア旅行」などの言葉は、比較的価値が高いと考えられる。

しかし、ジャスティン・サッコという名前に自社の製品のリンクを張っている広告主がいるとは思えない。だからといって、「ジャスティン・サッコ」という言葉の検索がグーグルに一切、収入をもたらさなかったわけではない。何しろツイッター上で世界ナンバーワンのトレンドワードになったのである。

その夜、SNSユーザーたちは、他の何よりも彼女に夢中になっていた。彼女について情報を得るという目的がなかったら、おそらくグーグルを使うことはなかった、というユーザーが大量にグーグルに流れたはずである。彼女はそれだけ数多くの人たちを呼び込んだということだ。

グーグルに呼び込まれた人の、少なくともほんの一部でも、その後にケニア旅行に申し込む、コールドプレイのアルバムをダウンロードするといった行動を取れば、グーグルには大きな利益になるし、まず間違いなく少しはそういう人がいただろう。

私は、ジョナサン・ハーシュという経済アナリストからメールをもらった。彼は、ニューヨークの公共ラジオ局、WNYCの番組「フリーコノミクス・ラジオ」を作っている人たちから紹介された人物だ。ハーシュからのメールにも同様のことが書かれていた。

「具体的に何が原因になったのかはわかりませんが、ともかく、あの時、多くの人が一斉にジャスティン・サッコという名前を検索しなくてはという気持ちになった。冷静さを欠いた、無我夢中の状態になった人も多かった。サッコに対する関心のせいで、普段よりもインターネットを使う時間が長くなったのだとしたら、それはグーグルの広告収入の増加に確実につながったでしょう。

グーグルはずっと『邪悪になるな（Don't be evil.）』という会社としての行動規範を掲げてきました。でも、彼らは、インターネット上で何か変わったことが起きる度に儲けることになります。たとえそれが良くないことであっても」

ハーシュも、私より質の高いデータをグーグルから得ているわけではないので、実際にどのくらい稼いでいるかはあくまで大ざっぱな計算しかできない。

だが、控えめに（控えめすぎるくらいに）見積もっても、「ジャスティン・サッコ」というキーワードの検索には、単純な平均の四分の一くらいの価値はあると彼は考えている。いくら価値が低いとはいっても、そのくらいの価値はあるというわけだ。もしそれが本当だとしたら、ジャスティン・サッコの破滅により、グーグルは一二万ドルほど稼いだことになる。

実際にそのとおりかどうかはわからない。もっと多いかもしれないし、少ないかもしれない。ただ、一つ確かなことがある。破滅に加担した大勢の人たちは一切、得をしていないということだ。何も得たものはない。これではまるで、グーグルの無給のインターンになったようなものだ。

＊

変な標識

なぜ、何の得にもならないにもかかわらず、これほど多数の人たちが公開羞恥刑に加担するのか。私は取材を始めた当初から、そのことを考えてきた。ギュスターヴ・ル・ボンやフィリップ・ジンバルドーの唱える理論には、あまり当てはまらないとは思った。人間が群衆になると、心がウイルスに汚染されたようになり、正気を失ってしまうという理論では説明できないと思ったのだ。SNSでの公開羞恥刑はあまりに情け容赦がない。

ただ、私は今、その答えが少しわかった気がしている。意外なところにヒントを見つけたからだ。それは、二〇〇〇年代はじめ、交通静穏化（車の走行速度を下げること）のためにカリフォルニア州で採用された画期的な施策である。ジャーナリストのトーマス・ゴエッツがその施策についての記事を書いている。非常に示唆に富む記事だった。

カリフォルニア州ガーデン・グローブでは、スクールゾーンでドライバーが速度制限の標識を無視することが常態化していた。そのせいで、自転車、歩行者がはねられる事故が頻発し、問題となっていた。そこで、ある実験が行なわれることになった。速度制限の標識の下に、写真のような「あなたの現在の速度」という標識をつけたのである。そこには実際の走行速度が表示される。

自分の走った速度が制限速度の下に表示される

トーマス・ゴエツの記事を読んだ後、私は長い時間をかけ、苦労して、この標識の発明者を探し出した。発明者は、オレゴン州の道路標識製造業者、スコット・ケリーだった。

「いつ、どこで思いついたか、はっきりと覚えていますよ」ケリーは電話で私にそう言った。「一九九〇年代半ばのことです。ちょうど車で恋人の家のそばまで来た時のことでした。その時は、スクールゾーンを走っていました。突然、ポールに今まで見たことのない標識が掲げられている様子が頭に思い浮かんだんです」

「なぜ、その標識に効果があると思ったんですか」私はそう尋ねた。「まったく効果がありそうには思えないんですが」

「おっしゃるとおりです」ケリーは答えた。「それが面白いところですね」

普通に考えれば、こんな標識に効果があるわけはなかった。トーマス・ゴエッツは次のように書いている。

いかにも変な標識だ。ドライバーに何も新しい情報を提供しない。どの車にもスピードメーターはついているのだから、それを見れば、自分が今、どのくらいの速度で走っているかはわかる。速度を知りたいと思えばダッシュボードを見ればいいだけだ……しかも、この標識で速度超過だとわかったところで、何か刑罰が科されるわけでもない。警察官がそばに立っていて、違反切符を切るということもない。つまり、これは長年信じられてきた定説を覆すような標識ということだ。「人が速度制限を守るのは、破ると自分が何かしら損をするとわかっているからであり、それ以外に理由はない」という定説からすればこの標識には何ら意味はない。

つまり、ガーデン・グローブでは、どうにも効果のなさそうな標識にあえて賭けることにしたというわけだ。いらない情報を提供する標識を掲げれば、ドライバーは速度を落とすはず、と考えたということである。普通の標識ではできなかったことを、この変な標識ならできると考えた。

スコット・ケリーのアイデアはあまりに直感に反していたために、当然のことながら、はじめはほとんど関心を集めなかった。アメリカ中のどの自治体からも「使いたい」という注文はなかったのである。

そこでケリーは自分にできることをした。テスト用の無料のサンプルを配ったのだ。一つは自分の住む自治体で使われることになった。

「自分でそばを通りかかった時のことをよく覚えています」ケリーは言う。「スピードを落としてしまいましたね。どこにもカメラなどなく、写真を撮られるような心配がないことはわかっていたのに。それでも、スピードを落としてしまったんです。驚きました。『やっぱり効果がある！』と思いました」

何度テストを繰り返しても結果は同じだった。皆、標識を見てスピードを落とす。平均で一四パーセント、スピードが低下するとわかった。しかも、その後、何キロメートルにもわたってスピードを落としたまま走行する。

「しかし、なぜ効果があったんでしょう」私はケリーに尋ねた。

彼の答えに私は驚いた。

「それがわからないんです。本当にわかりません……まったく」

自分は技術者なので、レーダーや機械の筐体《きょうたい》、電球などには多少、詳しいが、心理学にはあまり詳しくないのだ、とケリーは言った。ただ、この一件以来、興味が出て、心理学についても勉強はしてみたという。それで得られた結論は、「フィードバック・ループが原因ではないか」ということだった。

人間の行動を変えさせるフィードバック・ループ

フィードバック・ループとは何か。

あなたが何か行動を取ったとする。たとえば、制限速度二五マイルと標識の出ている場所で、二七マイルの速度で車を走らせたとしよう。すると、即座に反応（フィードバック）が返って来る。この場合、「反応」とは、「今、あなたは時速二七マイルで車を走らせています」と標識に表示されることを指す。

そのフィードバックを受けて、あなたは今の行動を変えるか否か、決断を下す。すると、また即座にフィードバックが返って来る。速度を二五マイルにまで落とせば、標識はそのことを知らせてくれる。中には、「制限速度を守れて良かった」と祝う気持ちを表すため、笑顔を見せる標識もある。

これだけのことが、まさに一瞬のうちに起きる。「あなたの現在の速度」という標識が見えてから、それを通り過ぎるまでの短い間に起きるのだ。

トーマス・ゴエッは、『ワイアード』誌の「フィードバック・ループの力を利用する」という記事の中で、「フィードバック・ループは、人間の行動を変えさせるのに非常に有効な道具になり得る」と書いている。

スクールゾーンで車が速度を落とすのには、もちろん大賛成だ。だが、フィードバック・ループが望ましくない結果をもたらすこともあるのではないだろうか。自分では自分のしたいように行動しただけのつもりが、思いもかけない大変な結果になってしまう、ということがあるのではないか。

私の友人でドキュメンタリー監督のアダム・カーティスがメールをくれたのだが、その中で彼はこんなことを書いている。

「フィードバック・ループのせいで、ＳＮＳは巨大なエコー・チェンバー（共鳴室）

のようになっています。自分と考えが同じ人たちとばかり接することで、自分は正しいという信念が絶えず強化されていく、という環境になっているのです」

最初に何人かが「ジャスティン・サッコは悪人だ」と意見を述べた。その何人かに対して即座に称賛の声があがった。かのローザ・パークス（訳注：バスに白人席と黒人席があった時代に、運転手に注意されても白人に席を譲らなかった黒人女性）のように、差別に敢然と立ち向かった人として扱われたのだ。すぐに「称賛」というフィードバックがあったことで、称賛された側はそのままの行動を継続する決断を下した。

「『ワイアード』誌に多く登場するようなテクノロジー至上主義の人たちは、ＳＮＳのこうした状況を民主主義の新たな形態とみなしているようです」カーティスは私へのメールにそう書いていた。

「でも、そうではないのです。その逆です。皆、自分の作った世界に閉じこもり、異質なものを目にすることがなくなってしまう。フィードバックによる強化のシステムの中に囚われてしまうんです。自分とは別の考え方を持つ人たちの別の世界が存在するという考えが、頭から抜け落ちる」

私は、その「別の世界」の一員になりつつあったのだと思う。私は、「ジャスティン・サッコは悪者ではない」という、支持者の少ない意見を表明するようになった。だがもし、その意見を否定するようなフィードバックが津波のように押し寄せたとしたら、私はどうするだろう。恐れをなしてその意見を撤回するだろうか。多くの人が称賛し、歓迎してくれる場所に戻るだろうか。

「フィードバックは工学の分野では有効に利用されています」カーティスはメールの最後でそう書いていた。「工学の世界では、安定して揺るがないものを作るというのが、一つの重要な目標になることが多いですから」

ジャスティン・サッコの「事件」が起きてからすぐ後、私は友人のジャーナリストと話をした。その人は、ジョーク好きで、際どい、少しわいせつなことをよく言う人だ。その考え方は「穏当」という言葉からはほど遠い。彼は「もうインターネットに何かを書くことはしない」と言っていた。

「SNSって何だか、とても用心して歩かなくちゃいけない場所になったよね。いつ、何の理由で怒り出すかわからない、心の平衡を失った親にいつも見張られているみたいで。とにかく、何が原因で攻撃されるかわからないから、怖いよ」彼はそう言う。

名前を出さないで欲しいと言われたので、ここに彼の名前は書かない。名前が出て、また何か騒ぎの原因になるのが嫌だという。

彼も私も協調性がない方の人間である。そう認めざるを得ない。だが今は、協調性があり、体制に順応する人にばかり居心地の良い、極端に保守的な世界ができつつあるように思う。

「私は普通ですよ」「これが普通なんですよ」と皆が始終言っている。

普通とそうでないものの間に境界線を引き、普通の外にいる人たちを除外して、世界を分断する——そんな時代になりつつあるのではないだろうか。

参考文献と謝辞

まず、本書のタイトル（原題：So You've Been Publicly Shamed ＝だから君は公開羞恥刑に遭った）について話をしておきたい。

はじめは、単に"Shame（恥）"にしようかと思っていた。あるいは、"Tarred and Feathered（侮辱され名誉を傷つけられる）"などとすることも考えた。ああでもないこうでもないとあれこれ迷った。それほどタイトルをつけるのが難しい本だったのだ。その理由はわかっている。私が以前、インタビューした人がこんなことを言っていた。

「恥とは、驚くほど言葉で表現しにくい感情です。感情の中に自分が浸かってしまい、それについて雄弁に語ることはできません。深く、暗く、醜い感情です。それを表現するにふさわしい言葉はほとんどありません」

本書の冒頭で触れている「スパムボット作者との会合」の様子を撮影してくれたのは、チャンネル・フリップのレミー・ラモントだ。ラモントとチャンネル・フリップにはお礼を言っておきたい。そして、プロデューサーのルーシー・グリーンにもいつも感謝している。

かつて、"@themanwhofell"という名前でツイートをしていたグレッグ・ステケルマンは、私にツイッターの変質を思い知らせてくれた。ツイッターは、かつては何気なく、深く考えずに自分の考えをつぶやくことのできる場だった。ところが今では、常に不安を感じながら、慎重に物を言わねばならない場に変わってしまった。それを彼は私に思い知らせてくれたのだ。

ステケルマンはもうツイッター上にはいない。彼の最後のツイートは、二〇一二年五月一〇日のものだ。「ツイッターは人間がいられるような場所ではない」と書いていた。私はそこまで悲観的ではない。私はまだツイッターが好きだ。今のところまだ私は、ツイッター上で大勢に一斉に攻撃されるという目には遭っていない。ステケルマンもそれは同じだった。違いは、そういう攻撃が起き、誰かが破滅させられたような時に、自分にも責任の一端があると思うか否かだと思う。ジョナサン・ブロックは

「たとえ雪崩が起きたとしても、雪の一粒一粒がそれに責任を感じることはない」と言っていた。私はその言葉に救われた。感謝している。

本文中のマイケル・モイニハンとジョナ・レーラーのエピソードは、大部分、私のモイニハンへのインタビューを基に書いた。モイニハンと彼の妻、ジョアンナにお礼を言いたい。

ニューヨーク・オブザーバー紙の二〇一二年七月三〇日号に載ったフォスター・ケイマーの記事「マイケル・C・モイニハン：ジョナ・レーラーの捏造を暴いた男(Michael C. Moynihan, The Guy Who Uncovered Jonah Lehrer's Fabrication Problem)」も少し参考にさせてもらった。

スティーブン・グラスに関する情報は、PandoDaily.comに二〇一四年一月二七日に掲載されたアダム・L・ペネンバーグの記事「スティーブン・グラスに再起のチャンスはなし：若き天才ジャーナリストの長く不可解な転落(No second chance for Stephen Glass: The long, strange down- fall of a journalistic wunderkind)」から得た。

ジョナ・レーラーの転落前日のセントルイスへの旅に関しては、二〇一二年八月二日、meetings-conventions.comに掲載されたJ・F・ブラリーの「ジョナ・レーラーはMPIでつまずいた（Jonah Lehrer Stumbles at MPI）」を参考にした。

ジョナ・レーラーは私の電話インタビューに応じ、公開を前提に詳しい話を聞かせてくれた。ただ、インタビューの後には、本書で自身が取りあげられることに不安を抱くようになり、そのことを私に告げていた。妻をはじめ家族を自分と同じような目に遭わせることだけはしたくないとも言っていた。しかし、彼の身に起きた「事件」は、すでに広く知られていたし、本書にとって欠かせないものだった。得られる教訓の大きさを考えれば、外すことはできなかった。

フォーブスのジェフ・ベルコヴィッチは、ジャスティン・サッコの友人であり、私がサッコに連絡できるよう取り計らってくれた。感謝している。

テッド・ポー判事の人生、仕事については、彼の敵である法学者、ジョナサン・ターリーが書いた文章を参考にした。ワシントン・ポスト紙の二〇〇五年九月一八日号に掲載された記事「恥を知れ（Shame On You）」などだ。

いずれも飲酒運転で事故を起こしたマイク・フバチェク、ケヴィン・タネルに関しては、インサイト・オン・ザ・ニュース誌の一九九八年一〇月号に載った、ジュリア・デュインの「犯罪に対する大きな抑止力（A Great Crime Deterrent）」、あるいは、ピープル誌の一九九〇年四月一六日号に載ったビル・ヒューイットとトム・ニュージェントの「ケヴィン・タネルが交通事故を起こして支払うことになった週一ドルの賠償金は思ったよりはるかに高かった（Kevin Tunell Is Paying $1 a Week for a Death He Caused and Finding the Price Unexpectedly High）」という記事を参考にしている。

ギュスターヴ・ル・ボンからフィリップ・ジンバルドーまでにいたる、「集団発狂」に関する研究の歴史を調べる作業は面白かった。調査作業には、アダム・カーティス、ボブ・ナイ、スティーブ・ライカー、アレックス・ハスラム、クリフォード・スコットの五人が、持てる知識を惜しみなく提供し、またとても長い時間を使って協力してくれた。その寛大さに本当に感謝している。

特にクリフォード・スコットには大変にお世話になった。スコットとはスカイプで二度、いずれも長い時間、話をした。その時には主に、没個性化の危険について話を聞いている。是非、スコットとスティーブ・ライカーの共著『狂える暴徒とイギリス人—二〇一一年イギリス暴動の神話と真実（Mad Mobs and Englishmen? Myths and Realities of the 2011 Riots コンスタブル&ロビンソン、二〇一一年刊行）』も併せて読んでみて欲しい。

ギュスターヴ・ル・ボンの研究について調べているうちに出会ったのが、ボブ・ナイの著書『群衆心理学の起源：ギュスターヴ・ル・ボンと第三共和国の大衆民主主義の危機（The Origins of Crowd Psychology: Gustave Le Bon and the Crisis of Mass Democracy in the 3rd Republic セージ・パブリケーション、一九七五年刊行）』である。

そしてナイには、トランザクション・パブリシャーズが一九九五年に再販したギュスターヴ・ル・ボンの著書『群衆（The Crowd）』のドーヴァー版を紹介してもらった。ル・ボンとパリ人類学協会の関係についての詳しいことは、一部、二〇一一年にマギル・クイーンズ・ユニバーシティ・プレスから刊行されたS・スタウムの著書『フランス社会科学における氏と育ち：一九五九年から一九一四年そしてその後（Nature and Nurture in French Social Sciences, 1859-1914 and Beyond）』を参考にしている。

ゲッベルスやムッソリーニなど、ル・ボンの信奉者たちに関しては、ユニバーシティ・オブ・カリフォルニア・プレスから二〇〇〇年に刊行された、シモニッタ・ファラスカ・ツァンポーニ著『ファシスト概観：ムッソリーニのイタリアにおける権力の美学（Fascist Spectacle: The Aesthetics of Power in Mussolini's Italy）』と、ラウトレッジから二〇〇二年に刊行されたデヴィッド・ウェルチ著『第三帝国：政治とプロパガンダ（The Third Reich: Politics and Propaganda）』で学んだ。

フィリップ・ジンバルドーに関する調査では、二〇〇六年のブリティッシュ・ジャーナル・オブ・ソーシャル・サイコロジー誌に掲載された、スティーブ・ライカー、アレックス・ハスラムの記事「独裁政治の心理を再考する：ＢＢＣによる刑務所の調査（Rethinking the Psychology of Tyranny: The BBC Prison Study)」を参考にした。

そして、その記事に対するジンバルドーからの反論として同じ年、同誌に掲載された記事「『独裁政治の心理を再考する：ＢＢＣによる刑務所の調査』について」も参考にしている。

イギリス暴動の暴徒の広がりをウイルス感染にたとえたゲイリー・スラトキン医師の言葉は、元々、スラトキン医師自身がオブザーバー紙のために書き、二〇一一年八月一三日同紙に掲載された記事「暴動は人から人へと広がる病気のようなもの—いかに感染を止めるかが鍵（Rioting is a Disease Spread from Person to Person ? the Key is to Stop the Infection)」に出てきた。

暴動を競技場やコンサート会場などで起きる「ウェーブ」にたとえたジャック・レビンの言葉が出て来るのは、シヴ・マリックが書き、二〇一一年八月一二日にガーディアン紙に掲載された「イギリス暴動：『我々は面倒を起こしたいわけじゃない、ただ仕事が欲しいんだ』(UK Riots: “We Don't Want No Trouble. We Just Want A Job”)」という記事である。

私がこの二つの記事に出会えたのは、クリフォード・スコットの本を読み、スコット本人の助言を受けることができたからである。

私はマルコム・グラッドウェルにインタビューしたが、その模様は、二〇一三年一〇月二日、BBCの番組、ザ・カルチャー・ショーで流された。ディレクターのコレット・カムデンと、番組プロデューサーのエマ・カフサック、エディターのジャネット・リーにお礼を言いたい。

本書は全体が書き下ろしだが、ほんの一部、ガーディアン・ウィークエンド誌に書いたコラムや特集記事と同じ部分がある。

子供の頃、湖に投げ込まれた時のことを再現してくれと息子に何度もせがまれた話がそうだ。そして、4chan ユーザーのトロイ、メルセデス・ヘイファーへのインタビューもそうだ。このインタビューの一部は、私が書き、二〇一三年五月四日にガーディアン紙に載った記事「セキュリティ警告(Security Alert)」にも出てくる。この特集記事の編集を担当したシャーロット・ノーセッジには感謝している。

オズワルド・モズレーとダイアナ・ミットフォードに関しては、シャーロット・モズレー編『ミットフォード家：六人の姉妹の間で交わされた手紙（The Mitfords: Letters Between Six Sisters フォース・エステート、二〇〇七年刊行）』、そして、マーティン・ピュー著『黒シャツ隊、万歳！ 二つの大戦の間のイギリスにおけるファシストとファシズム（Hurrah for the Blackshirts! Fascists and Fascism in Britain Between the Wars ジョナサン・ケイプ、二〇〇五年刊）』という二冊の本で調べた。ケーブル・ストリート・グループのジル・コーヴにもお礼を言っておきたい。ケーブル・ストリート・グループは、イギリス・ファシスト連合に立ち向かった人々の追悼を目的として始められた歴史プロジェクトである。

マックス・モズレーの詳しいプロフィールは、BBCラジオ4「オン・ザ・ロープス」で二〇一一年三月一日に放送されたジョン・ハンフリーによるモズレーへのインタビューで知った。

また、ルーシー・ケラウェイが書き、フィナンシャル・タイムズ誌に二〇一一年二月四日号に載った「マックス・モズレー反撃す（Max Mosley Fights Back）」という記事も参考にした。

さらに、マックス・モズレーがニューズ・グループ・ニューズペーパーズ社をプライバシー侵害で訴えた裁判で、デイヴィッド・イーディー判事が二〇〇八年七月二四日に下した判決文も参考にしている。この判決文は、bbc.co.ukで読むことができる。ウェールズの在家の牧師、アーノルド・ルイスが自殺した事件についての調査では、三つの資料を参照した。

一つは、二〇〇九年にアイ・ブックスから刊行されたピーター・バーデン著『ニュース・オブ・ザ・ワールド?：偽村長と王族の罠（News of the World?: Fake Sheikhs and Royal Trappings）』という本である。

もう一つは一九九七年にフェニックスから刊行されたマシュー・エンゲル著『大衆の喜ぶものを：大衆紙一〇〇年（Tickle The Public: One Hundred Years of the Popular Press）』、そしてもう一つは、イアン・カトラーの自費出版回想録『カメラ暗殺者Ⅲ：大衆紙フォトジャーナリストの告白（The Camera Assassin III: Confessions of a Gutter Press Photojournalist）』である。この回想録は、カトラーのウェブサイト（www.cameraassassin. co.uk）で無料で入手できる。

『「殺してやる」――止められない本能（The Murderer Next Door 荒木文枝訳、柏書房、二〇〇七年刊）』の著者、デヴィッド・バスについて知ったのは、二〇一二年一月九日、WNYCで放送された「ラジオラボ：ザ・バッド・ショー」がきっかけだった。

かつて同局の仕事をしていたジョナ・レーラーに連絡を取ることができたのは、この番組のプロデューサー、ティム・ハワードのおかげである。そのことについても感謝をしている。

"The Murderer Next Door（『殺してやる』の原書）"は、二〇〇五年にペンギンから刊行された。

アレクシス・ライトが売春をしていたケネバンクのズンバ・スタジオについての調査では、パトリック・ヨンソンが書き、二〇一二年一〇月一三日にクリスチャン・サイエンス・モニター紙に載った「現代の清教徒がズンバ売春婦の恥のリストに降参(Modern-Day Puritans Wring Hands Over Zumba Madam's List Of Shame)」という記事を参考にした。

ラリー・ペイジとセルゲイ・ブリンのスタンフォード大学での日々について詳しいことを知りたい読者は、ジョン・バッテルが書き、ワイアード誌二〇〇五年八月号に載った「グーグルの誕生(The Birth of Google)」という記事を読むといいと思う。

シュタージに関してはすべて、アナ・ファンダーの名著『監視国家―東ドイツ秘密警察（シュタージ）に引き裂かれた絆 (Stasiland: Stories from Behind the Berlin

Wall 伊達淳訳、白水社、二〇〇五年刊）』で調べた。

リンジー・アームストロングの事件についての調査で参照したのは、カースティ・スコットが書き、二〇〇二年八月二日にガーディアン紙に掲載された「彼女はもう耐えられない（She Couldn't Take Any More）」という記事である。リンジーの母親、リンダと連絡が取れたのは、記事を書いたカースティのおかげだ。そのことについても感謝している。

本書に載せたアーリントン国立墓地でのリンゼー・ストーンの写真は、ジェイミー・シューが撮影したもの。

ジム・マッグリービーの詳しいプロフィールについては、二〇〇七年にウィリアム・モロウ・ペーパーバックスから刊行された彼の回想録『告白（The Confession）』で調べた。

一九七〇年代のウォルポール刑務所について詳しく知りたいという読者は、二〇〇八年にサウス・エンド・プレスから刊行されたジェイミー・ビソネット、ラルフ・ハム、ロバート・デレロ、エドワード・ロッドマンの共著『囚人がウォルポールを動かしていたとき：刑務所廃止運動の真実（When The Prisoners Ran Walpole: A True Story In The Movement For Prison Abolition）』、または一九九七年にヴィンテージから刊行されたジェームズ・ギリガン著『暴力：国家に蔓延する暴力についての考察（Violence: Reflections on a National Epidemic）』を読むといいと思う。一九八一年にはマサチューセッツ州上院議員のジャック・バックマンが、ウォルポールの惨状について訴える公開書状をアムネスティ・インターナショナルに送っている。私は、本書で刑務所内での生活について記述する際に、この手紙の一部を利用した。書状をインターネットに上げたバックマンの元側近、S・ブライアン・ウィルソンに感謝している。

本書では、ジャスティン・サッコへの集中攻撃によってグーグルにどれほどの収入があったかを試算している。それに際しては、多数の経済学者、ジャーナリスト、広告関係者に協力してもらった。クリス・バノン、アーティ・シャハニ、ジェレミー・ジン、ルース・レヴィー、ソルベイ・クラウス、レベッカ・ワトソン、ポール・ザック、ダレン・ウィルソン、ブライアン・ランス、ジョナサン・ハーシュ、アレックス・ブラムバーグ、スティーブ・ヘン、ゾー・チェイス、全員にお礼を言っておきたい。

第一五章では、「ドライバーに現在の走行速度を知らせる標識」について触れた。この標識の発明者を探す際には、トーマス・ゴエッツに大変にお世話になった。また、標識の写真は、リチャード・ドラドルの許可を得て本書に載せた。

早い段階から本書の原稿を読んでくれ、的確な助言をくれた妻、エレインに感謝している。

また、リヴァーヘッドのジェフ・クロスキ、ピカドールのクリス・ドイル、ポール・バガリー、A・P・ワット／ユナイテッド・エージェンツのナターシャ・フェアウェザー、ナターシャ・ギャロウェイも、ごく早い時期から私の原稿の査読をしてくれた。皆、私が本当に助けを必要としている時に助けてくれた。おかげで本書をどういう本にすればいいのか、決断することができた。

また、A・P・ワット／ユナイテッド・エージェンツのデレク・ジョンズ、サラ・シケット、ジョルジナ・カリガン、リヴァーヘッドのケイシー・ブルー・ジェームズ、ローラ・パーシアセペ、エリザベス・ホヘンナデル、「ディス・アメリカン・ライフ」のアイラ・グラス、ジュリー・スナイダー、ブライアン・リード、GQのジム・ネルソン、ブレンダン・ボーン、アメリカ古書協会のアシュレイ・カタルド、アリゾナ大学のトニ・マサッロ、イェール大学のダン・カハン、そして、サラ・ヴェーウェル、ジョナサン・ウェーカム、スターリー・カイン、フェントン・ベイリー、ジェフ・ロイド、エマ・リー・モス、マイク・マッカーシー、マーク・マロン、ティム・ミンチン、ダニエル・ロンソン、ポーラ・ロンソン、レスリー・ホッブズ、ブライアン・ダニエルズ、バーバラ・エーレンライク、マーティ・シーハン、カミラ・エルワージーにこの場を借りてお礼を言っておきたい。

誰よりも感謝しているのは、私のインタビューに応じてくれた人たちだ。特に、ジョナ・レーラー、ジャスティン・サッコ、リンゼー・ストーン、ハンク、アドリア・リチャーズ、ラクエルには感謝する。

皆、ジャーナリストのインタビューに応じるのは私がはじめてという人たちばかりだ。悲惨な経験をした人たちだが、大変お世話になったこともあり、今後、全員が立ち直れるよう私は祈っている。中には説得するのに苦労をした人もいる。本書を見て、インタビューに応じた甲斐があったなと思ってもらえれば幸いである。

訳者あとがき

決して良いことではないが、たとえば、あなたが道端にゴミを捨てたとする。あたりにはゴミ箱が一切、見当たらず、しばらくは見つかりそうにない。ずっと手に持っているのも煩わしい。誰も見ていないので、まあ、いいかと思ってやむを得ず道端に捨てる。自分でも悪いことをしたのを知っている。だが、一方でそれが「ものすごく悪いこと」ではないのも知っている。強盗や殺人などに比べれば罪は軽いだろう。それは誰にでもわかる。

しかし、ゴミを捨てる様子をあなたが気づかないうちに誰かが見ていて、写真に撮り、ツイッターに上げたとしたらどうなるだろうか。不運にもその人は知人で、あなたの身元もばらされてしまう。その後、何も起きないこともあるが、悪くすると、情報があっという間に拡散し「炎上」ということになる。炎上すると、名誉がかなり損なわれ、最悪の場合、職を失うなどして、社会的に抹殺されてしまうこともある。

悪いことをすれば罰せられる。それが社会のルールである。皆が好き放題に悪いことをすれば、秩序が乱れ、誰も安心して暮らすことができない。だから、罪を犯せば罰せられることになっている。罰の恐怖が、罪の発生を食い止める抑止力になる、と多くの人は考える。確かにそれは基本的に間違っていない。ただ、現在では、罰を与えることができるのは、公権力だけだ。そう法律で決まっている。悪を目にしていくら腹が立ったからといって、一般の人間が誰かを罰することはできない。そのはずである。

公権力による刑罰は、どの程度の罪ならどの程度重くするか、というルールが厳密に決まっている。当たり前の話だが、軽い罪なら軽い罰、重い罪なら重い罰が下される。ほんの軽い罪なのに、その人の人生がすべて台無しになるような重い罰が科せられるようなことはない。

しかし、インターネット、そしてSNSが発達した現在、この原則が覆され始めている。それは非常に恐ろしいことではないか。本書は簡単にまとめれば、そう主張している本である。ツイッターなどでは、軽重を問わず、悪事を見かけると、一斉に徹底的に「犯人」を叩くことが多い。ほぼ全員、公権力とは関係のない、一般の人間である。何か法律の裏づけがあるわけでもなく、自分の気分と周囲の空気だけが、叩く根拠となる。どの程度叩くかも、その場の雰囲気で決まってしまう。だから、たとえ同じことをしても、好感の持てる人とそうでない人では「刑罰」の重さが変わることもある。ほんの些細な罪で、何もかもを失うほどの罰を受け、その後、一切、立ち直りを許されないということもあり得る。反対に、結構な罪を犯したのに、あまり誰にも咎められない人や、むしろそれで名前が売れて元より充実した人生を送る人もいる。公権力の刑罰に比べ、私人の刑罰、つまり「私刑《リンチ》」には、恣意性、予測不可能性があり、そこが何より理不尽で恐ろしいと言える。

本書では、ボブ・ディランの発言を著書の中で捏造して非難を浴びたポピュラー・サイエンス・ライター、人種差別主義的な際どいジョークをツイートして失職した元広報担当の女性、戦没者慰霊施設の前で不謹慎なポーズを取ってその写真をフェイスブックに載せ、破滅した女性など、具体的な事例が数多く紹介される。そして、そうした事例を基に、ネットリンチがなぜ発生し、なぜ問題なのかを考察している。

ネットリンチの原因について探る際に著者がまず注目したのが、「群衆心理」だ。一人ひとりは賢明な人間も、群衆になると途端に愚かな行動を取ることがあると言われる。本書では、群衆心理という概念を最初に提示したフランスの心理学者、ギュスターヴ・ル・ボンの研究が紹介される。またアメリカの心理学者、フィリップ・ジンバルドーの有名な「スタンフォード監獄実験」について触れ、その真偽を当事者にインタビューするなどして検証してもいる。

著者はどうすればリンチの発生を防げるのかも追求している。そのために手がかりになりそうな人がいると知れば、すべてに直接会って話を聞き、時には怪しげな自己啓発セミナーにも自ら潜入する。非常に難しい問題であり、誰にも簡単な解決策などわからない。本書でも結局、こうすれば絶対に大丈夫、という対策が提示されるわけではない。ただ、人間というものがいかに悪意なく人を追い詰めてしまうか、「正義感」が時にいかに恐ろしい凶器に変わるかが、彼の綿密な取材を通してよく見えてくる。

著者、ジョン・ロンソンはロンドン在住のコラムニストで、テレビのドキュメンタリー番組の制作などもしている人物だ。日本ではすでに『サイコパスを探せ!:「狂気」をめぐる冒険（古川奈々子訳、朝日出版社、二〇一二年刊）』が翻訳出版されている。以前は、少し下世話と思えるほどセンセーショナルな本を書くタイプの人だったようだが、本書は本人も言うとおり、非常に真面目な内容で、極めて冷静な筆致で書かれている。TEDトークでもネット炎上について語っているので（「ネット炎上が起きるとき」）、そちらも併せて見ると、本書がより理解しやすいだろう。TEDトークでも語られているとおり、著者はネット炎上について、最初のうちはどちらかというと肯定的な見方をしていた。それまで無力だった普通の人たちが正義の実現に貢献できると喜んだのだ。しかし、いくつもの悲惨な事例を見て考えを変えていく。

すべての物事には良い面と悪い面がある。SNSにも光と影がある。私自身、SNSがあったからこそつながることができた人は多いし、SNSのおかげで実現できたイベントなども多数経験している。間違いなく恩恵は受けている。しかし、同時に、「この程度のことで……」という些細な過ちで破滅してしまう人を頻繁に見かけて恐怖も感じている。読者の中にも私と同じような人は多いのではないだろうか。一度、手にした便利な道具を手放すことはできない。危険な面も持つこの新しい道具をいかに使いこなせばいいのか、本書がそれを真剣に考えるきっかけになれば、訳者としてはそれに勝る喜びはない。

最後になったが、翻訳にあたっては、光文社の三宅貴久氏に大変お世話になった。

この場を借りてお礼を言いたい。

二〇一六年一二月

夏目大

光文社未来ライブラリーは、
海外・国内で評価の高いノンフィクション・学術書籍を
厳選して文庫化する新しい文庫シリーズです。
最良の未来を創り出すために必要な「知」を集めました。

本書は2017年2月に光文社新書『ルポ　ネットトリンチで人生を
壊された人たち』として刊行した作品を文庫化したものです。

光文社未来ライブラリー

ネットリンチで人生《じんせい》を破壊《はかい》された人《ひと》たち

著者 ジョン・ロンソン

訳者 夏目大《なつめだい》

2023年1月20日　初版第1刷発行

カバー表1デザイン　秦浩司
本文・装幀フォーマット　bookwall
発行者　三宅貴久
印　刷　近代美術
製　本　ナショナル製本
発行所　株式会社光文社
〒112-8011東京都文京区音羽1-16-6
連絡先　mirai_library@gr.kobunsha.com（編集部）
03(5395)8116（書籍販売部）
03(5395)8125（業務部）
www.kobunsha.com
落丁本・乱丁本は業務部へご連絡くだされば、お取り替えいたします。

ISBN978-4-334-77065-5　Printed in Japan

光文社未来ライブラリー　好評既刊

ヒルビリー・エレジー
アメリカの繁栄から取り残された白人たち
J・D・ヴァンス
関根光宏
山田文　訳
白人労働者階層の独特の文化、悲惨な日常を描き、トランプ現象を読み解く一冊として世界中で話題に。ロン・ハワード監督によって映画化もされた歴史的名著が、文庫で登場！

世界は宗教で動いてる
橋爪大三郎
ユダヤ教、キリスト教、イスラム教、ヒンドゥー教、儒教、仏教は何が同じで何が違う？世界の主要な文明ごとに、社会と宗教の深いつながりをやさしく解説。山口周氏推薦！

誰もが嘘をついている
ビッグデータ分析が暴く人間のヤバい本性
セス・スティーヴンズ＝ダヴィドウィッツ
酒井泰介　訳
検索は口ほどに物を言う！　グーグルやポルノサイトの膨大な検索履歴から、人々の秘められた欲望、社会の実相をあぶり出した全米ベストセラー。（序文・スティーブン・ピンカー）

アマゾンの倉庫で絶望し、ウーバーの車で発狂した
潜入・最低賃金労働の現場
ジェームズ・ブラッドワース
濱野大道　訳
アマゾンの倉庫、訪問介護、コールセンター、ウーバーのタクシー―英国の〝最底辺〟労働に著者自らが就き、その体験を赤裸々に報告。横田増生氏推薦の傑作ルポ。

DOPESICK
アメリカを蝕むオピオイド危機
ベス・メイシー
神保哲生　訳
タイガー・ウッズ、プリンスらが嵌《はま》った「鎮痛薬の罠」。年間死亡者、数万人。麻薬密売人と医師、そして製薬会社によるアメリカ史上最悪の薬物汚染の驚くべき実態を暴く。